完全绘本

A Guide to Dynamic Figure Drawing for

FASHION Design

服装画人体动态参考图典

胡晓东 著

长江出版传媒 湖北美术出版社

CONTENTS
目录

前言
FOREWORD

人体是表现服装效果的载体，在进行服装画的创作前画好人体动态是非常必要的。

如何画好服装画人体动态？本书重点强调以人体动态规律为基准，同时提供了近千款服装画的人体动态以供参考，有的可作为设计图拷贝的底子，有的可作为服装插画的动态。在女性案例讲解中绘制了服装基本结构线，使其与外形轮廓、人体结构相结合，给予读者更直观更全面的展示；男性与儿童的身体曲线相对简单，没有画服装结构线，根据人体动态规律来画即可。当然设计图人体动态的规律虽然很简单，想要画好却要下很多功夫，也需要良好的心态。希望广大读者能充分认识到这一点。

需要说明的是，服装画人体动态主要是为了展示服装，这表明模特们很少会躺下来或者弯下腰，否则衣服会被遮挡，所以本书中人体动态以站姿为主，坐姿为辅，穿插少量运动姿态。希望能够为大家的临摹学习提供一些帮助，也希望大家在实践中多观察，多思考，灵活运用人体动态，提高服装画实际作画能力，进而设计出更多优秀的服装作品。

第一章
人体结构和动态规律

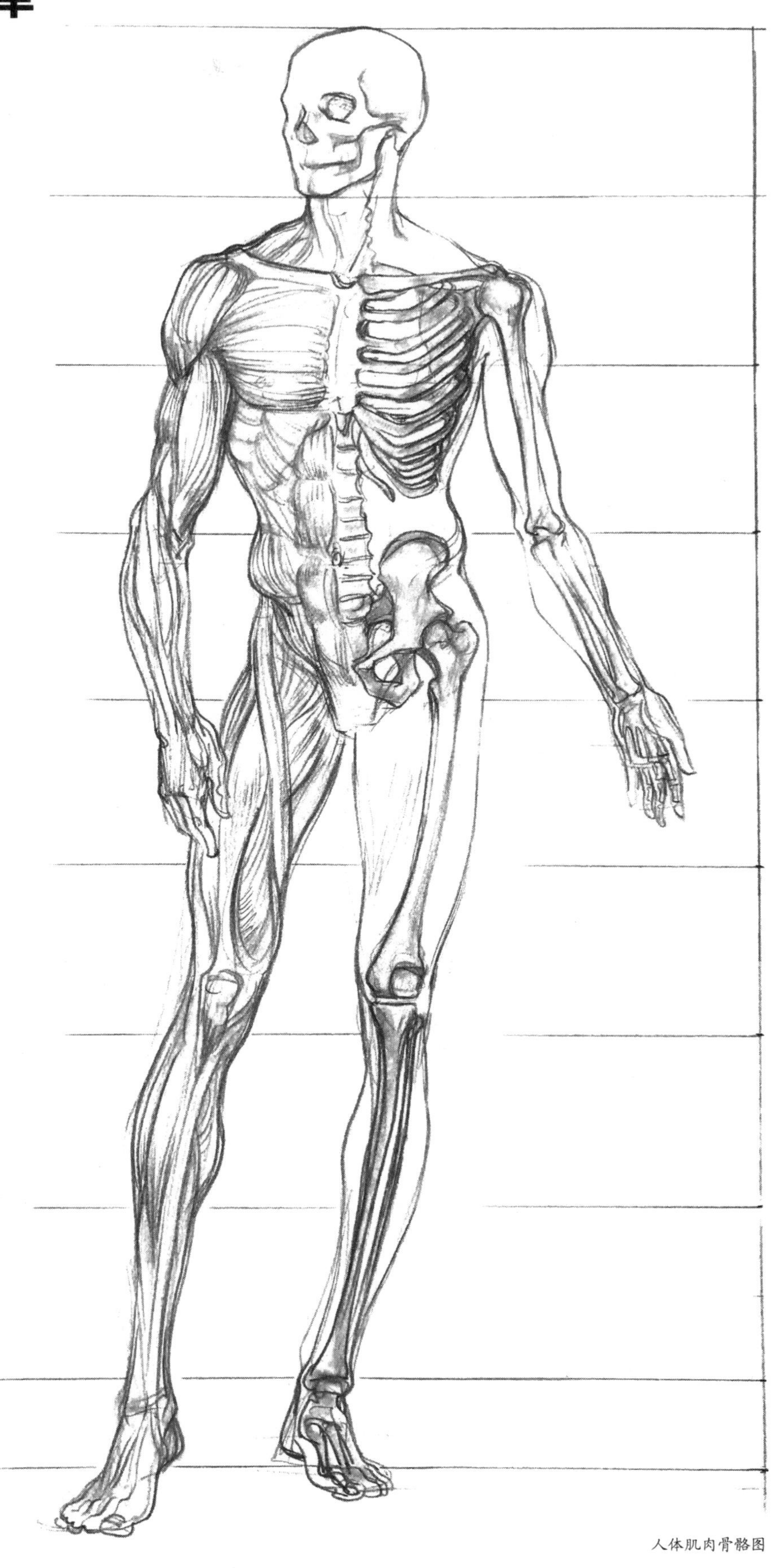

人体肌肉骨骼图

人体结构主要包括骨骼的构架和肌肉组织的穿插。人体造型就是骨骼结构和肌肉结构的外在体现。充分地了解人体结构是学好服装画的基础之一。服装画的人体造型要求是：比例夸张、简练、节奏感强。人体动态的表现则要舒展、大方、简洁，给人干净利落的感觉，动态要有整体节奏感，类似“s”形曲线。要牢记人体外形轮廓的起伏特征。

服装设计图的人体形态上有人体中心线、领围线、袖笼线、胸围线、公主线、腰围线。这些辅助线对于表现服装设计图有很大的帮助。下面是简化的人体造型图，注意比较男性与女性人体造型的差异。

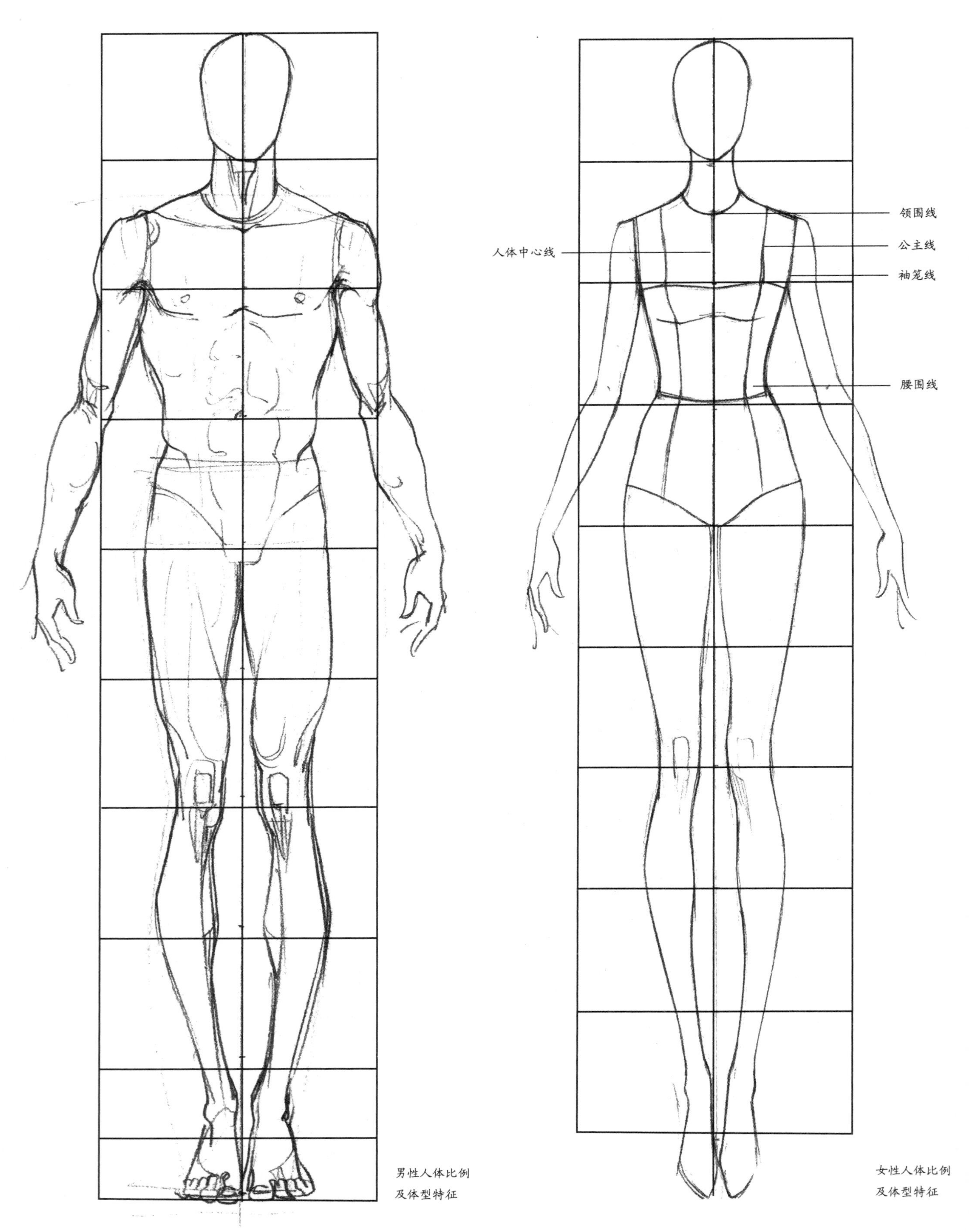

男性人体比例
及体型特征

女性人体比例
及体型特征

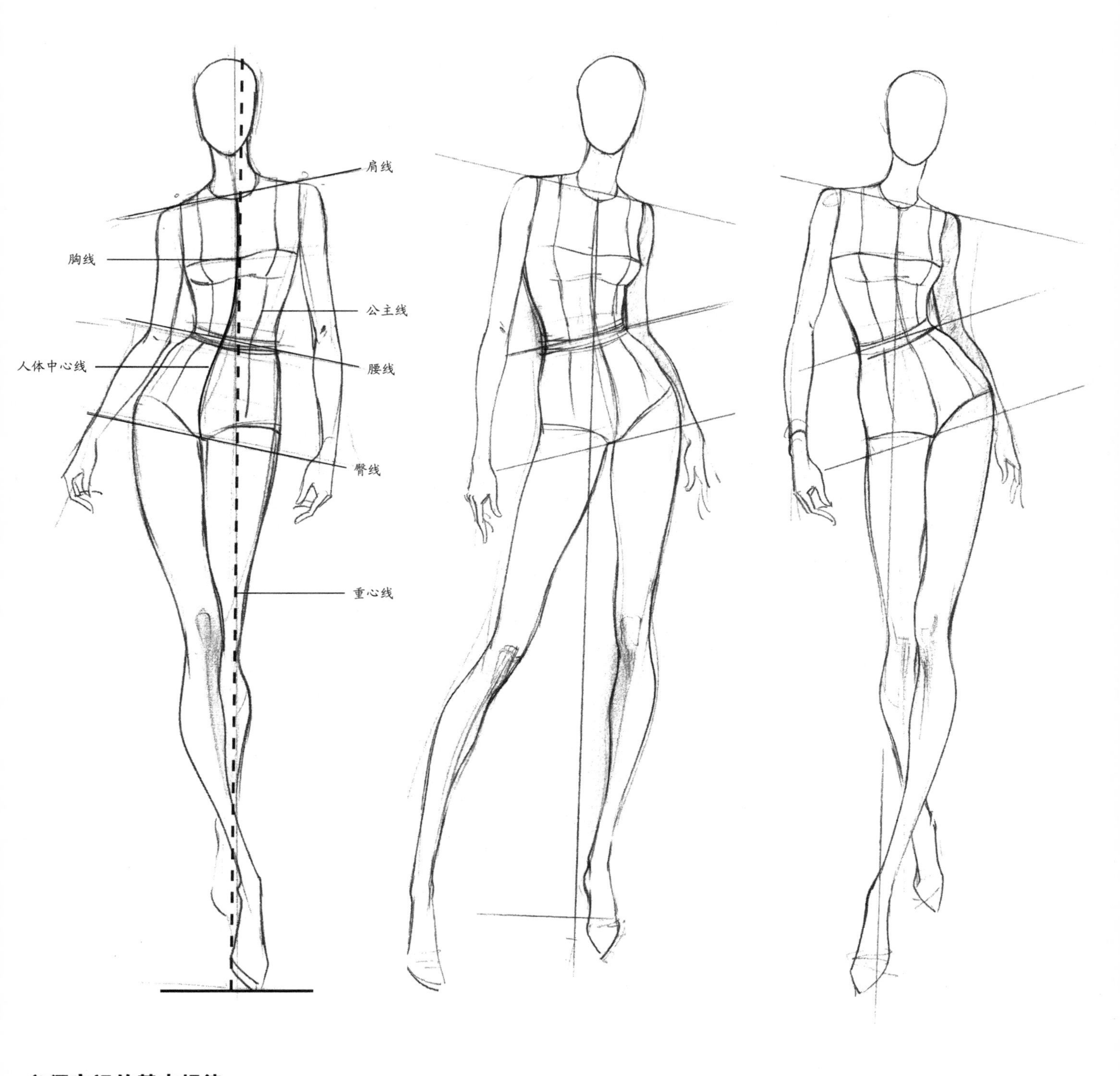

必须牢记的基本规律：

服装设计图的人体动态最主要目的是展示服装，动态并不复杂，大多以正面或3/4面的形象为主，有明确的规律可循，其要点如下：
1.肩线与腰线的关系是“>”“<”，像不封尖口的大于、小于符号。
2.人体中心线位置的偏移朝向是“>”“<”符号的小开口所对应的方向。
3.人体躯干随人体中心线偏移。
4.支撑脚落点靠近或落在重心线上。
牢记这些规律，可以帮助你分析掌握很多服装设计图的人体动态。大多数动态就是重心偏移后，人体走路或稍息站立的姿态。

所有人体动态都可以尝试用这种方法去分析。至于人体动态的整体节奏，则需要看图或在实践中用心体会。实际运用中，这些典型的人体动态只需要掌握2—3种，即可得心应手地画服装设计图。我们甚至可以反复使用一个合适的姿势，只要学会改变面部、发型、胳膊的形态，整个姿势就会感觉不一样。

第二章
女性人体动态表现

服装画人体动态中女性动态是应用最多的，也是变化最多的。
女性人体动态相对夸张。注意表现女性人体造型特征。面部宜柔和些；脖子和腰部画细些；胸部和骨盆较明显；骨骼和肌肉线条可稍微弱化处理。

一、女性站姿动态表现

1. 步骤解析

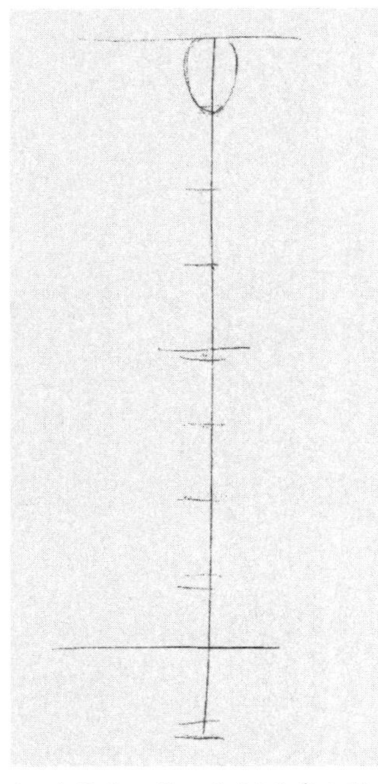

1. 勾画重心线，确定9头身比例。

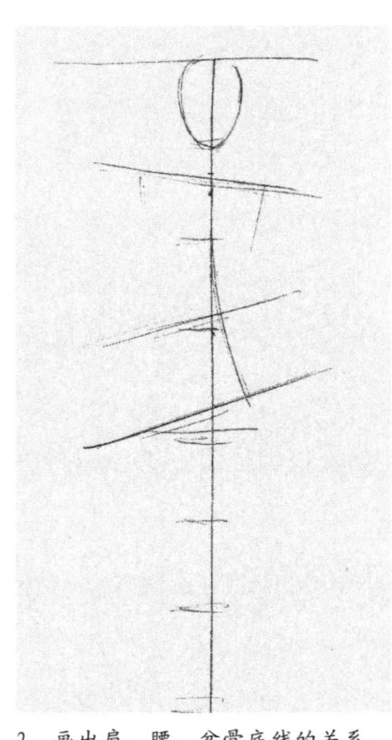

2. 画出肩、腰、盆骨底线的关系，确定动态线的方向。

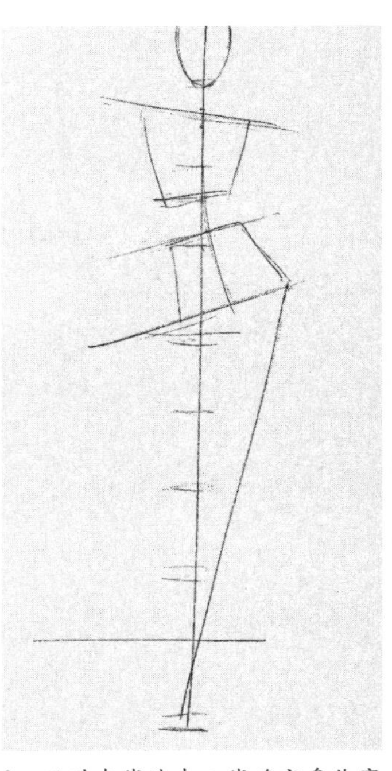

3. 以动态线为中心线确定身体宽窄，确定支撑腿的动态，支撑脚落在重心线上。

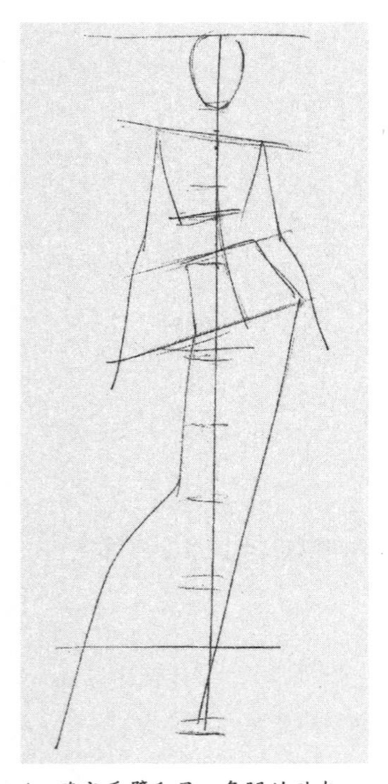

4. 确定手臂和另一条腿的动态。

5. 根据动态趋势，将头略向右调整，勾画腰身，注意线条的起伏变化。

6. 画手臂和支撑腿的结构，注意三角肌和小臂外轮廓线的变化。

7. 先画小腿的外轮廓结构，再对应画内侧轮廓线，注意两条腿的前后关系。

8. 画胸围线和腰围线，注意处理好公主线和躯干的结构关系。

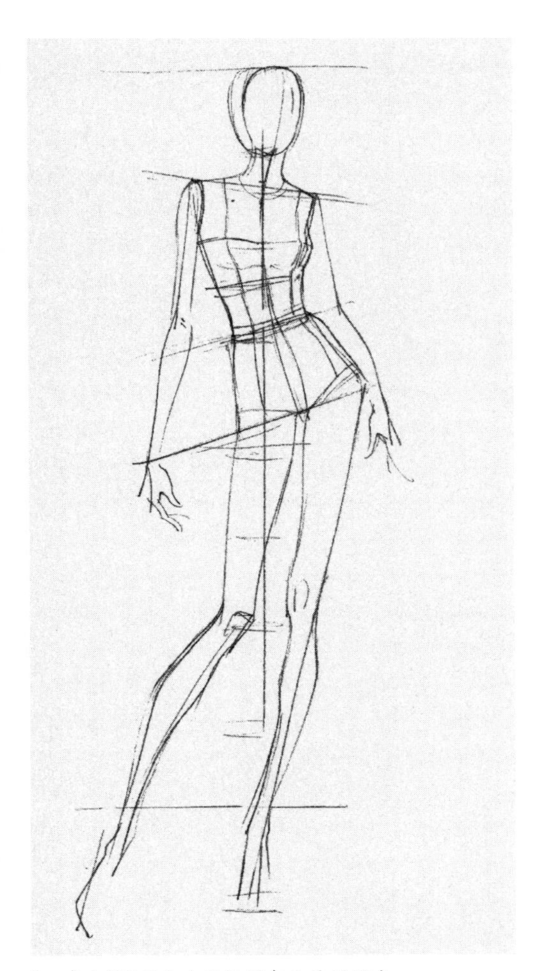

9. 在大腿1/2左右的位置勾画手的形态。

10. 整体观察，补充细节。完成。

2. 绘制表现

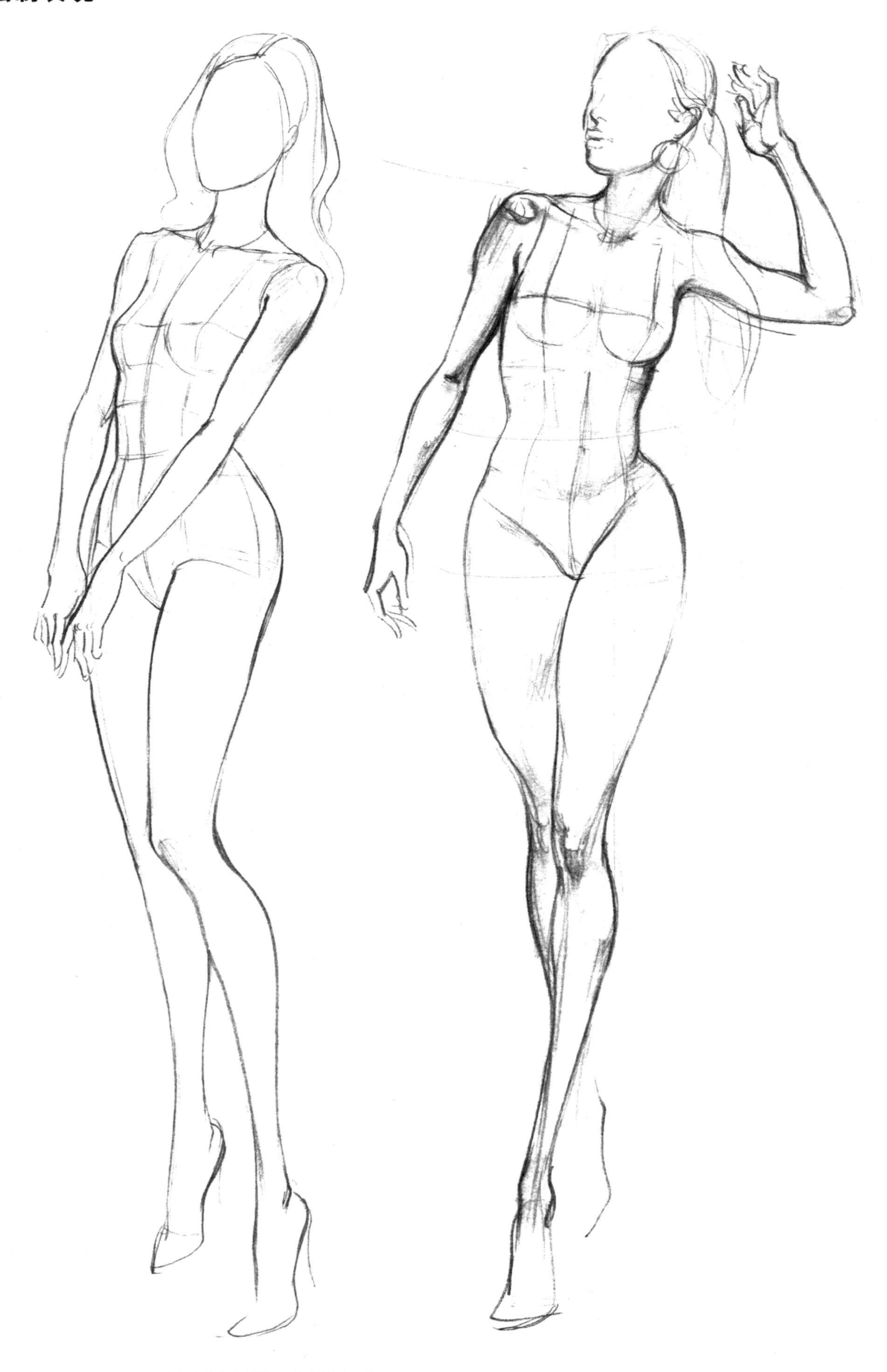

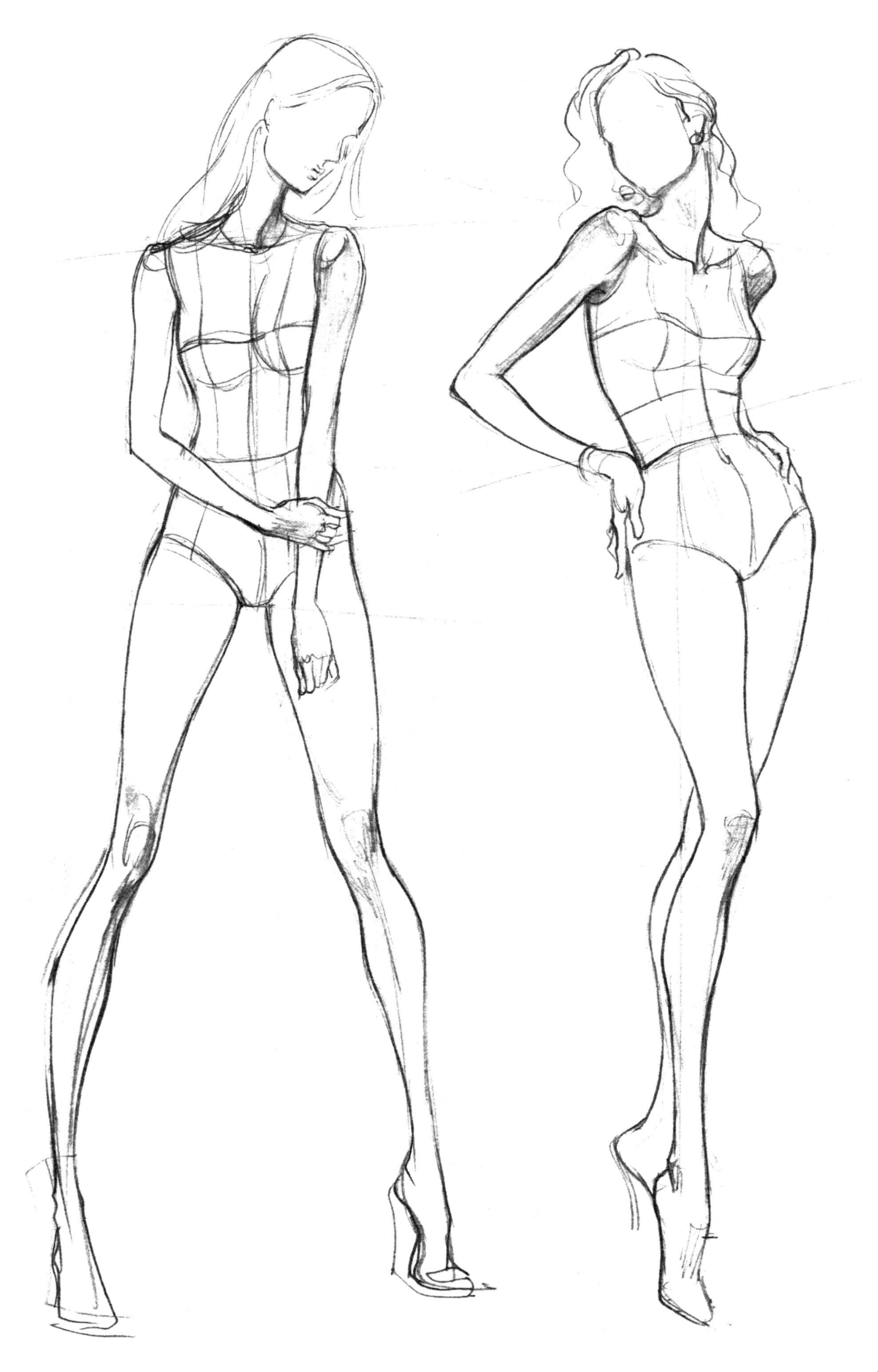

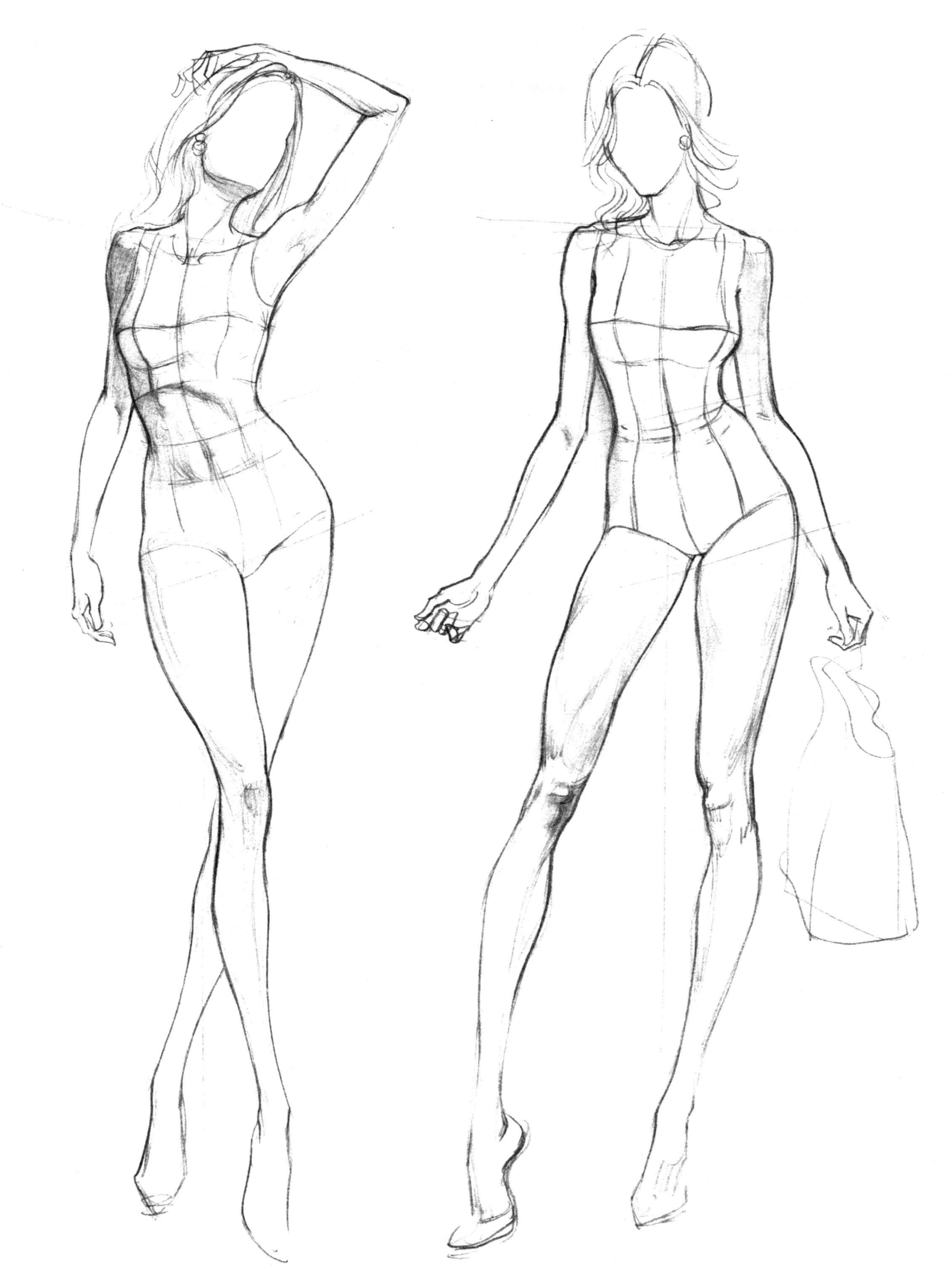

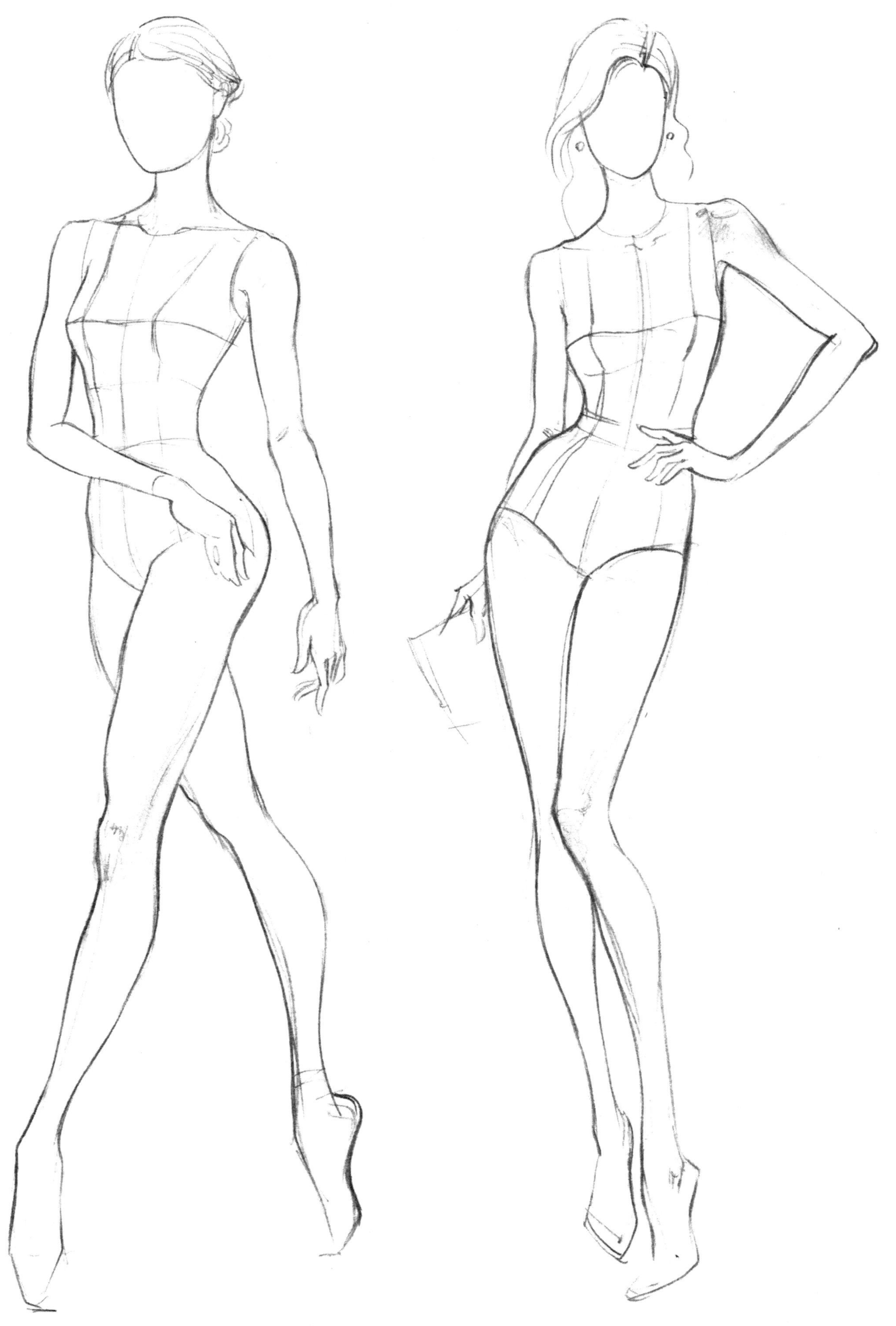

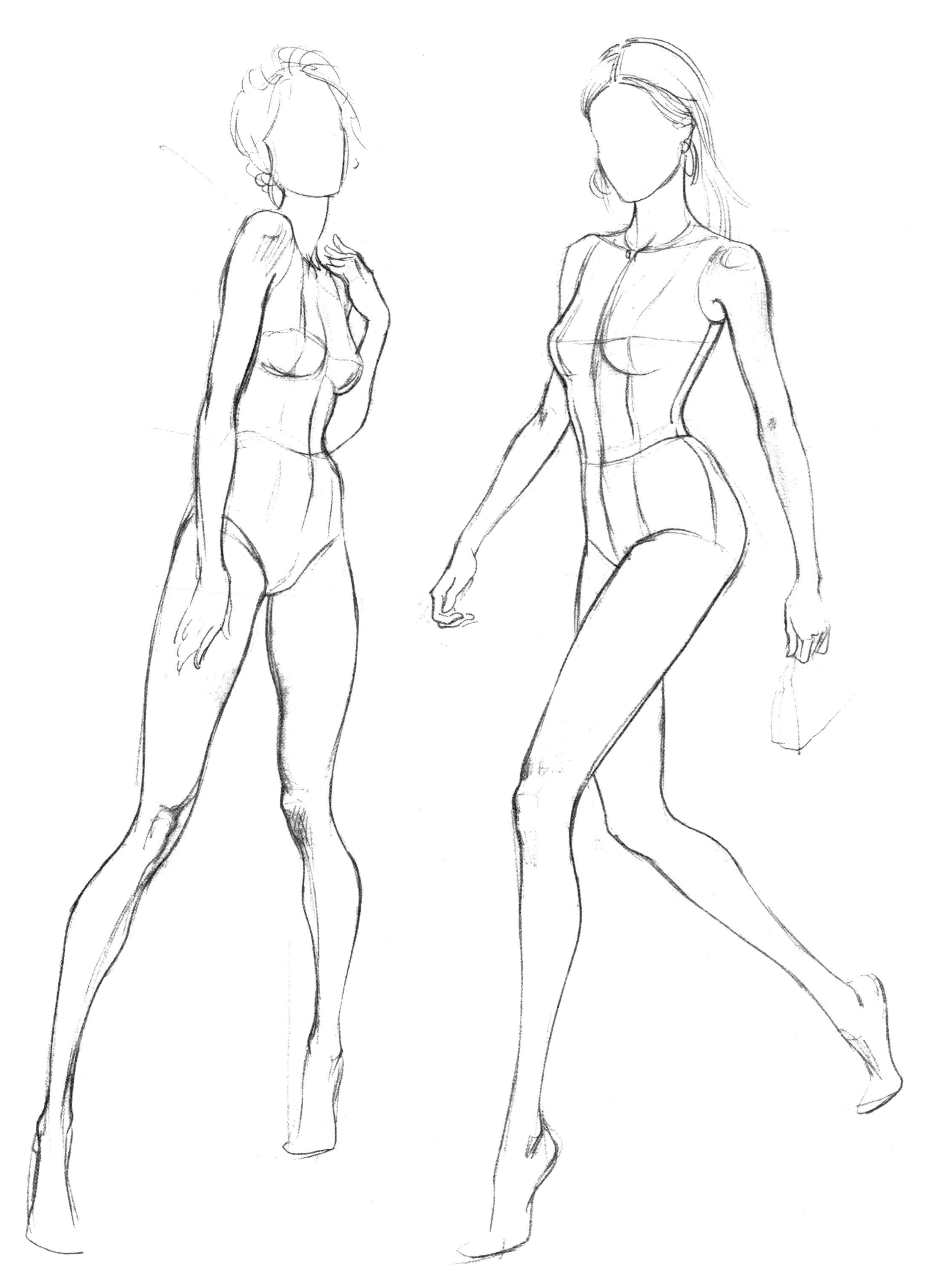

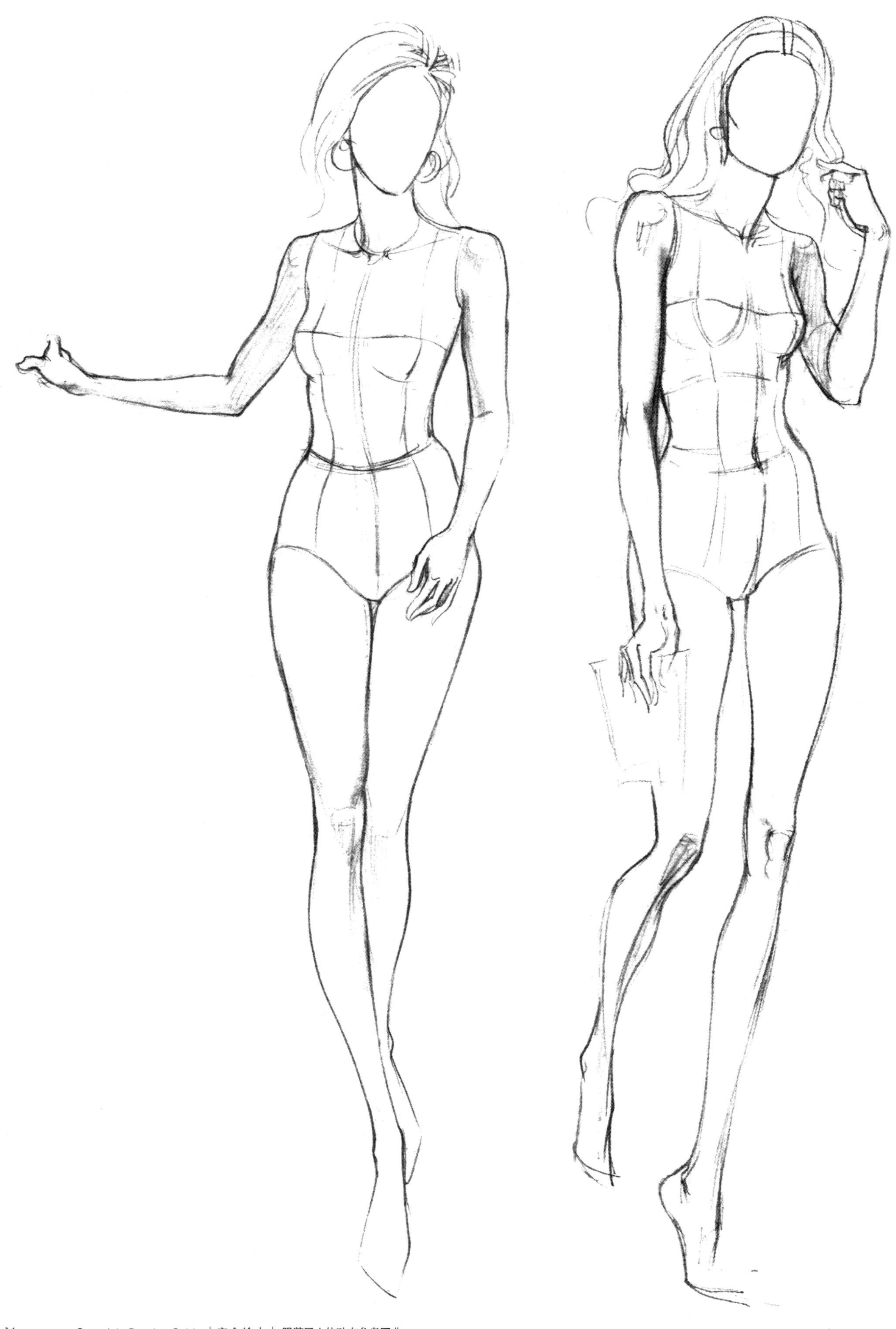

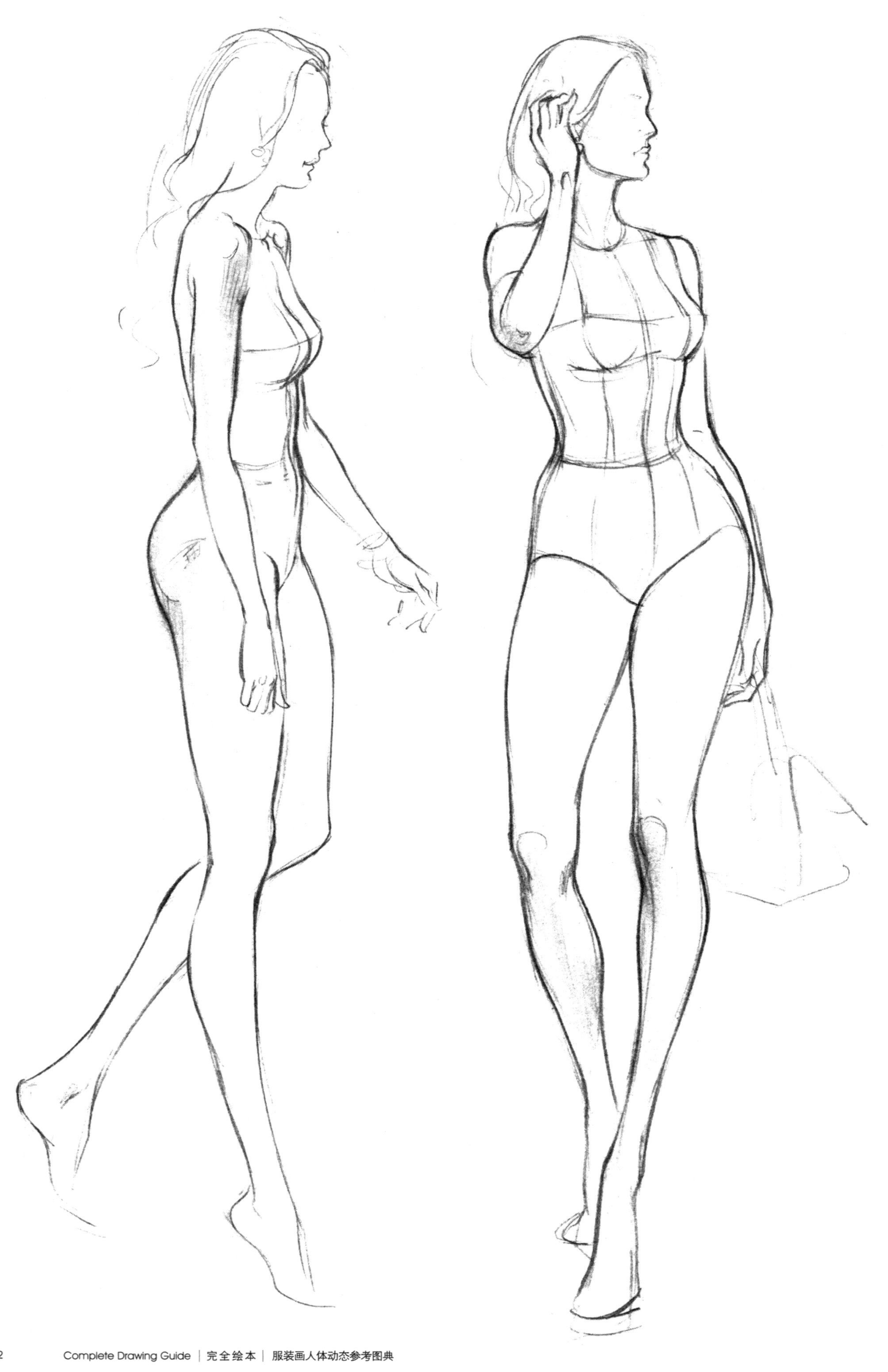

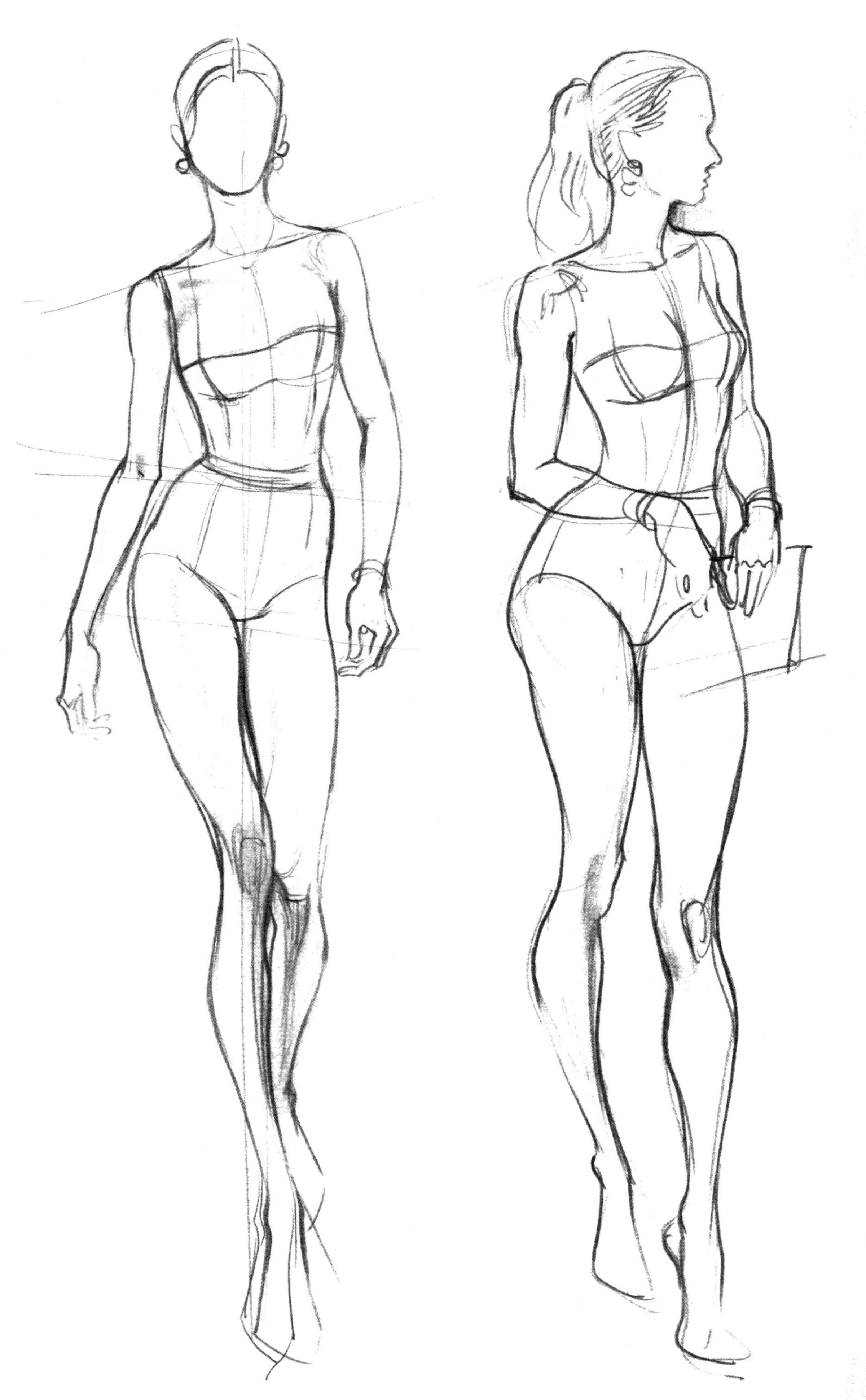

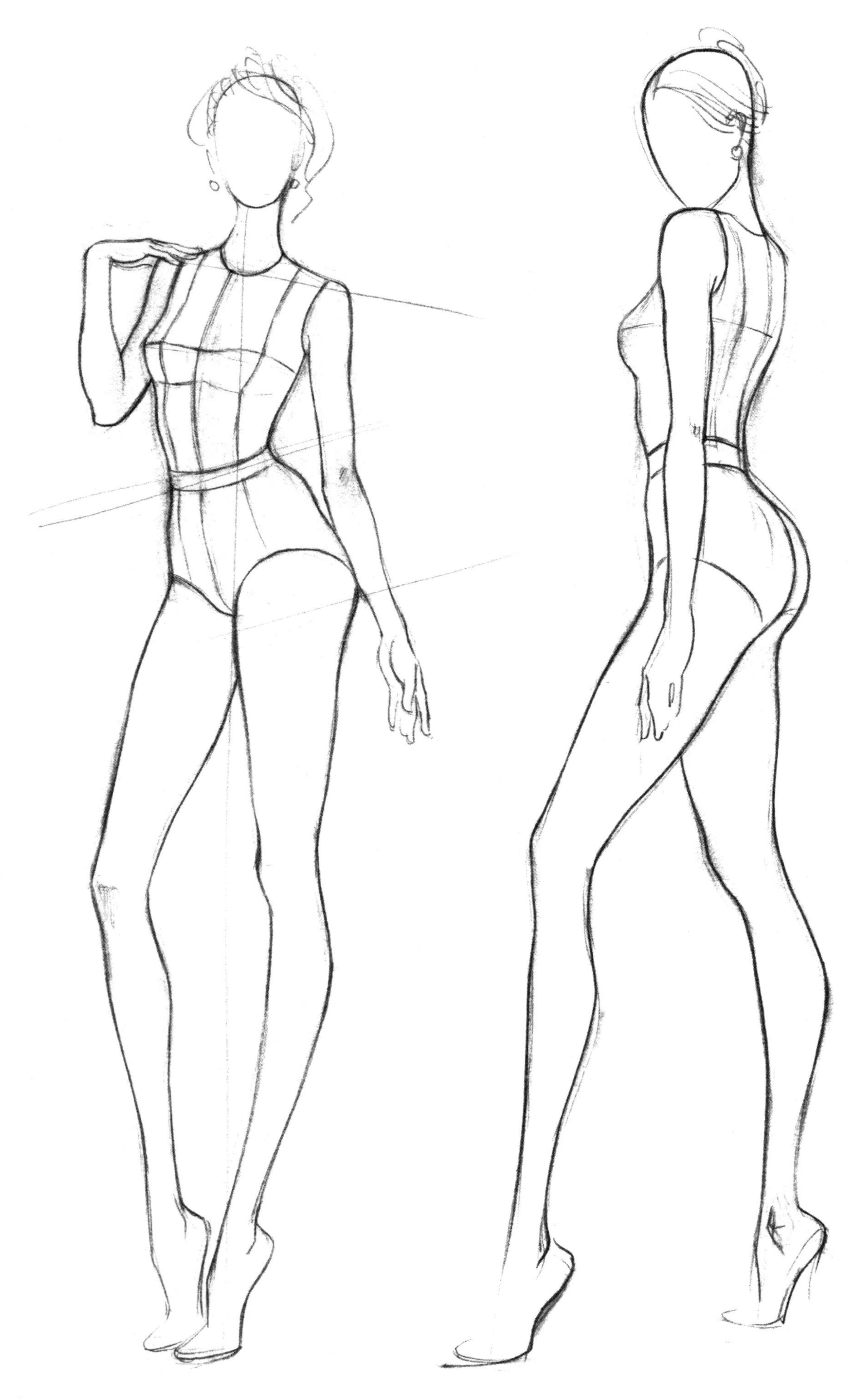

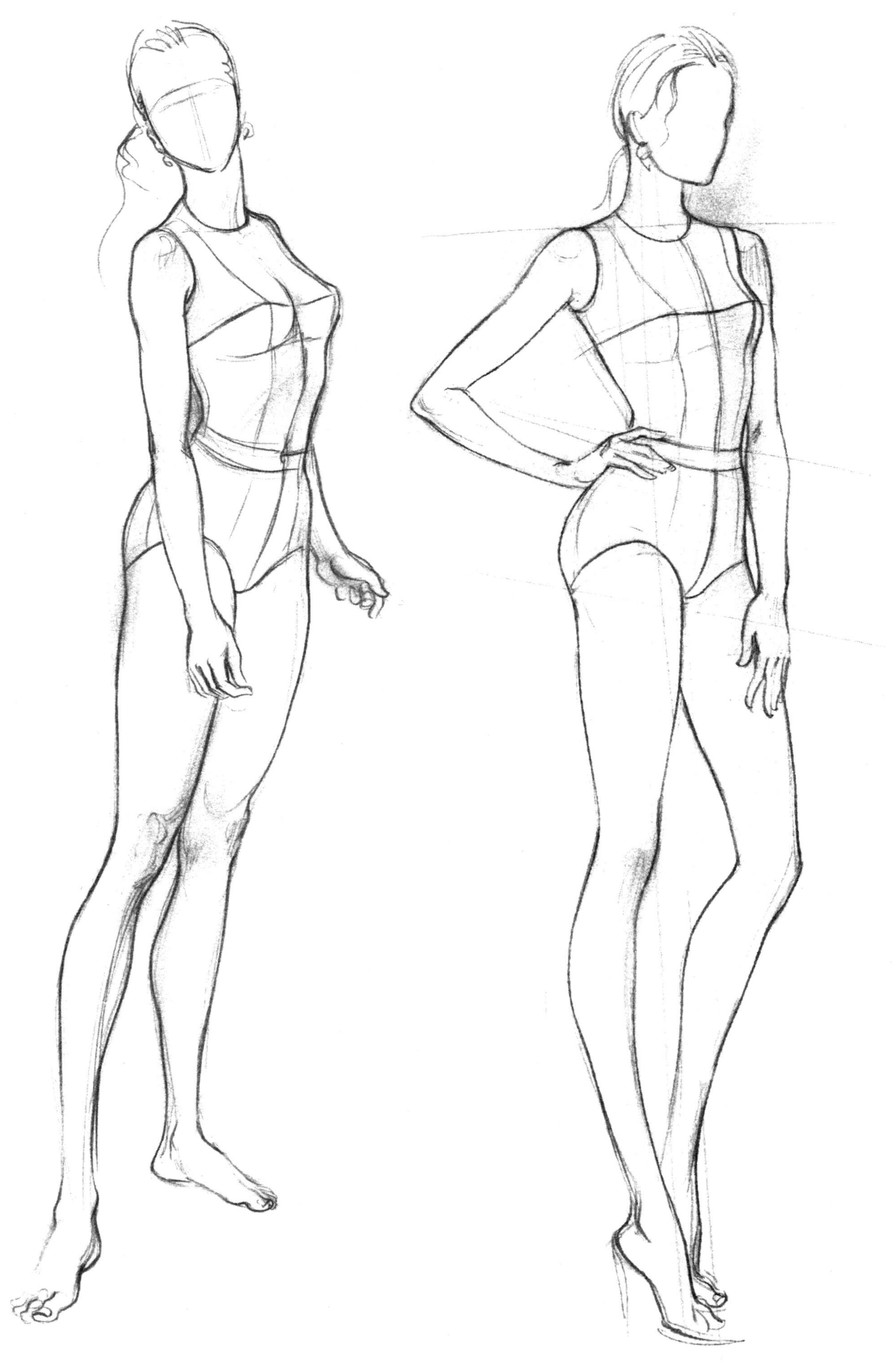

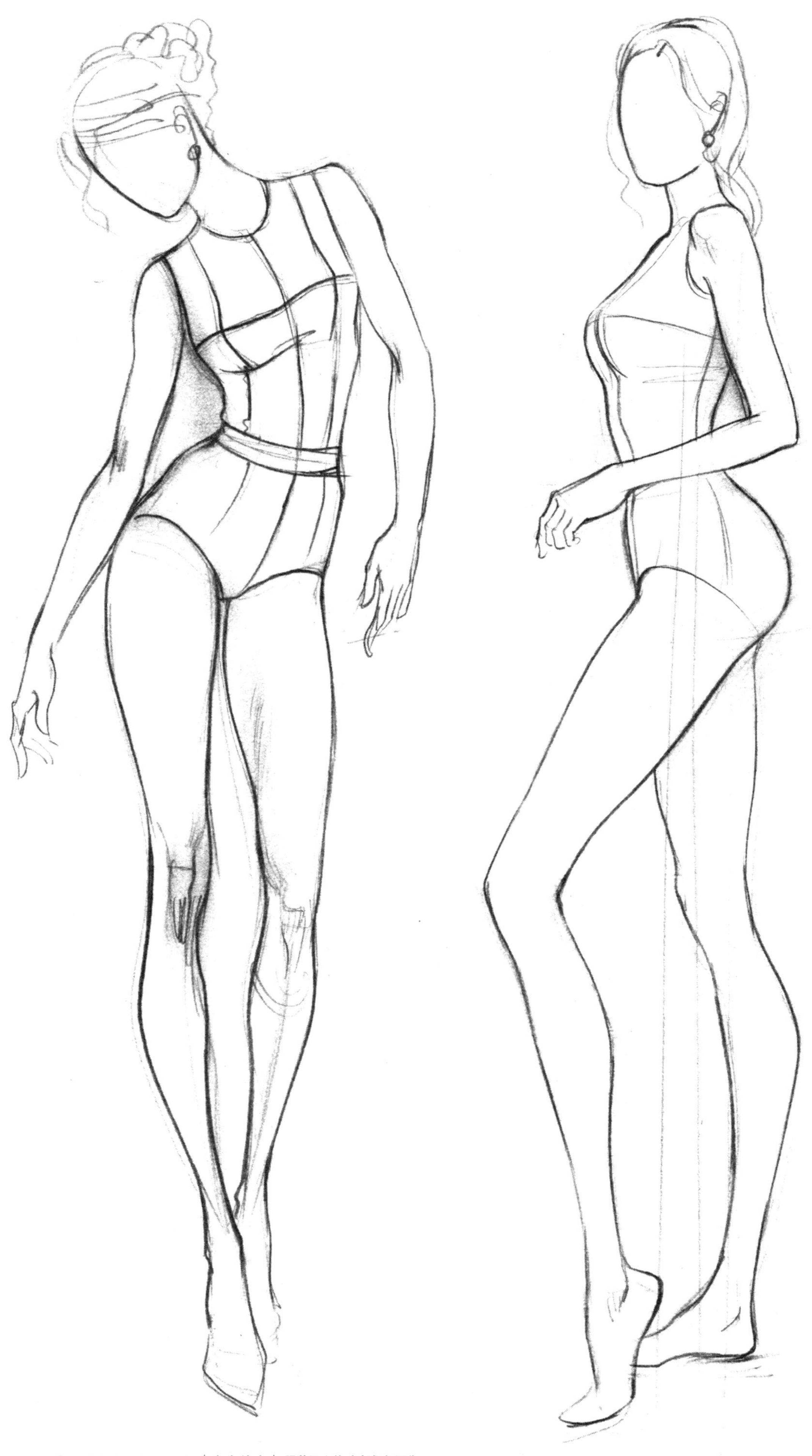

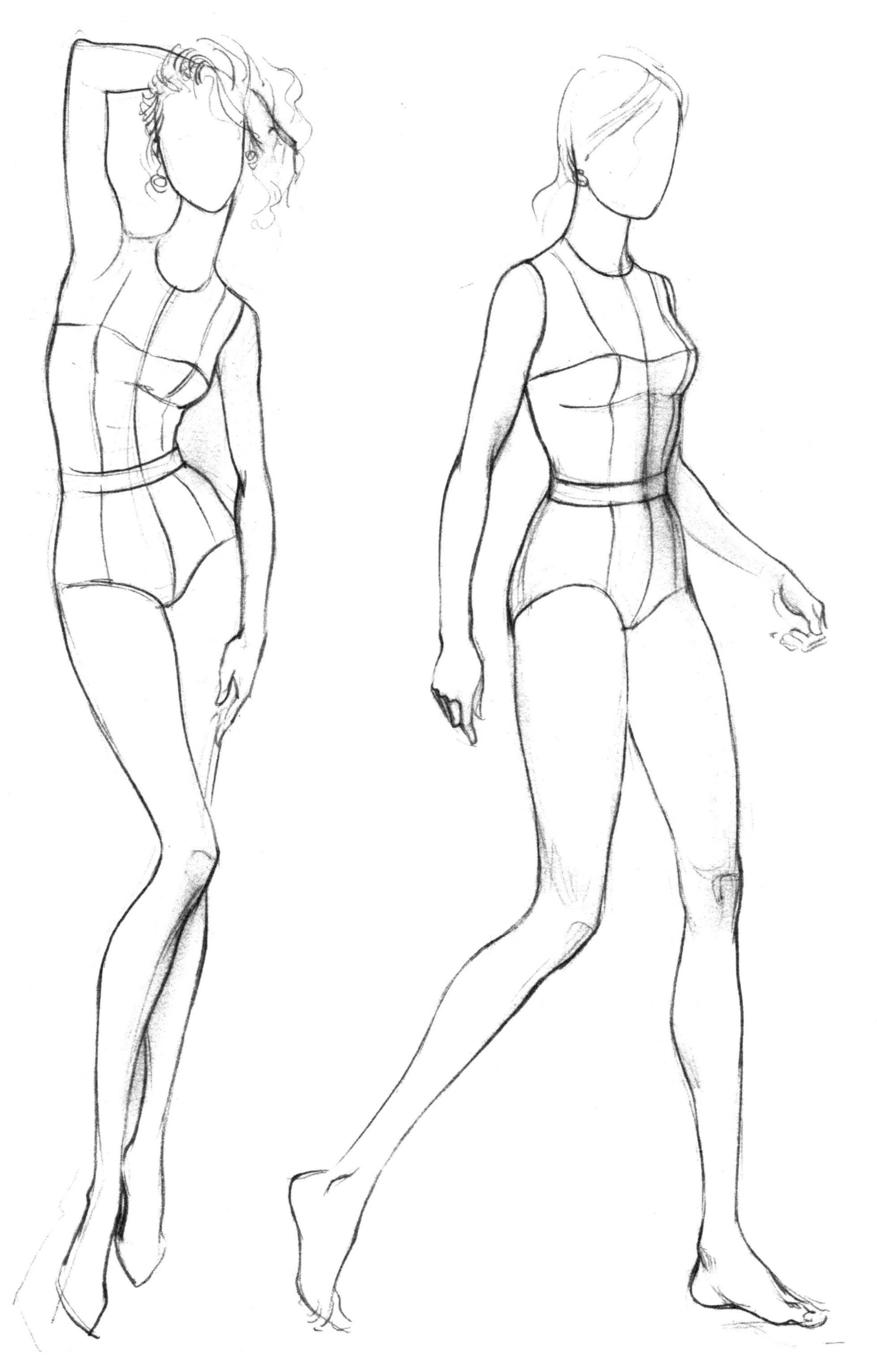

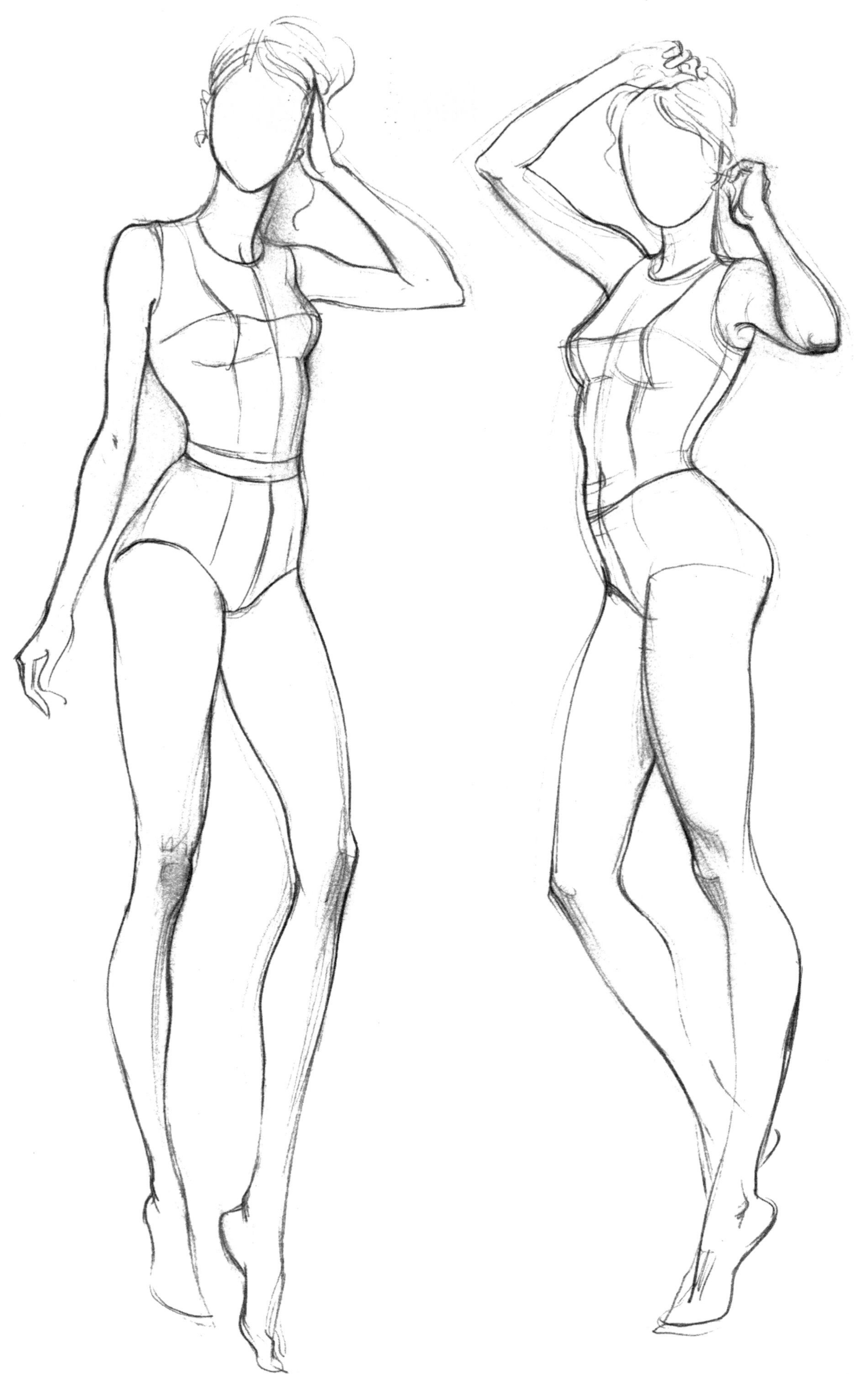

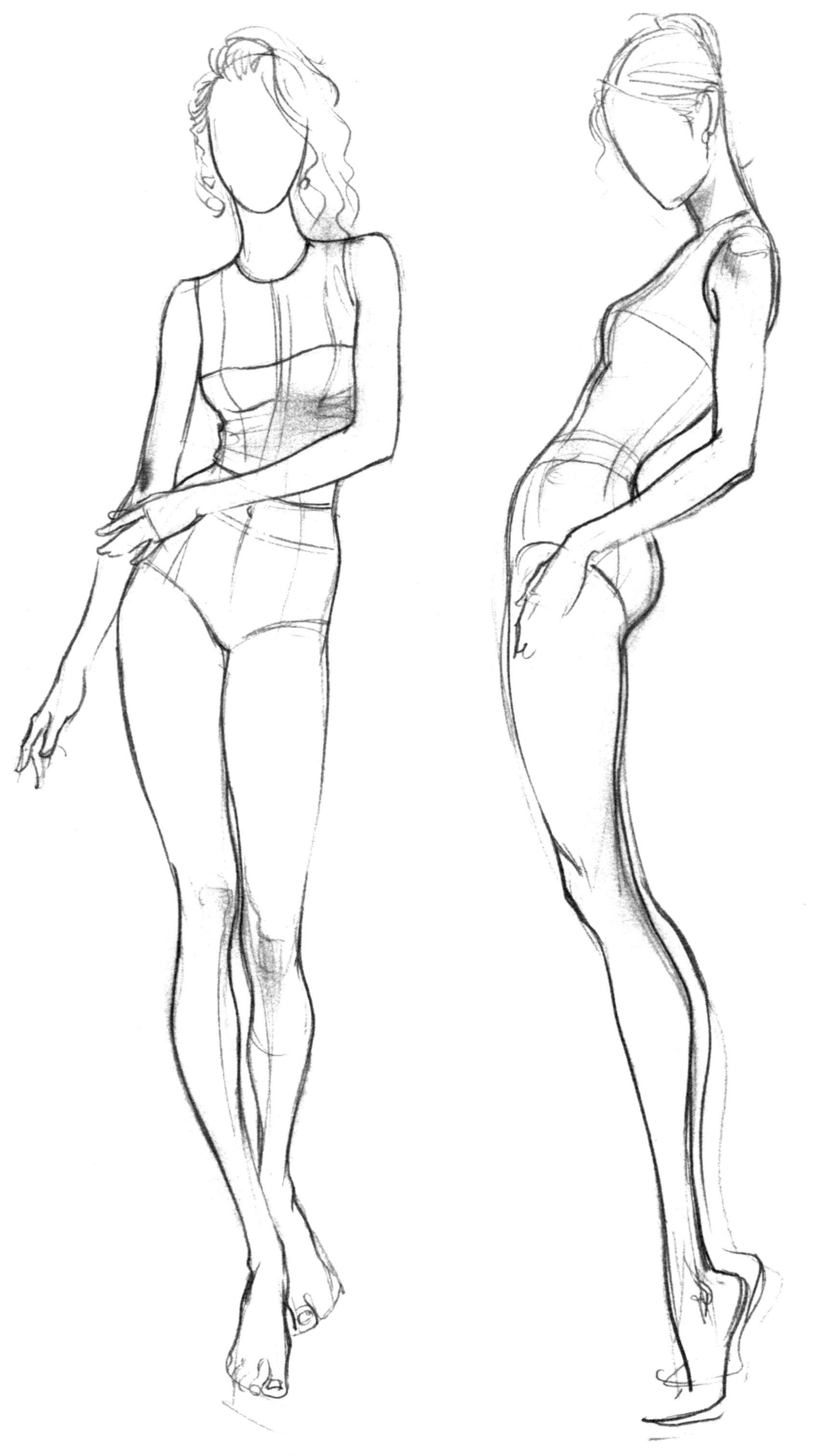

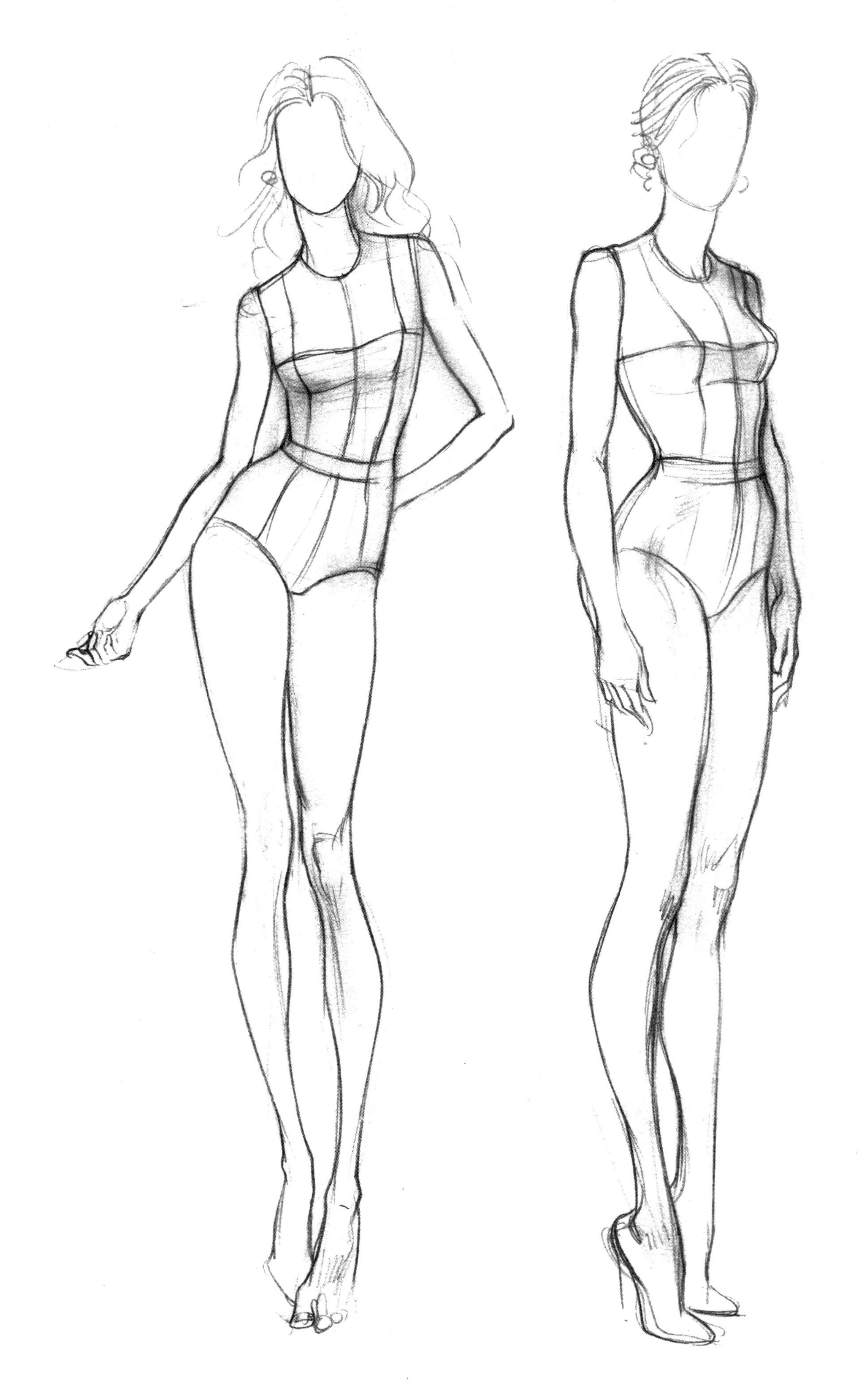

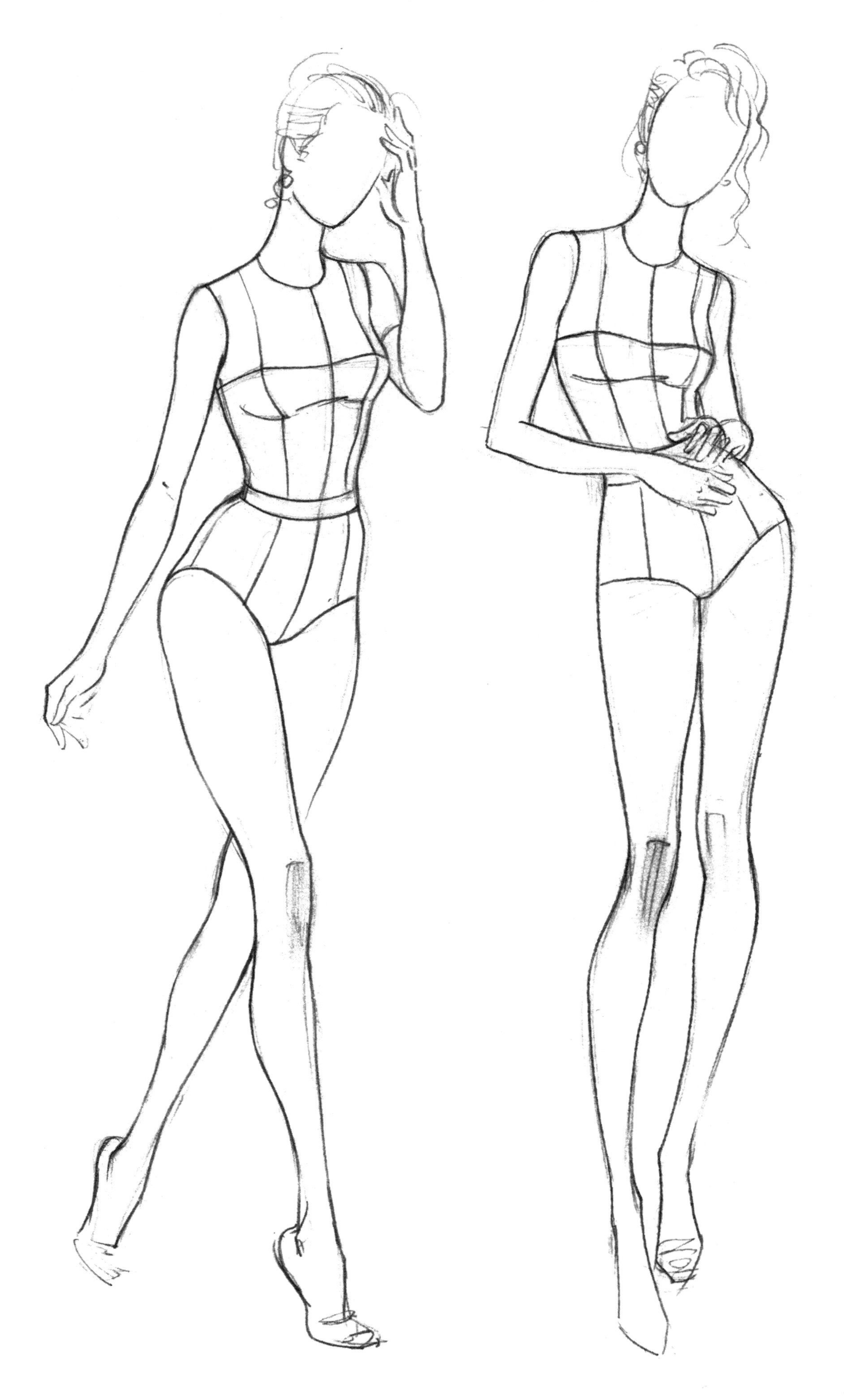

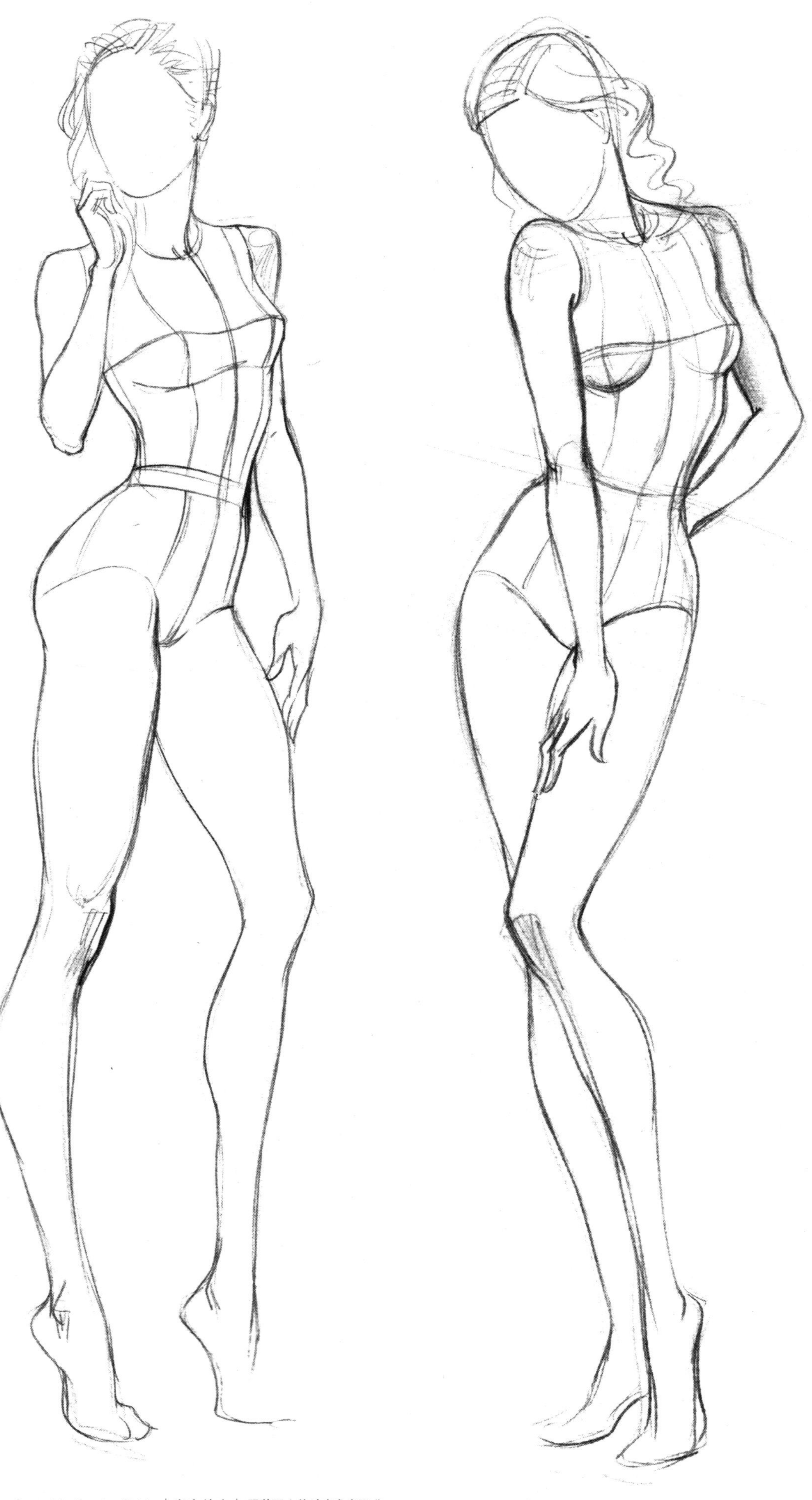

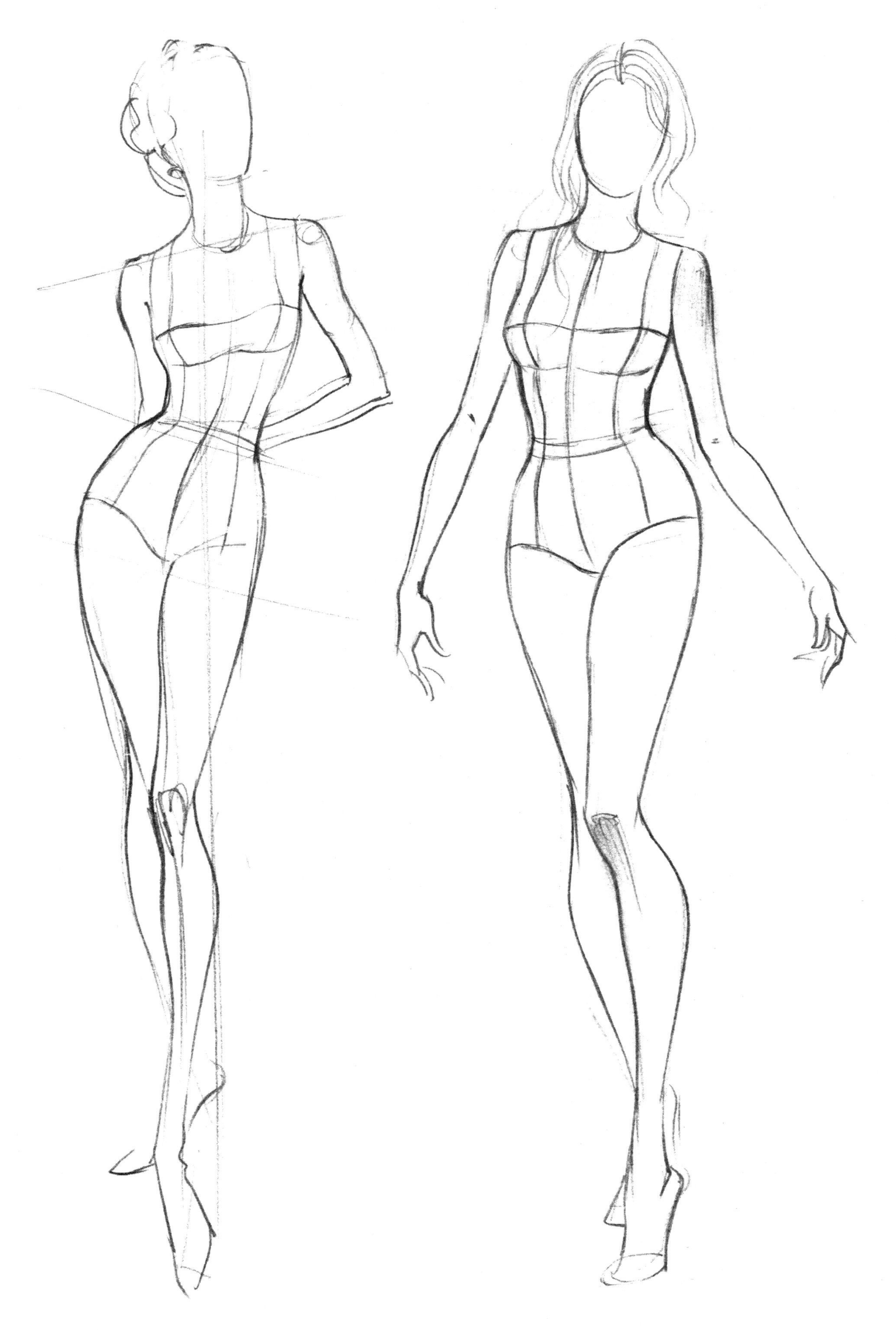

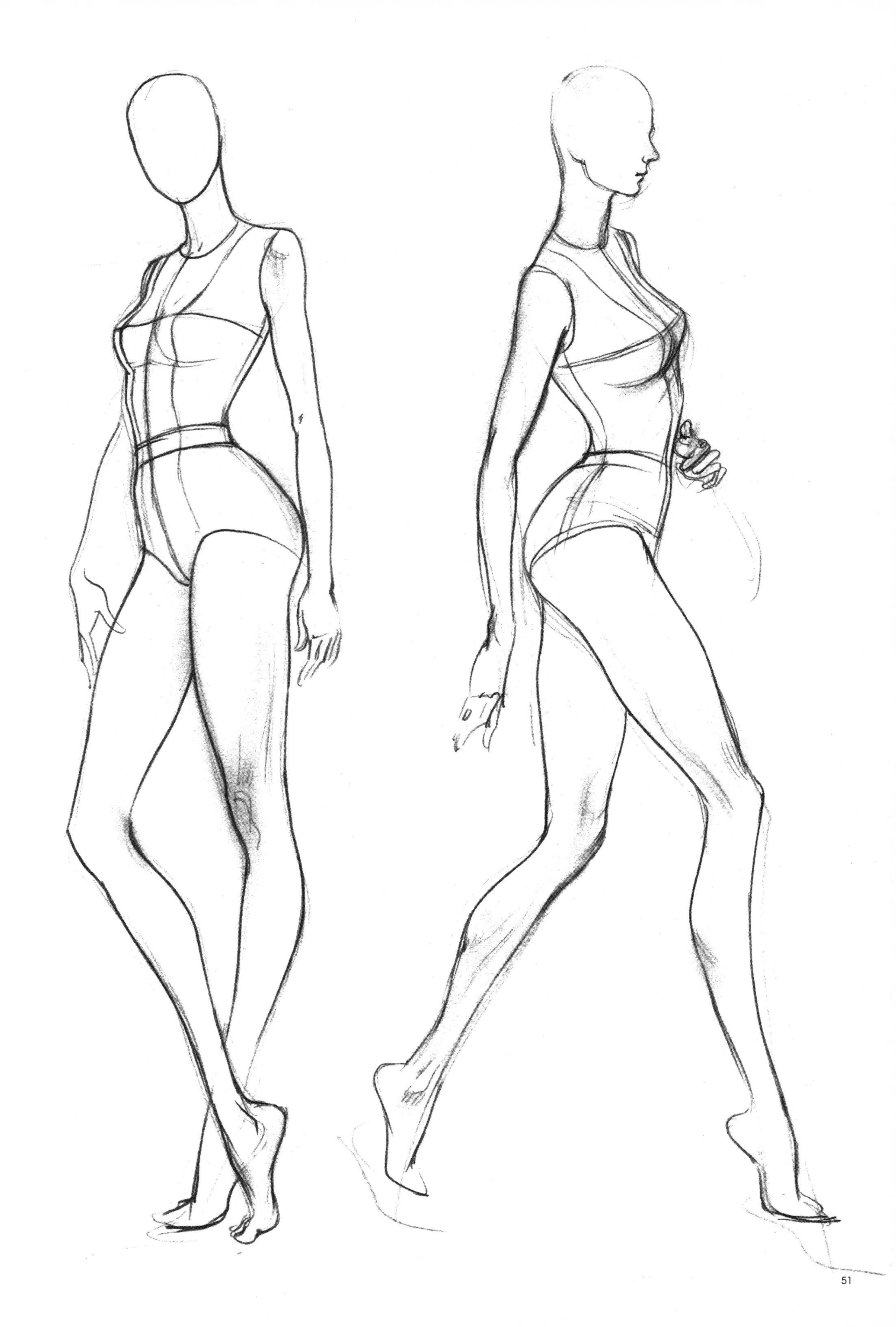

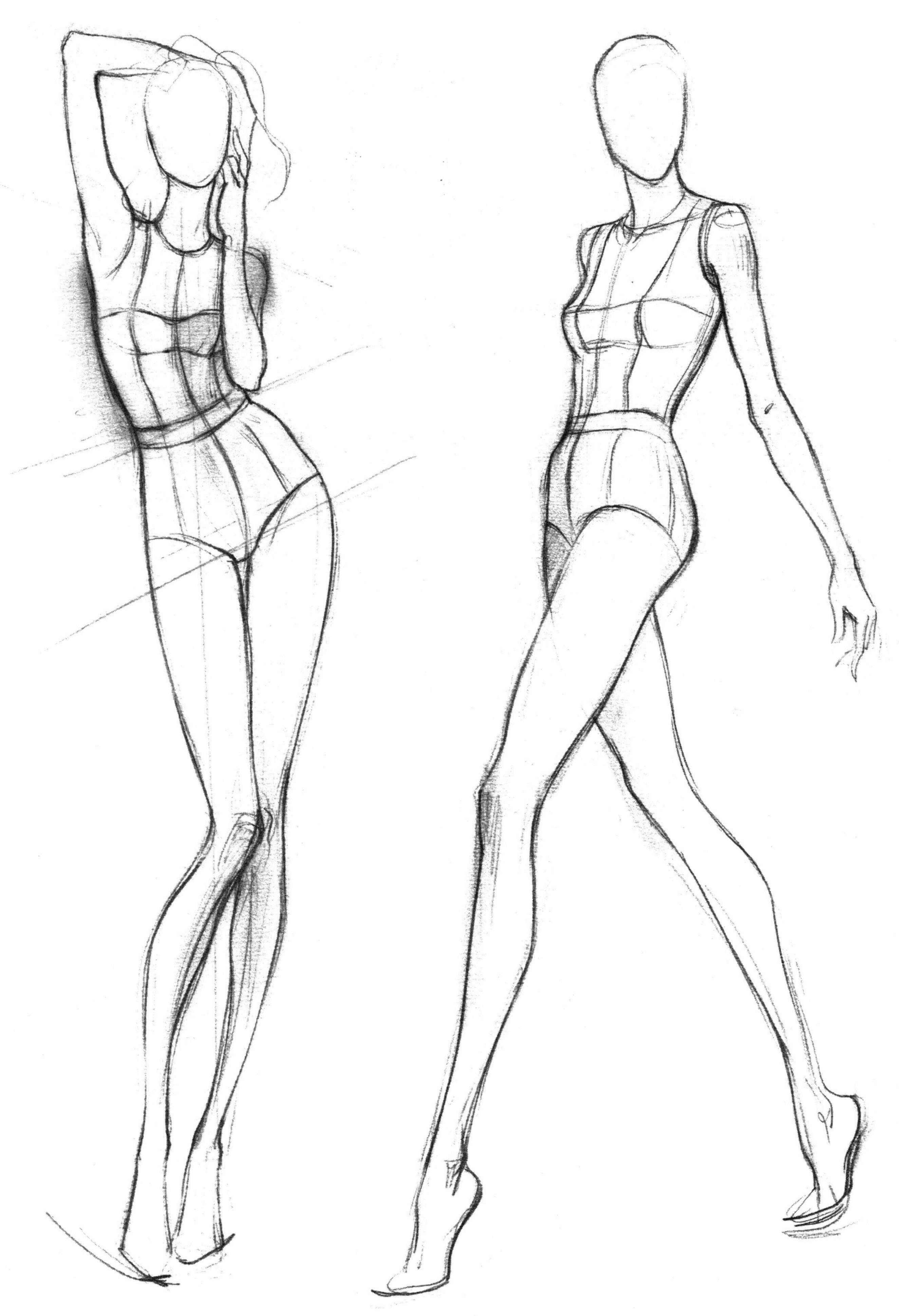

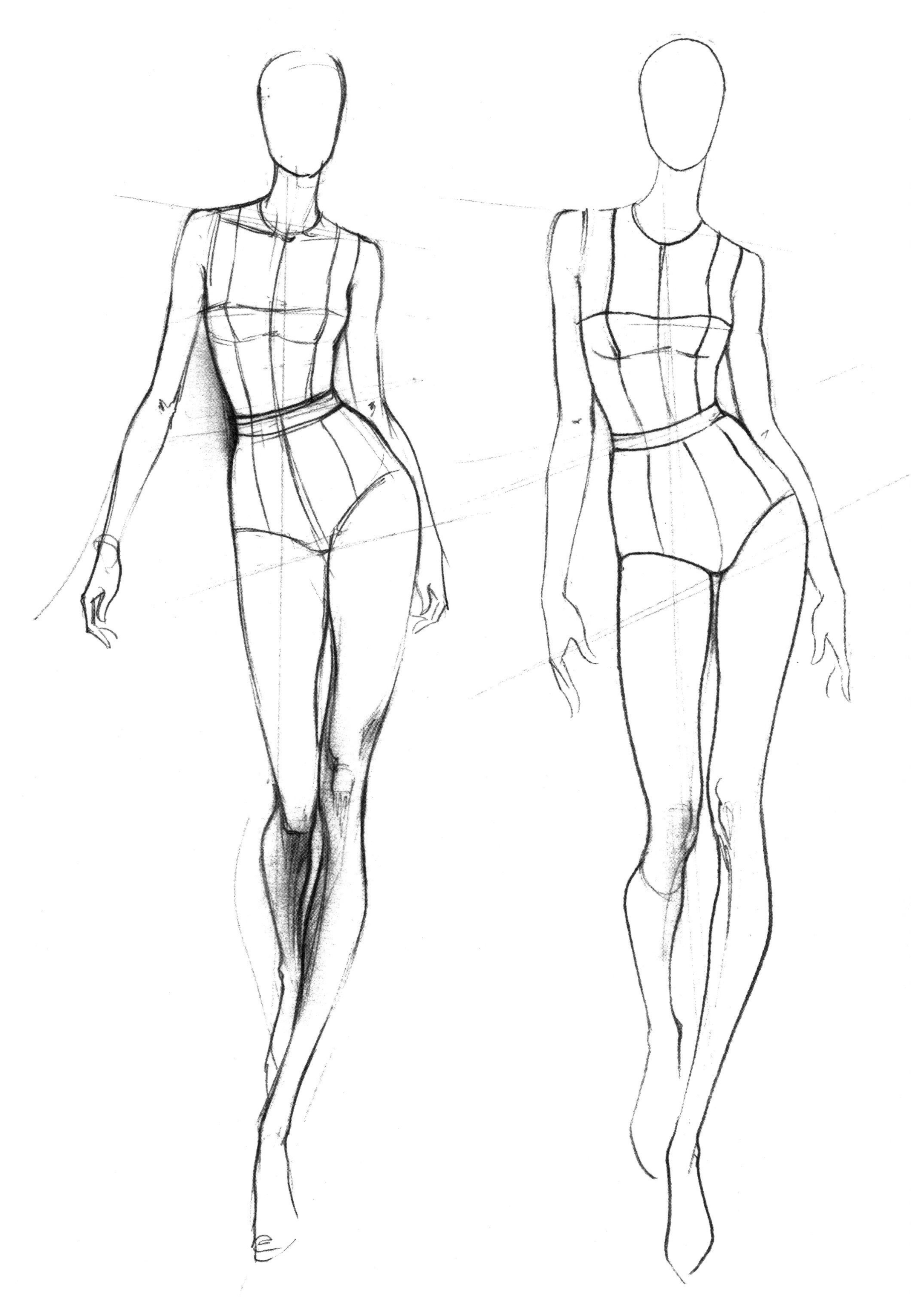

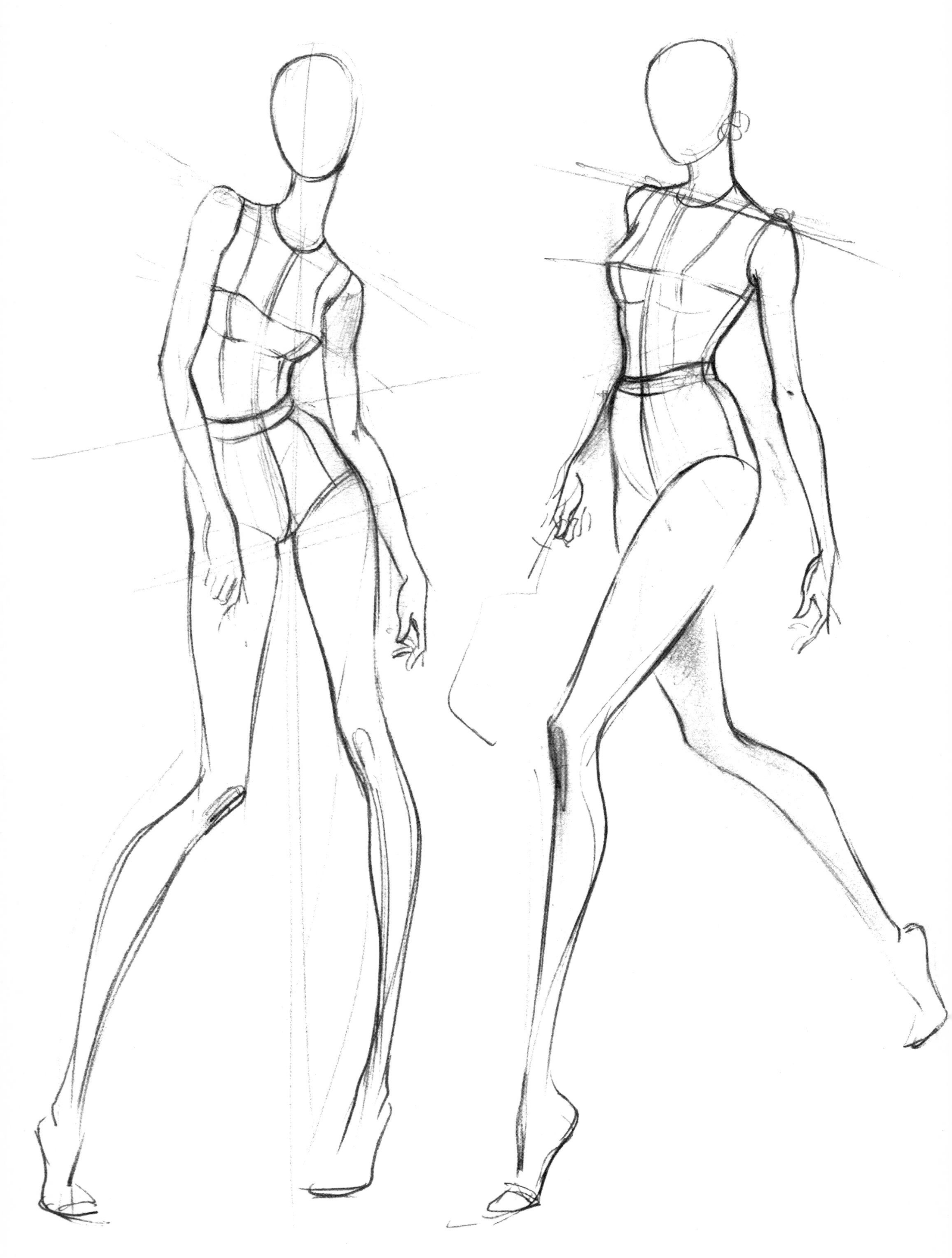

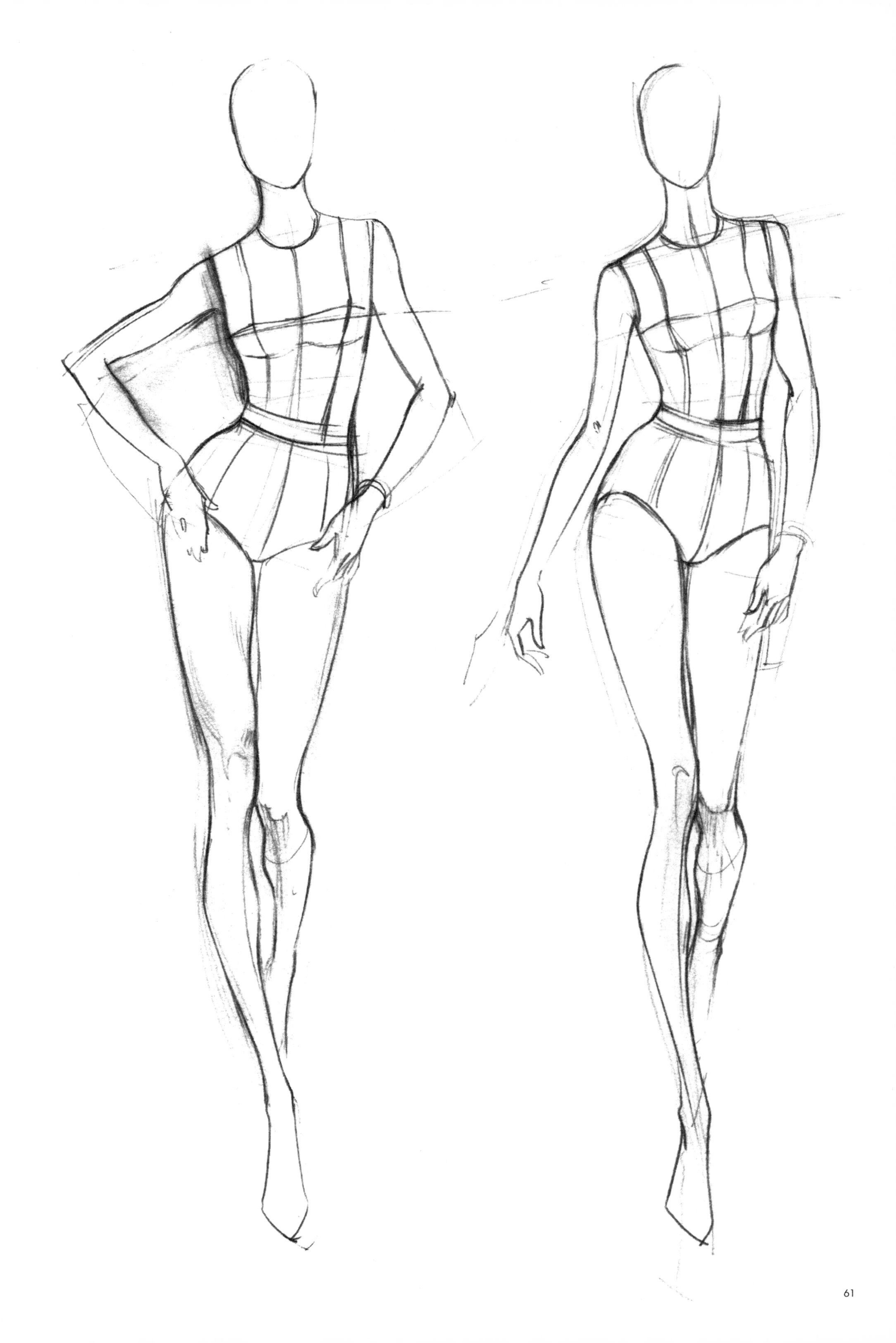

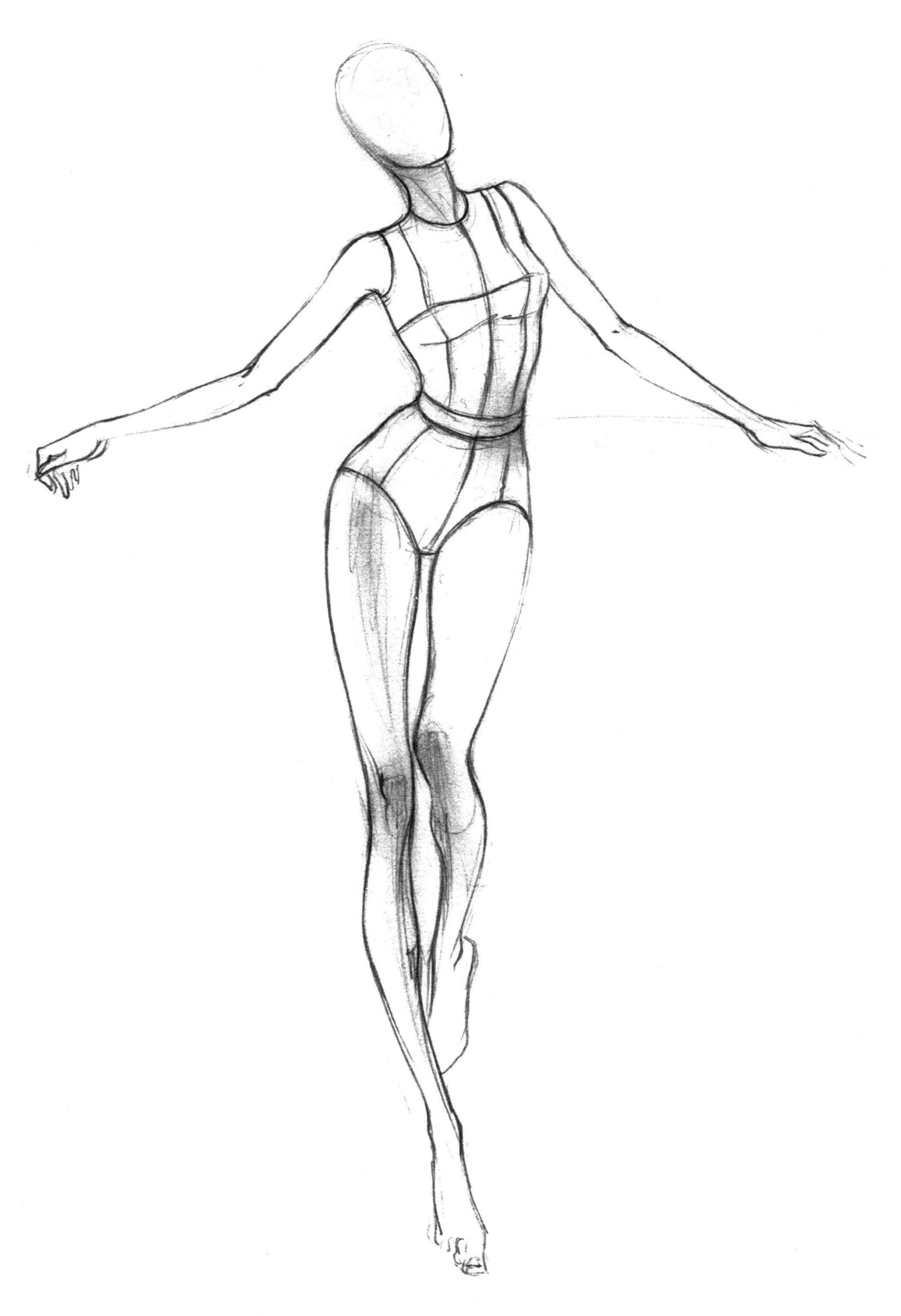

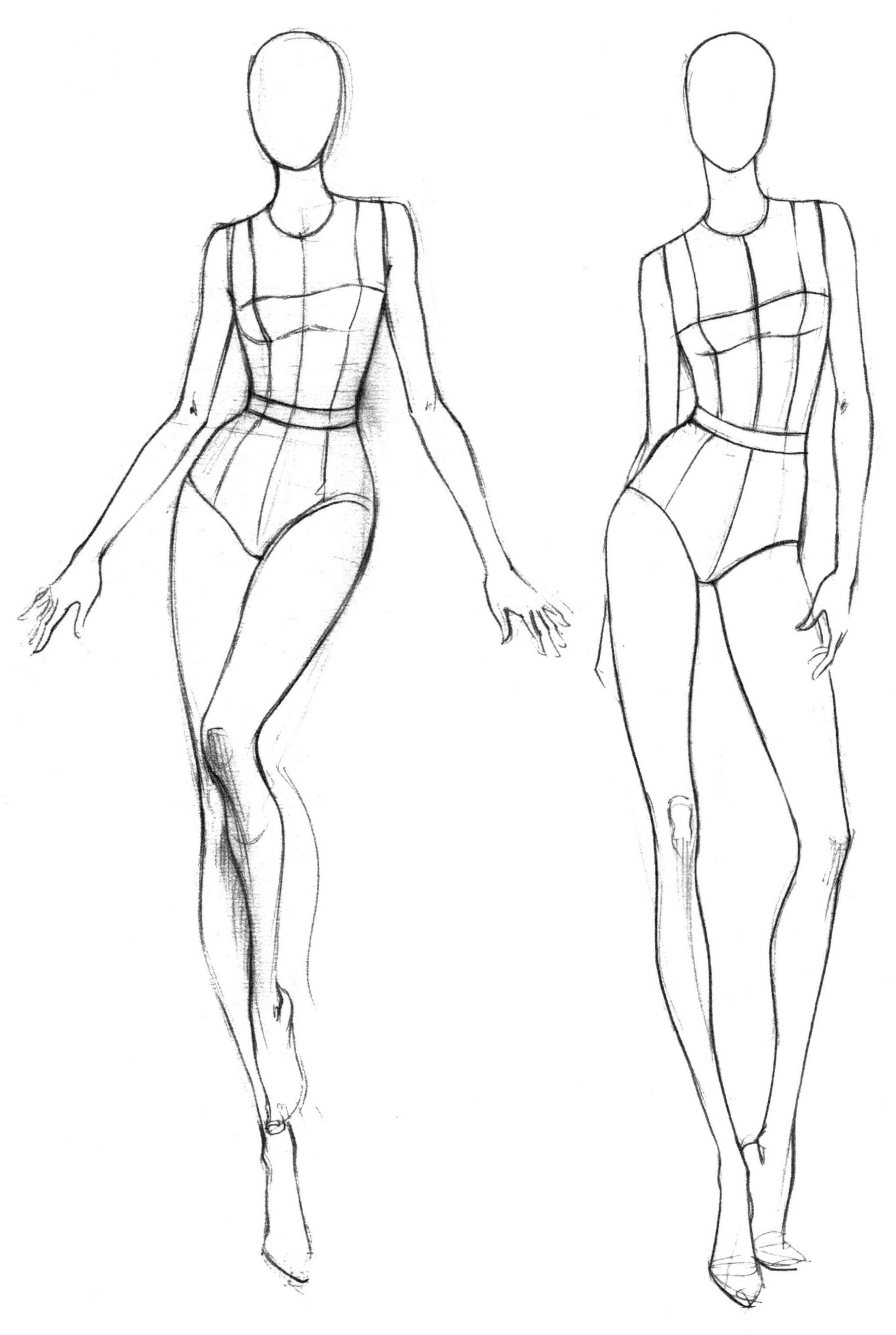

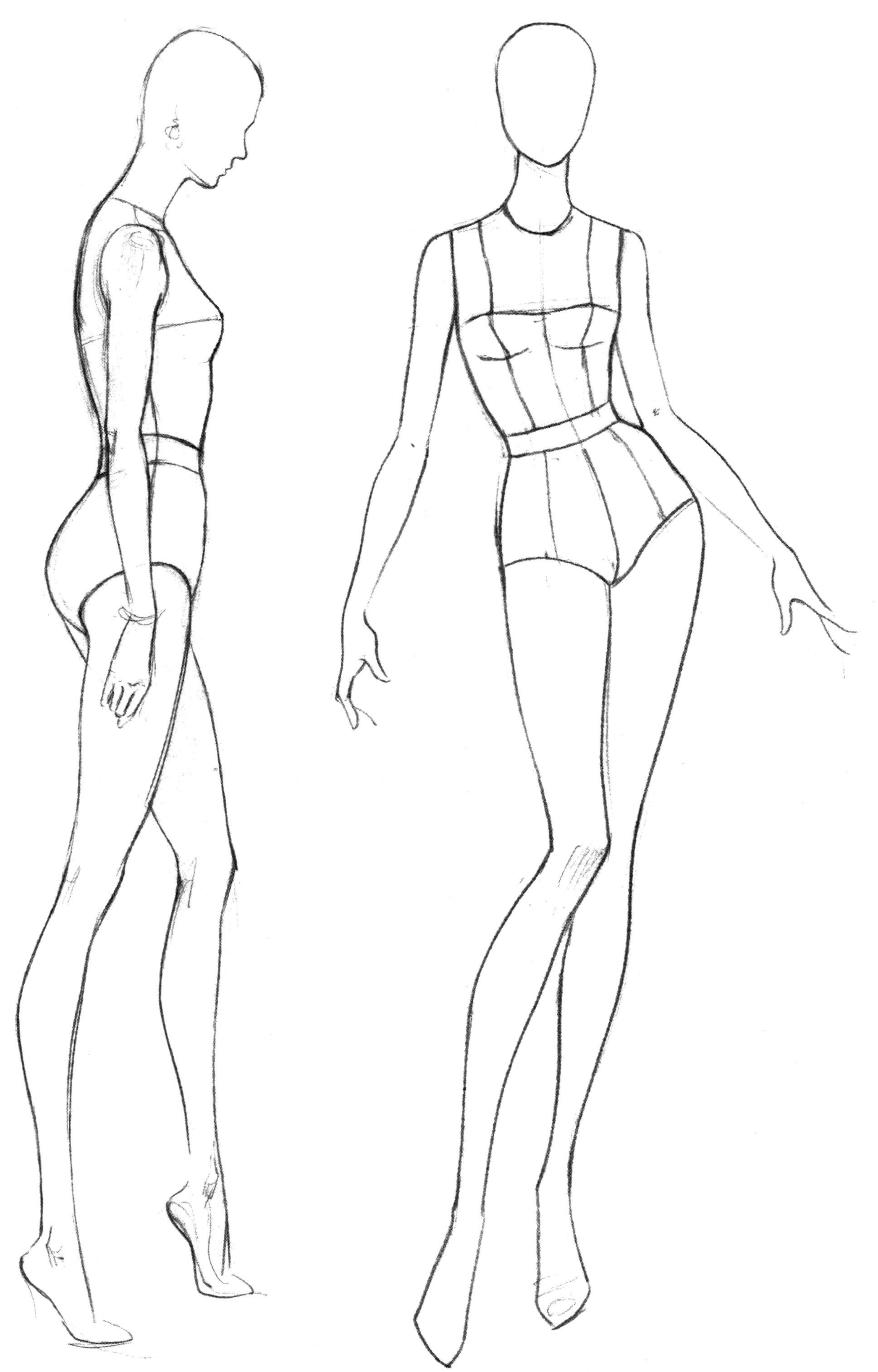

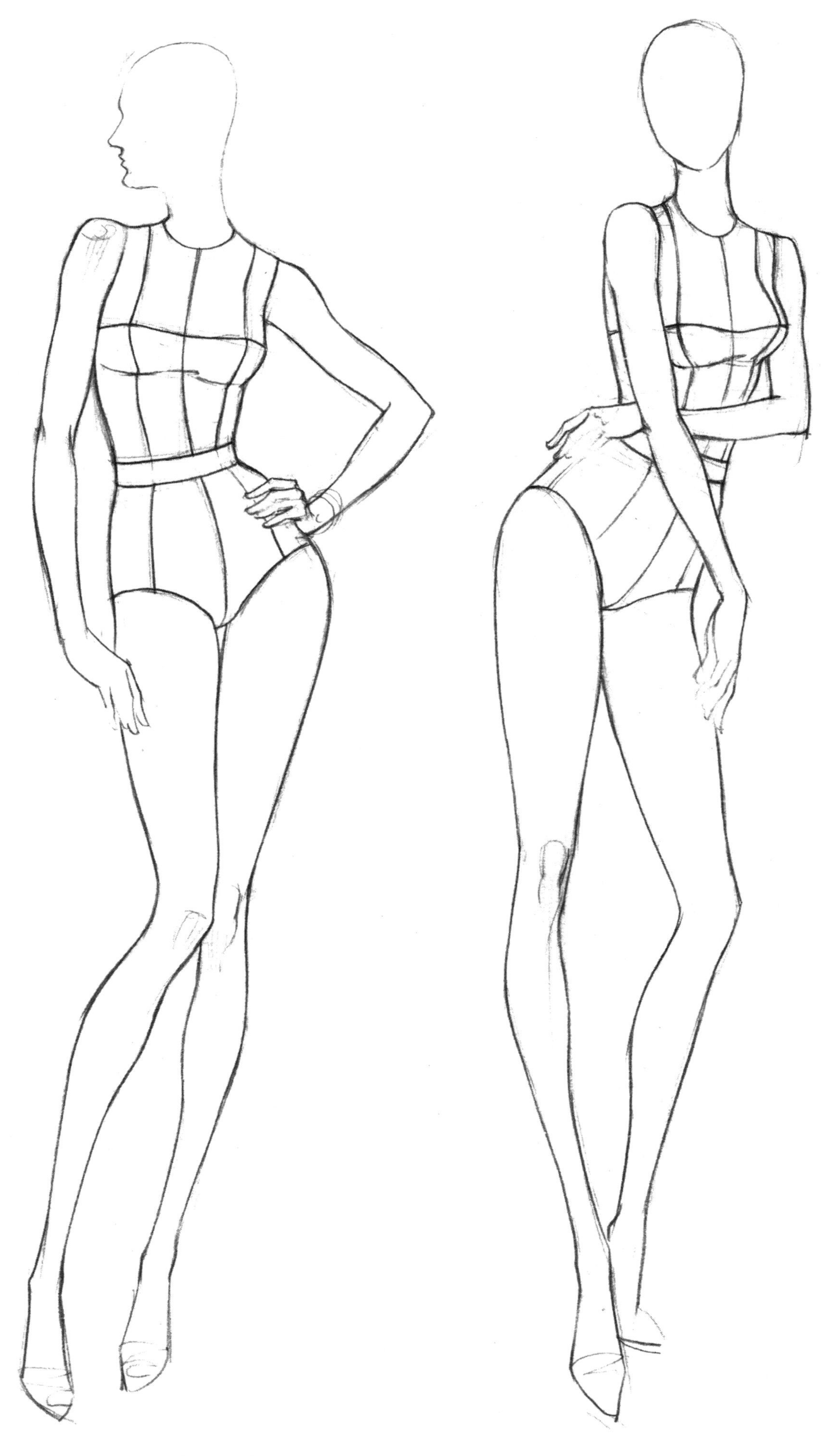

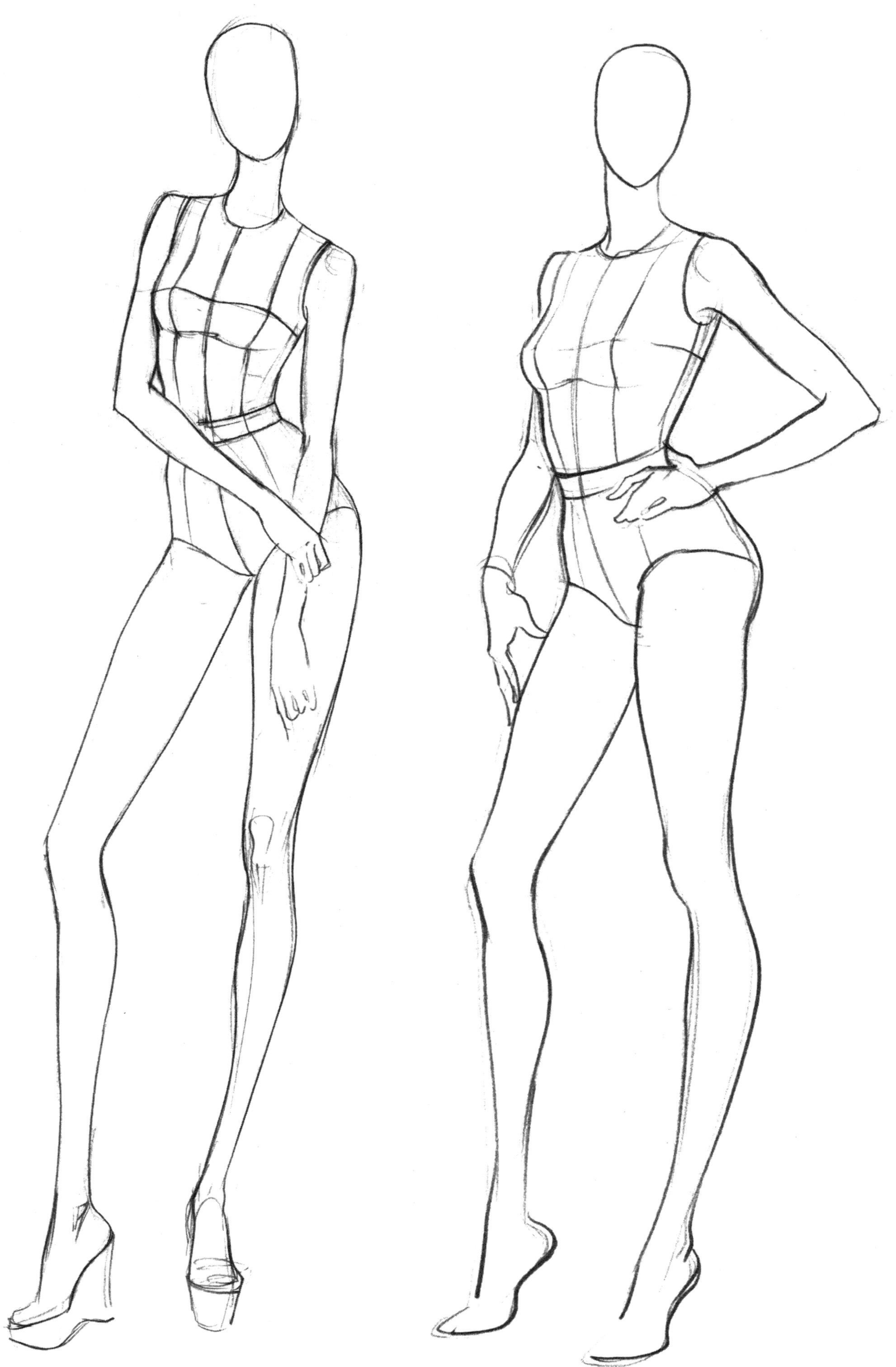

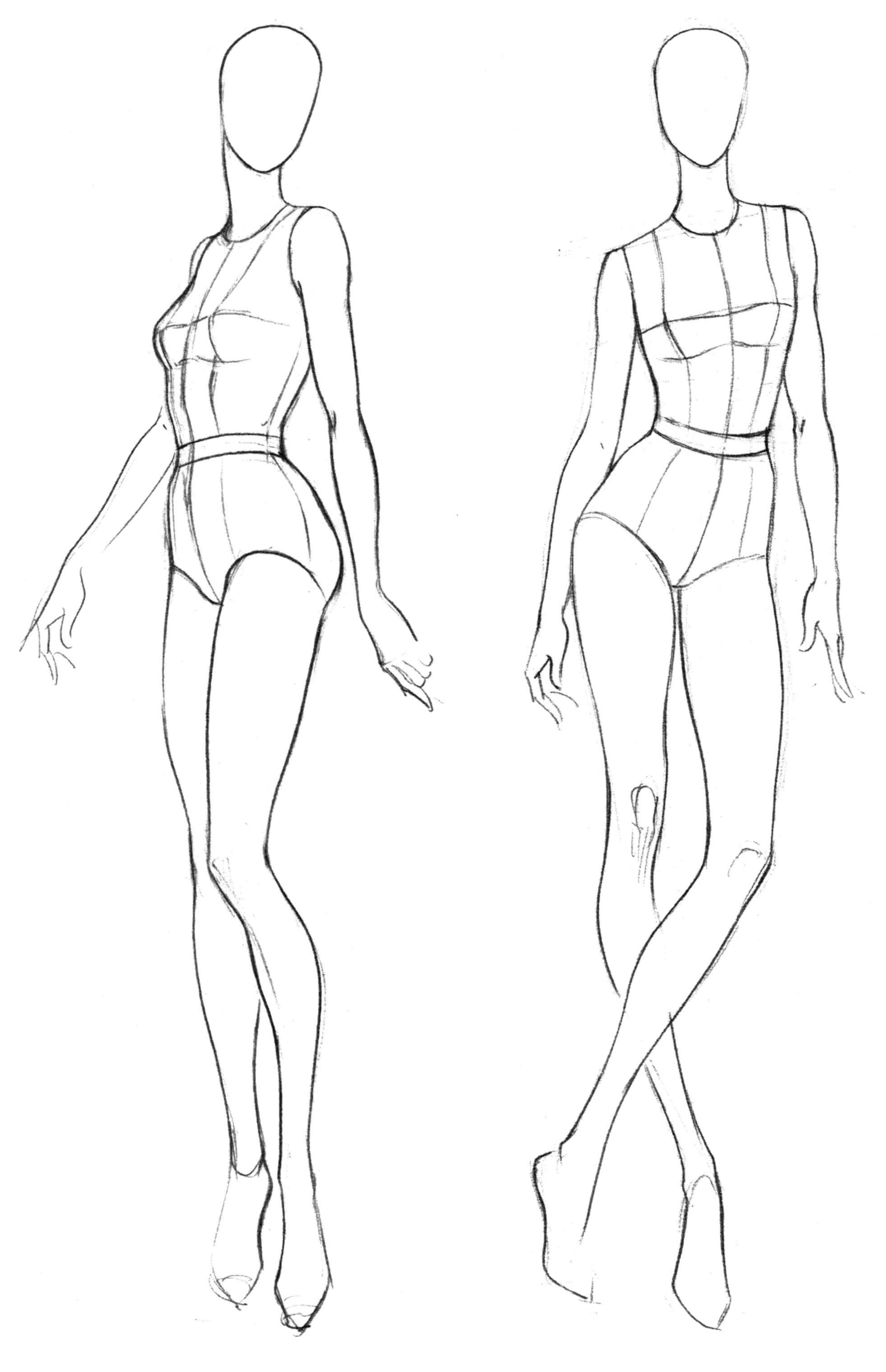

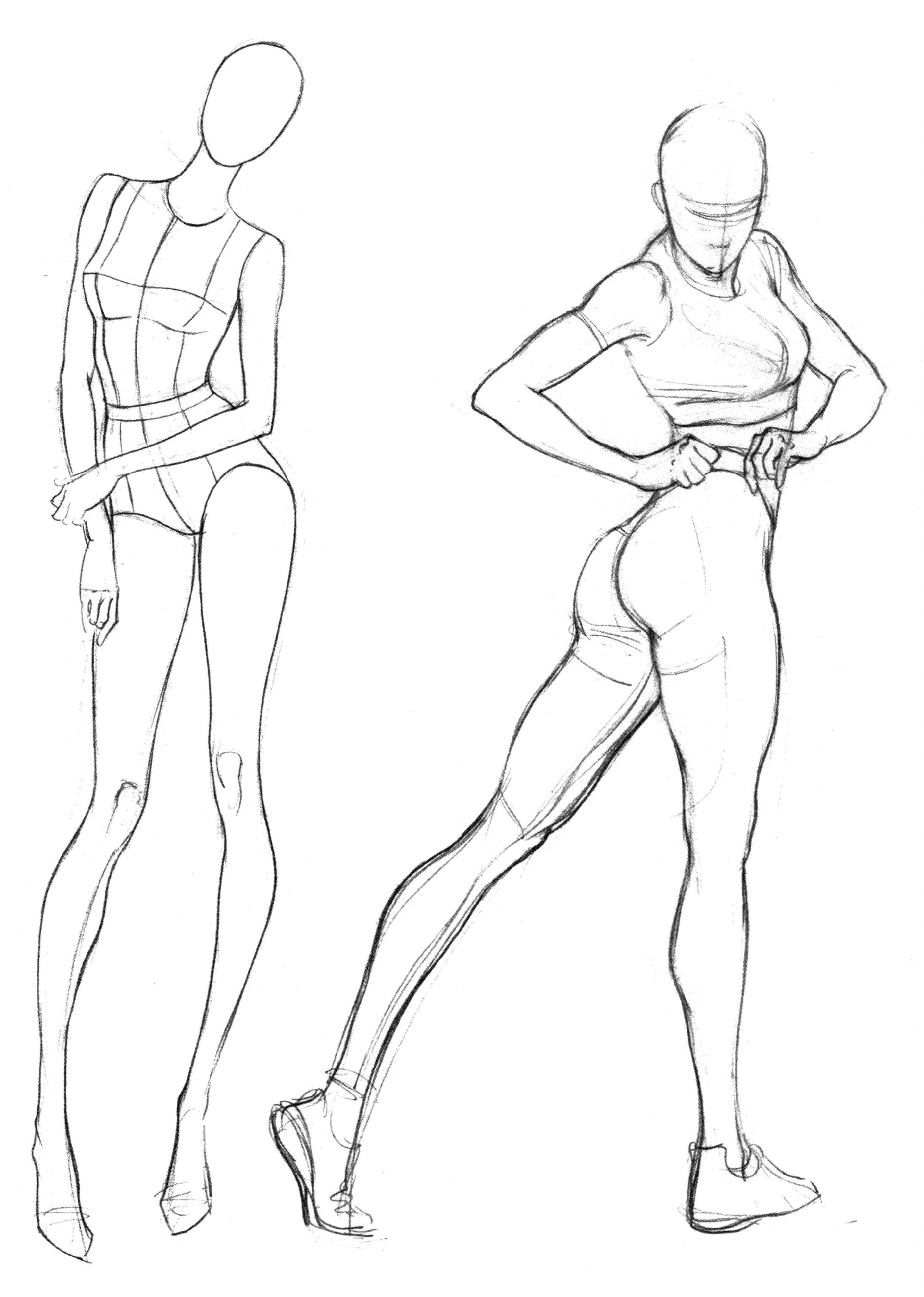

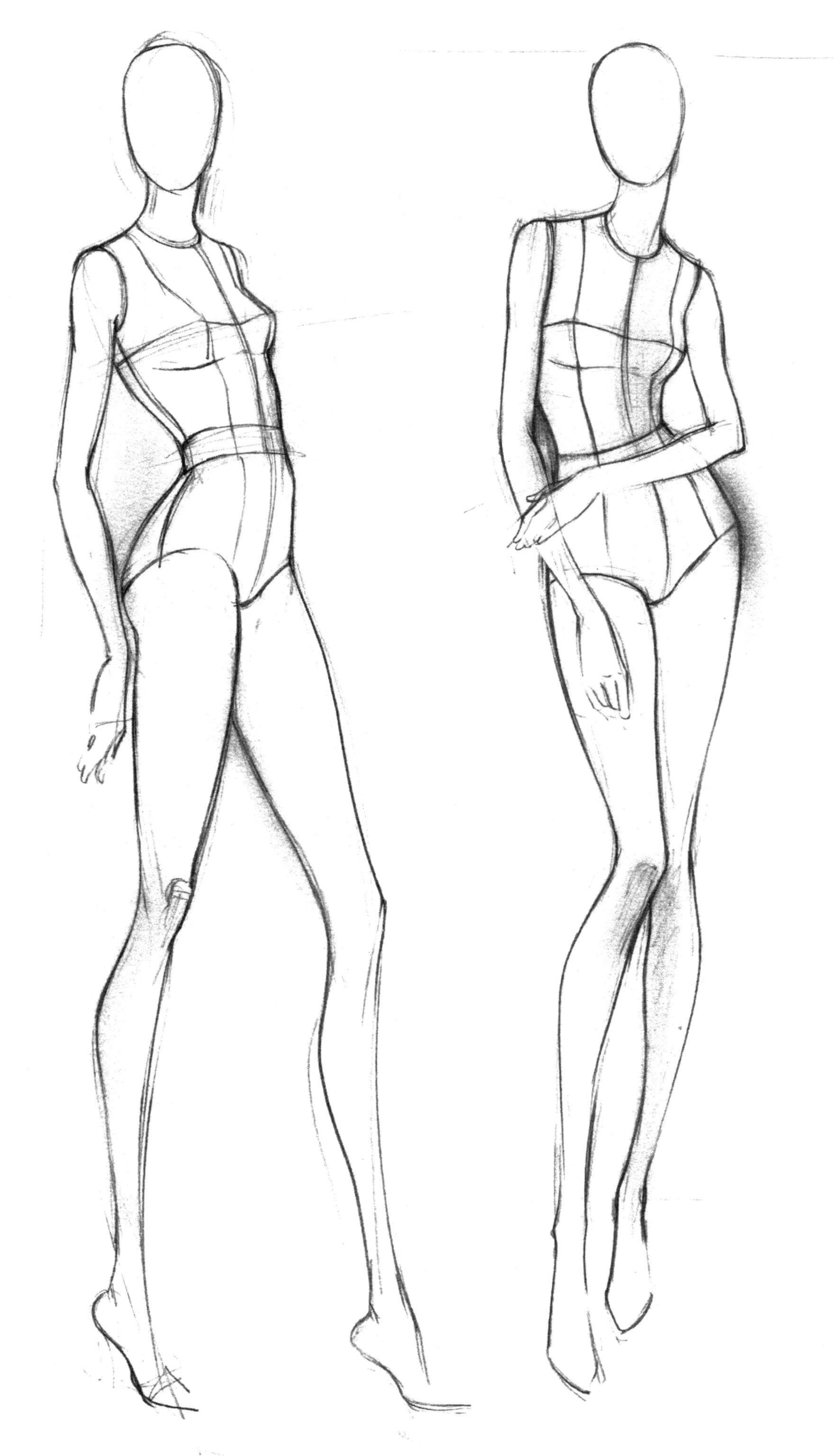

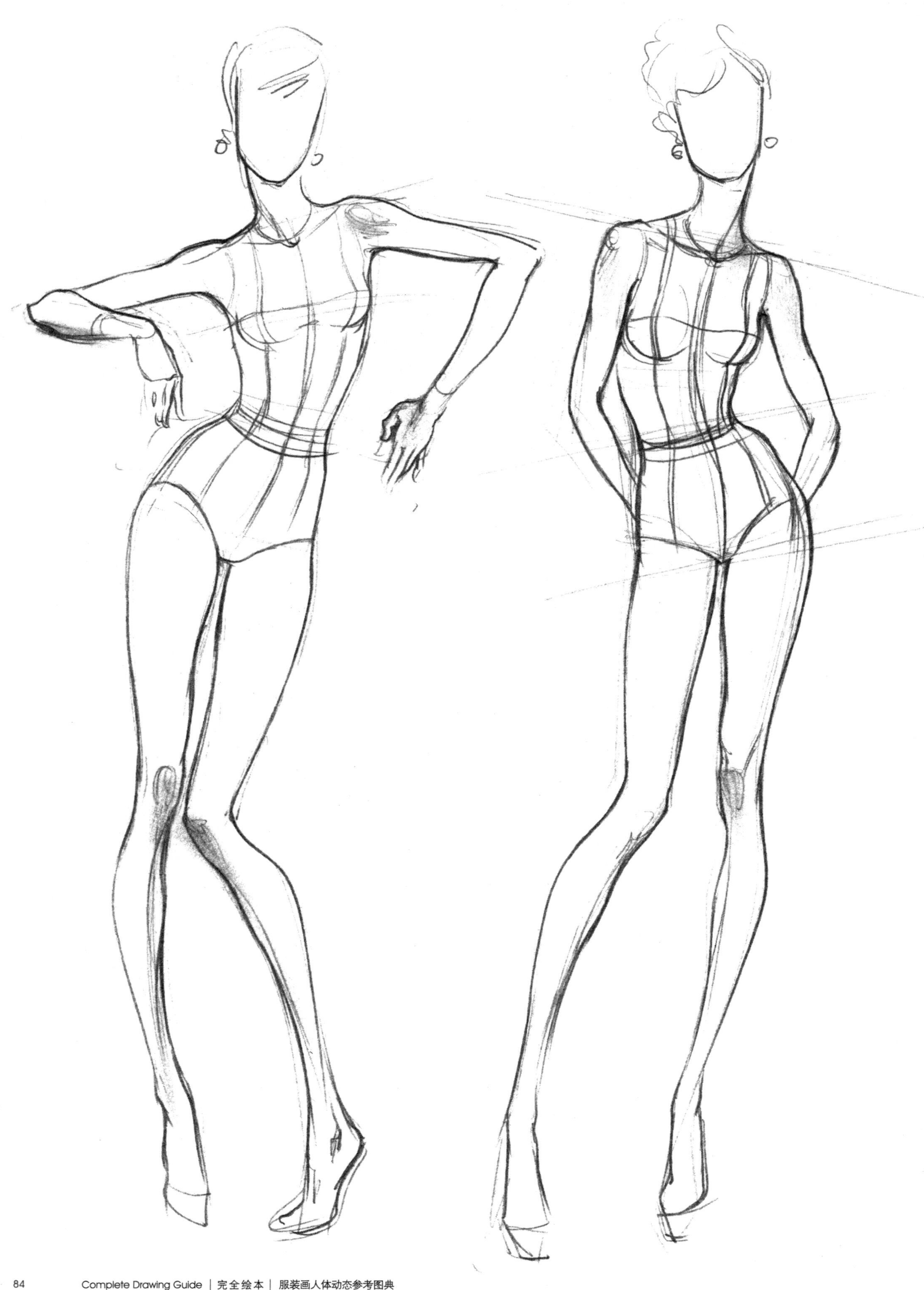

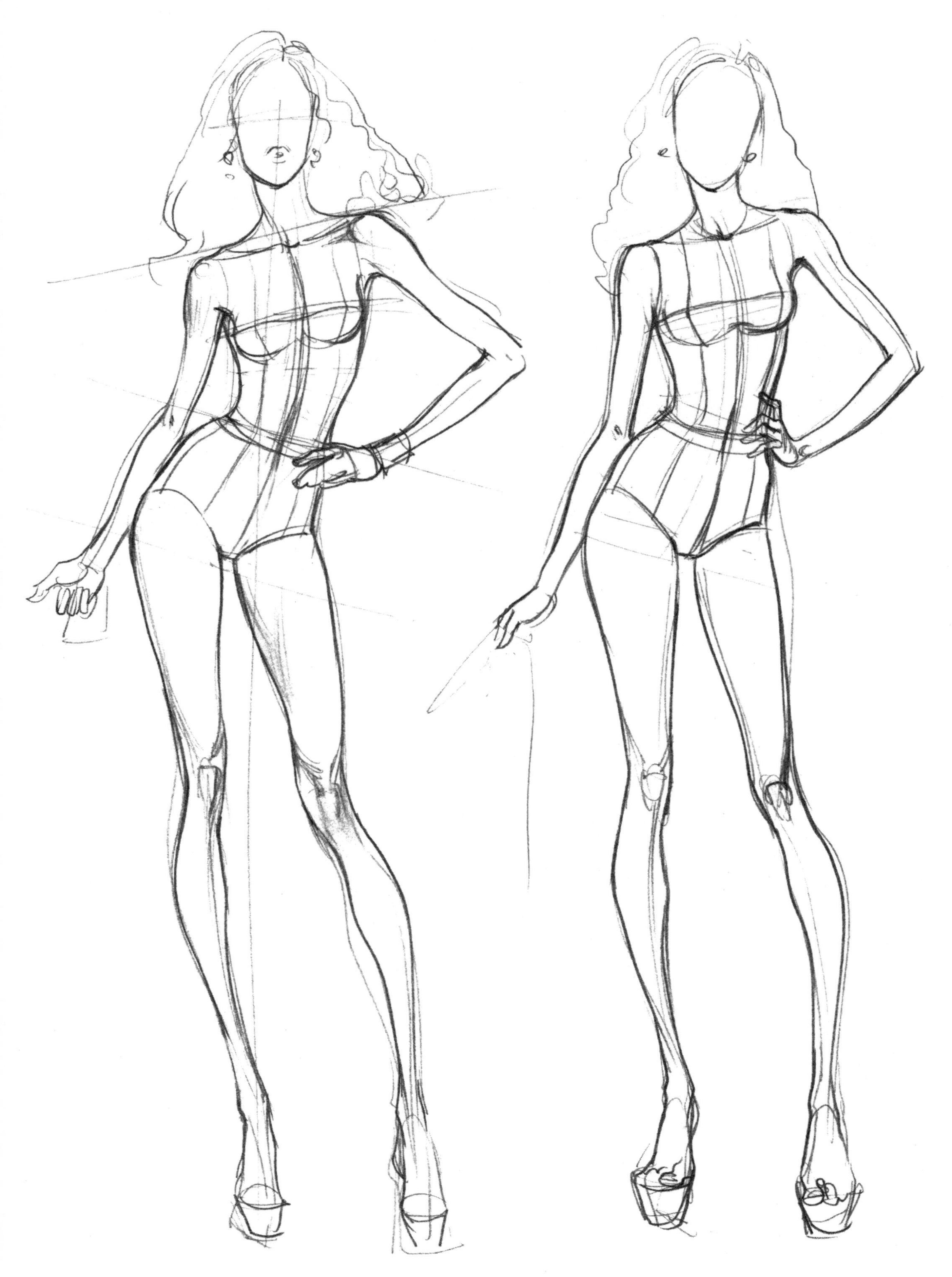

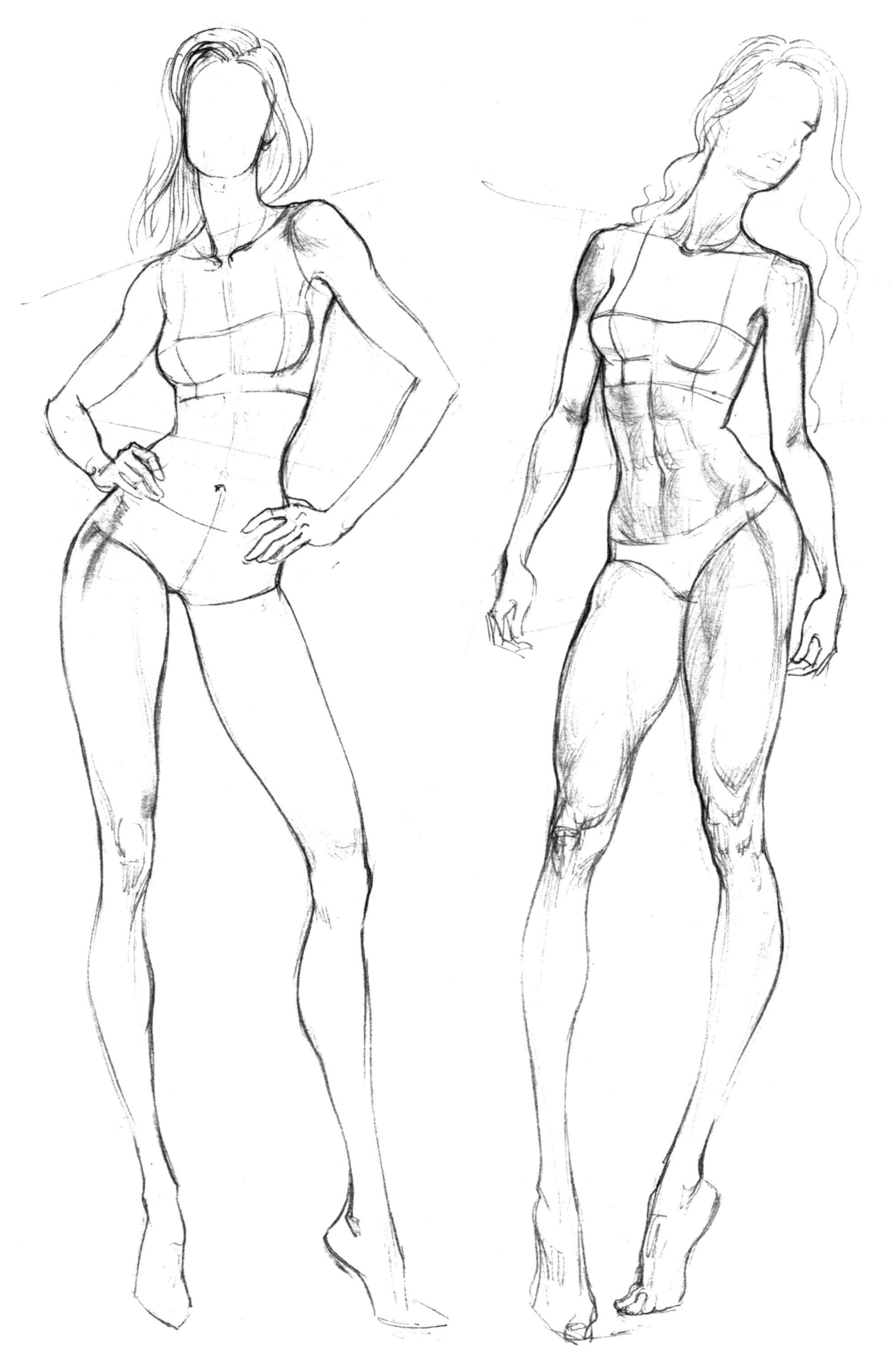

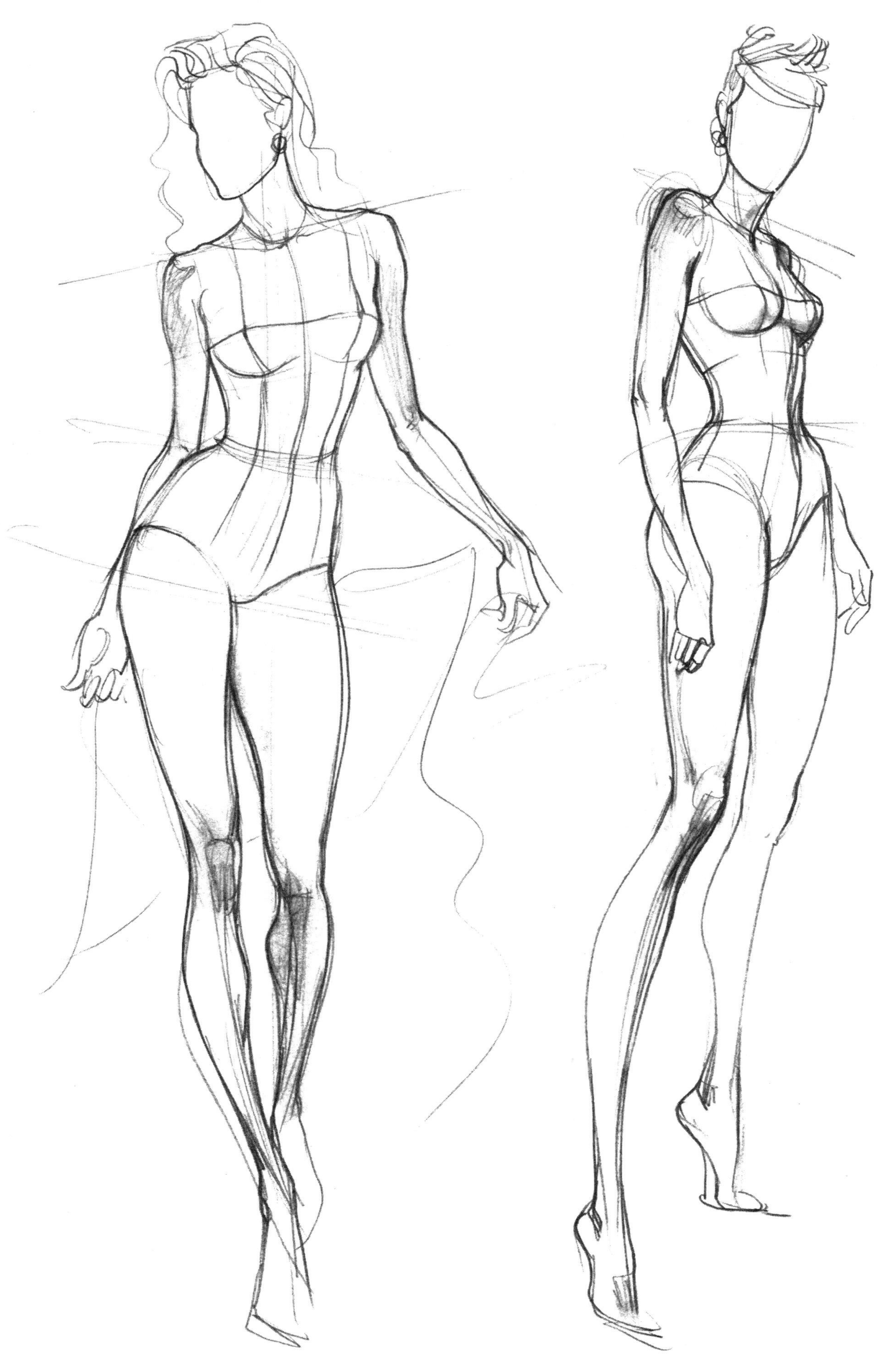

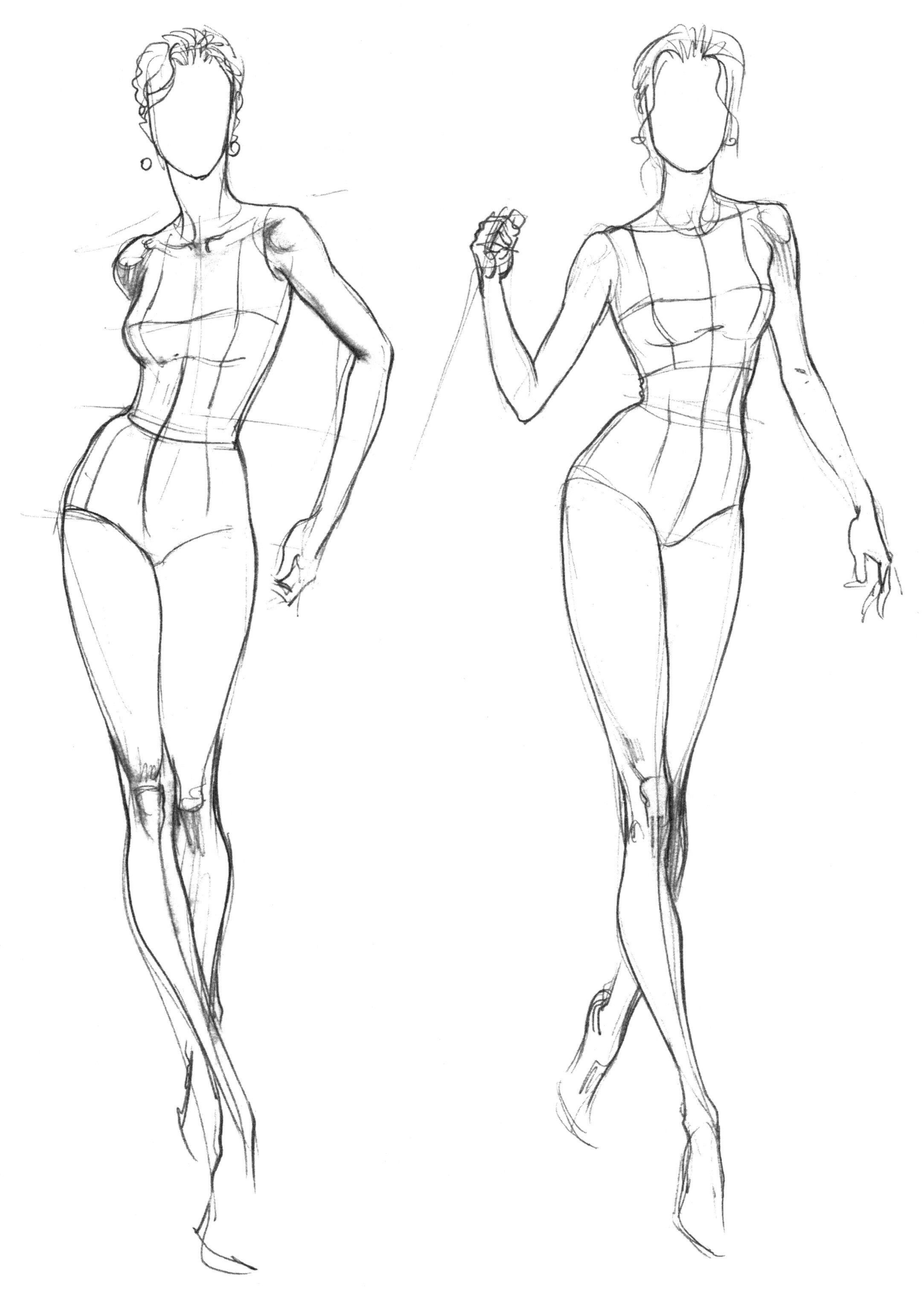

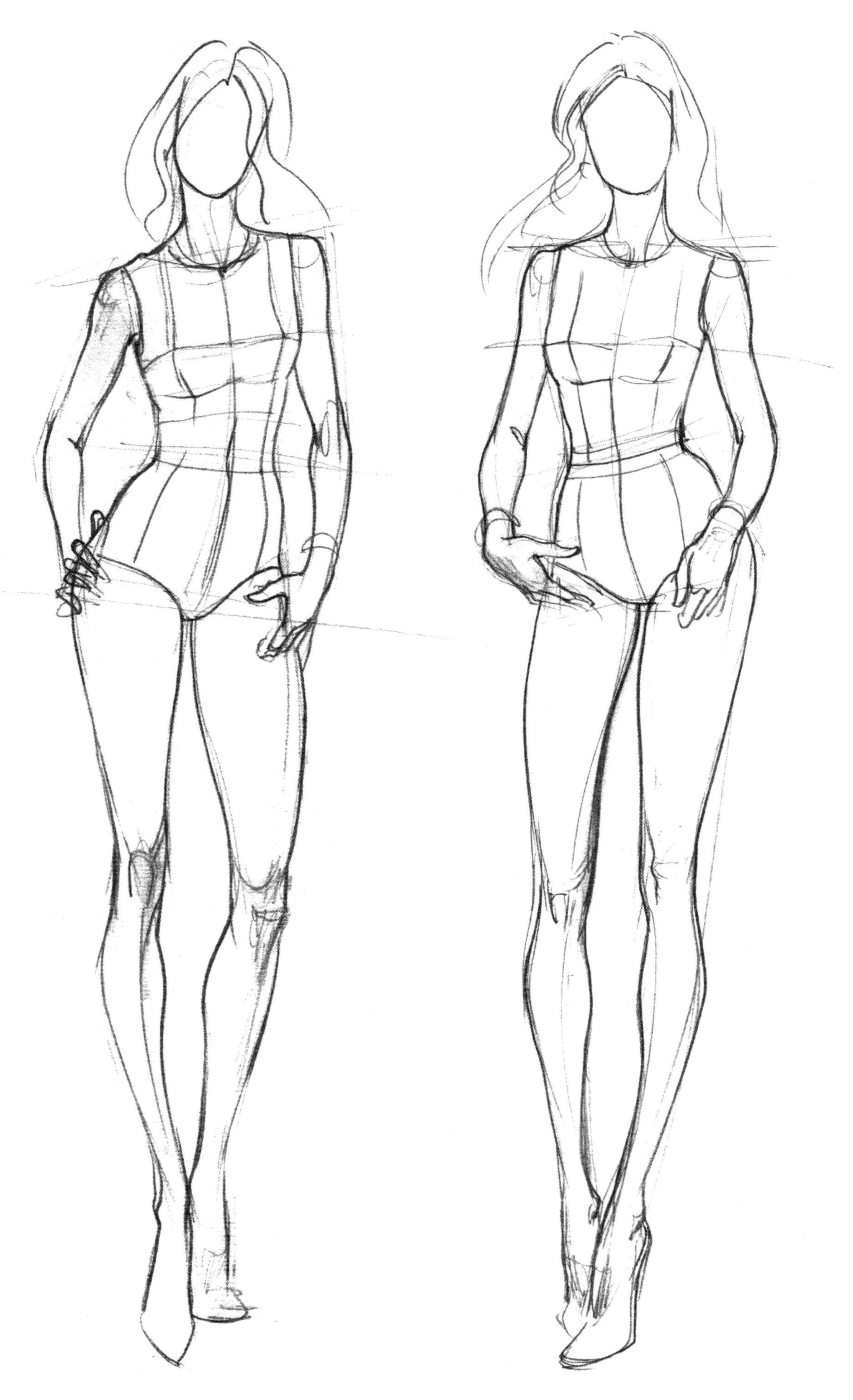

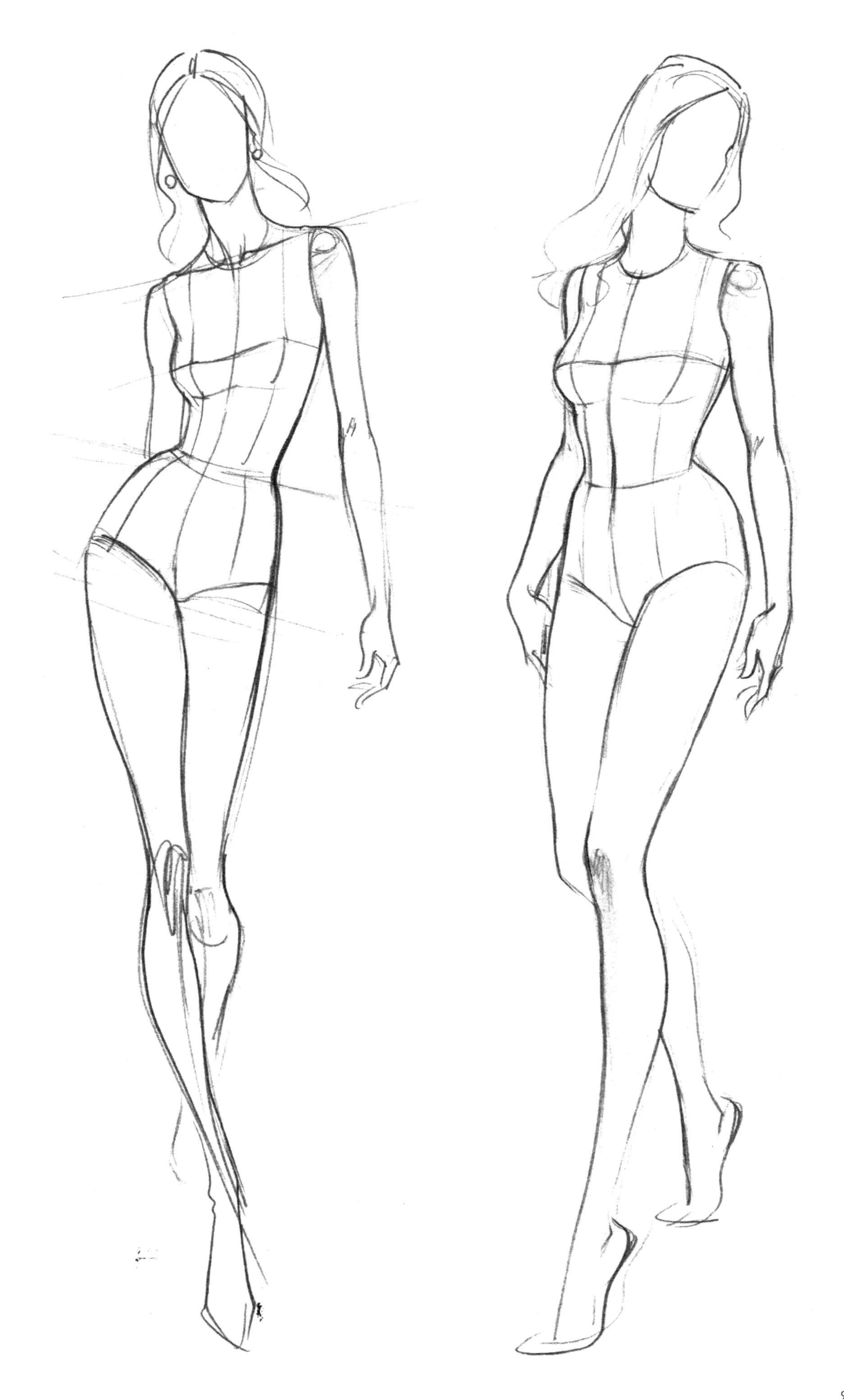

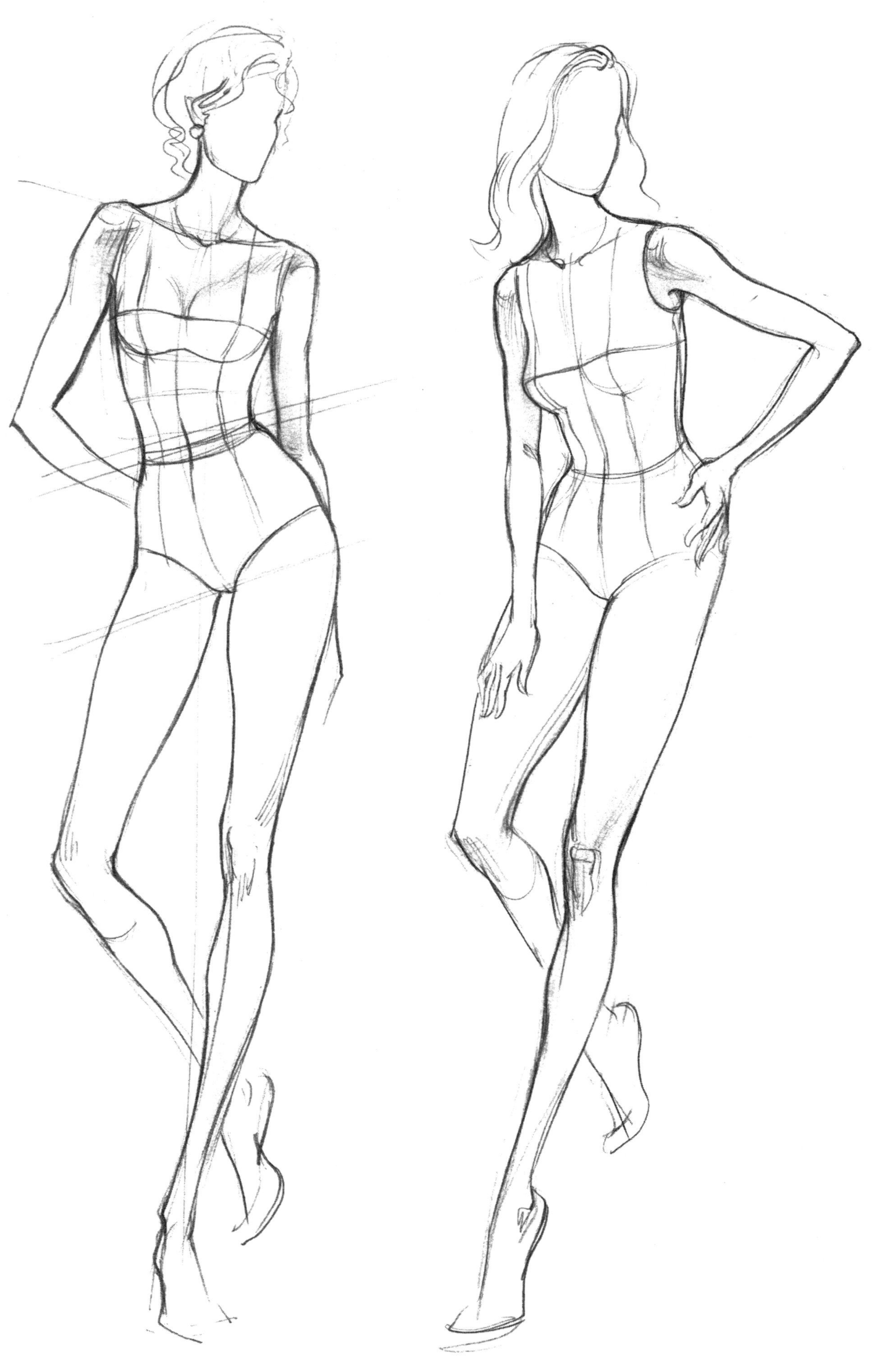

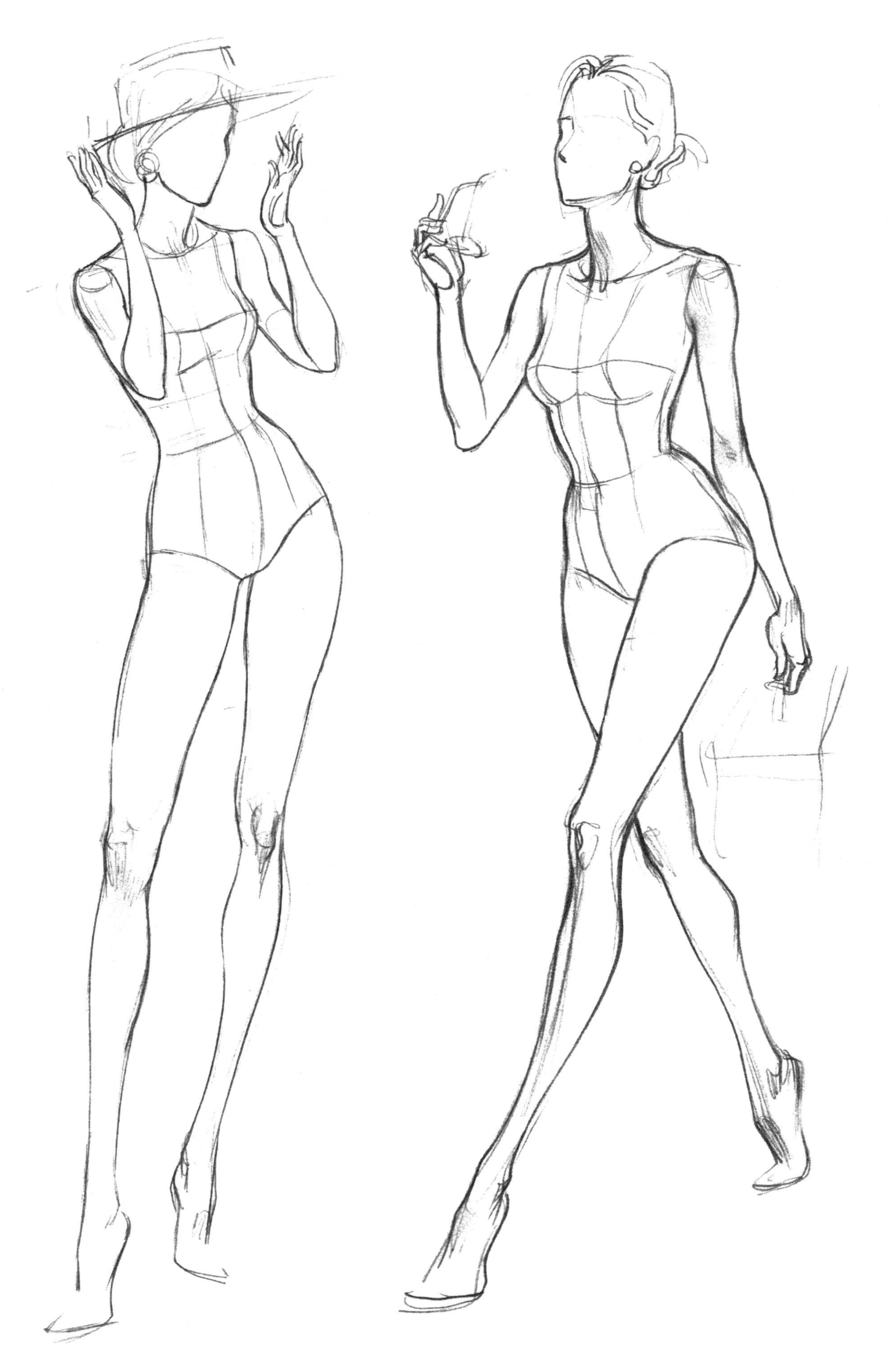

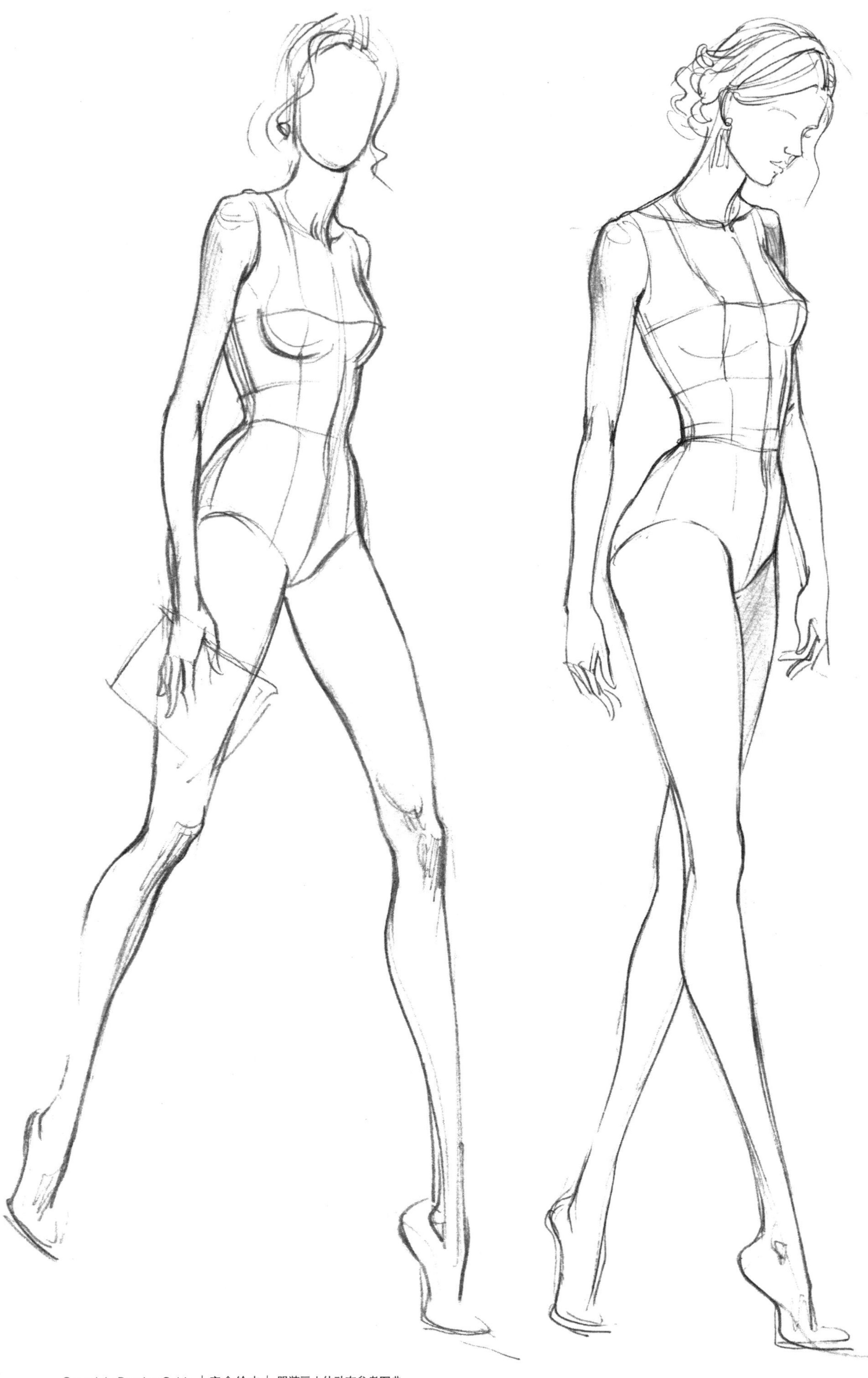

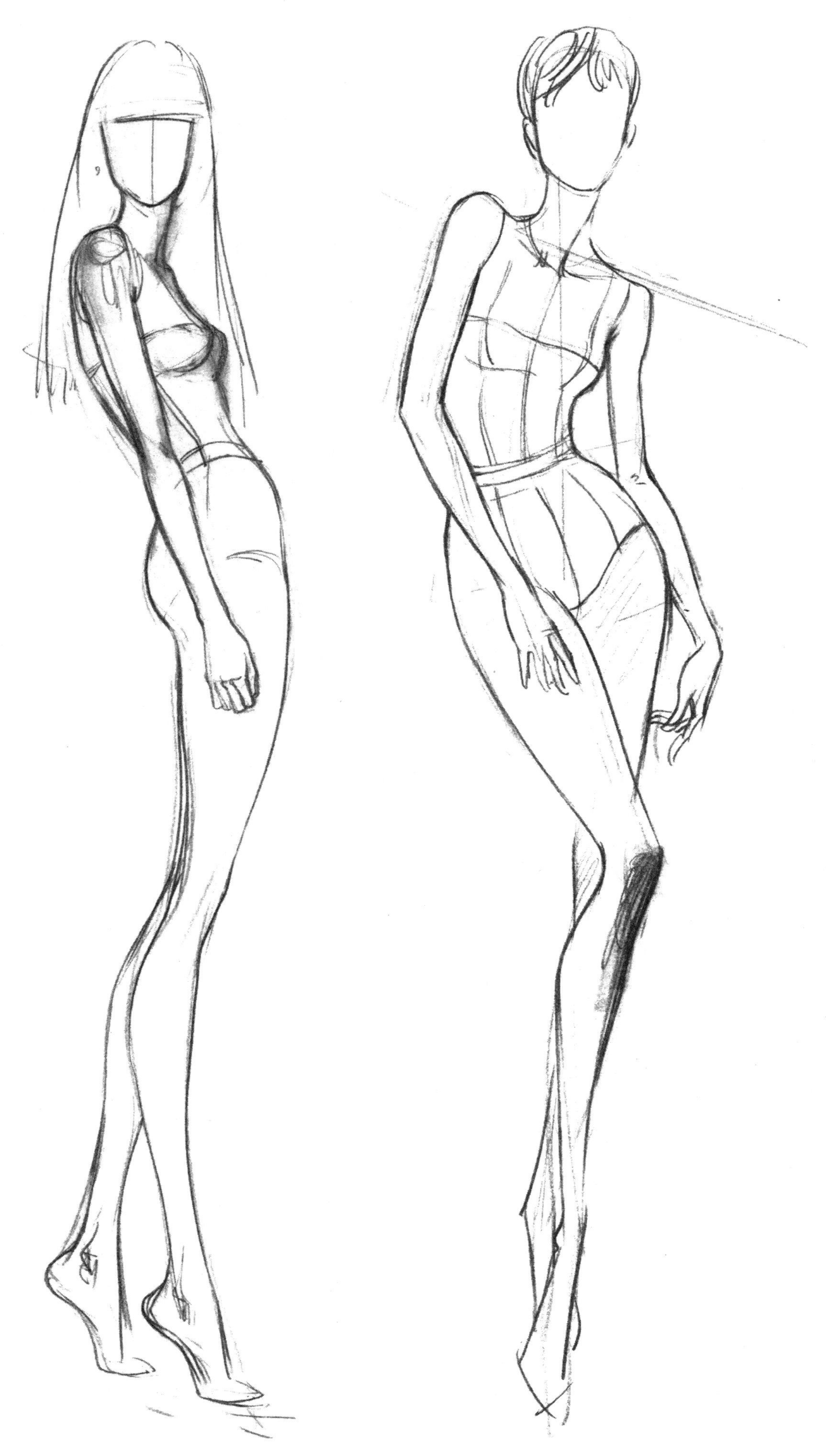

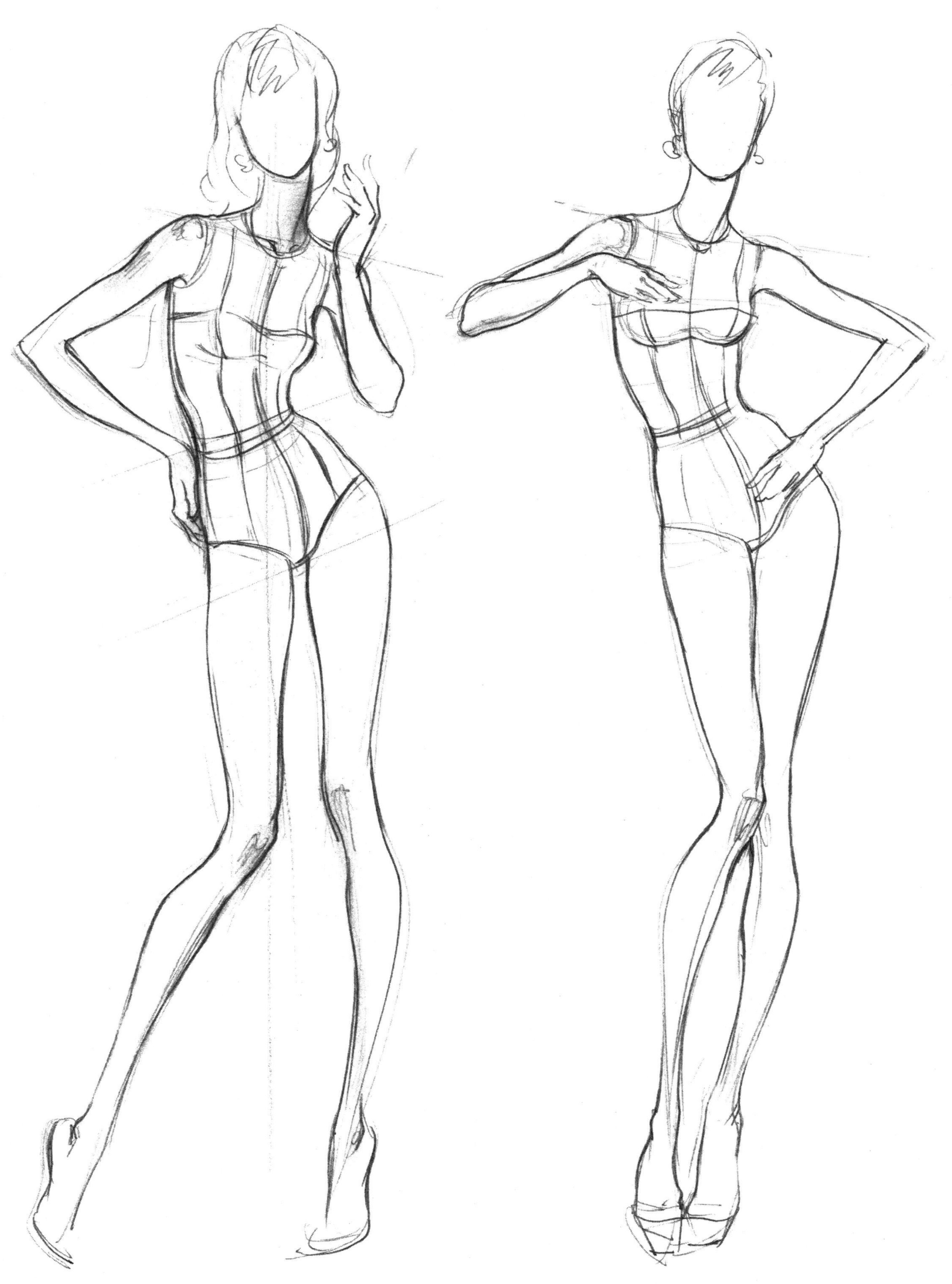

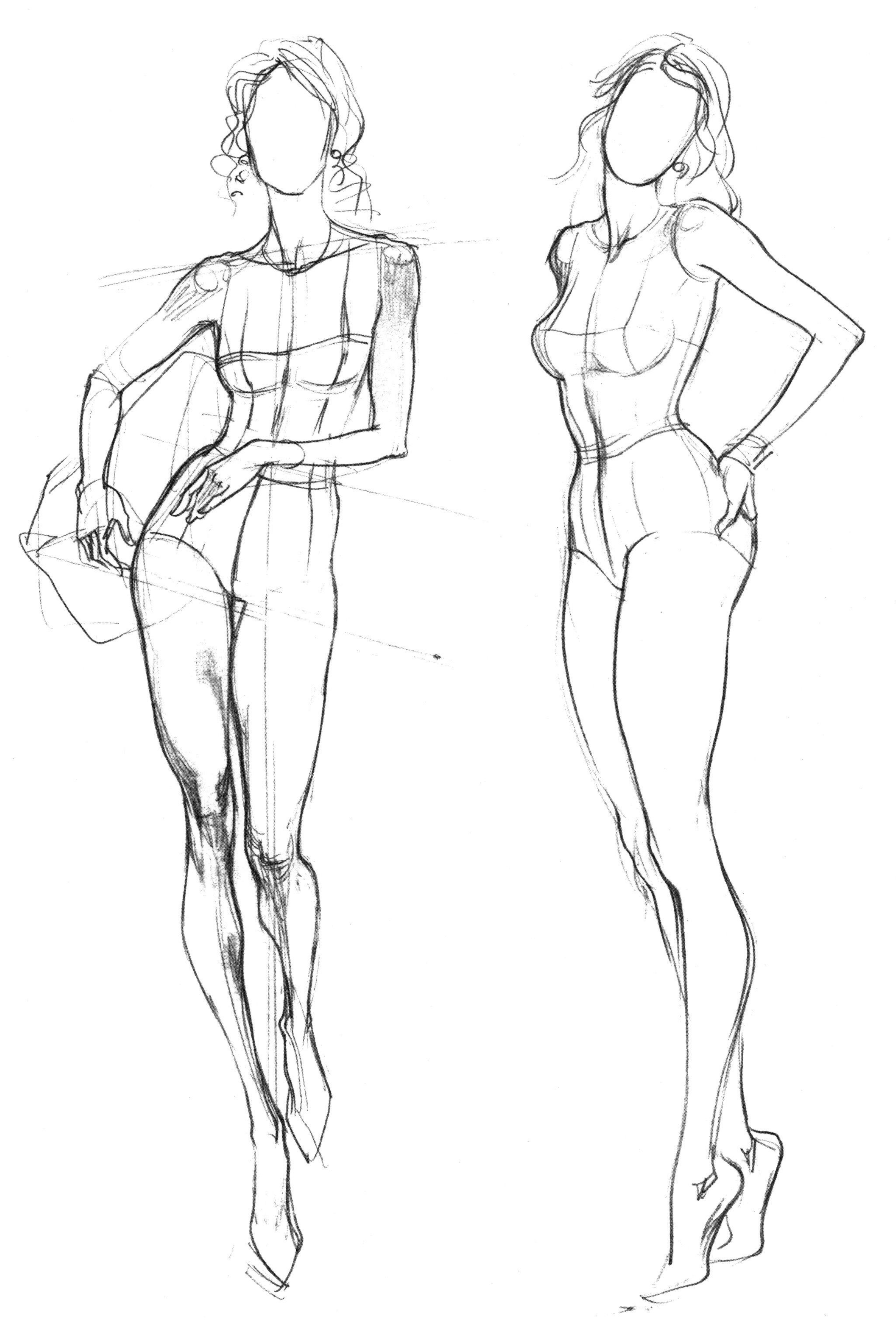

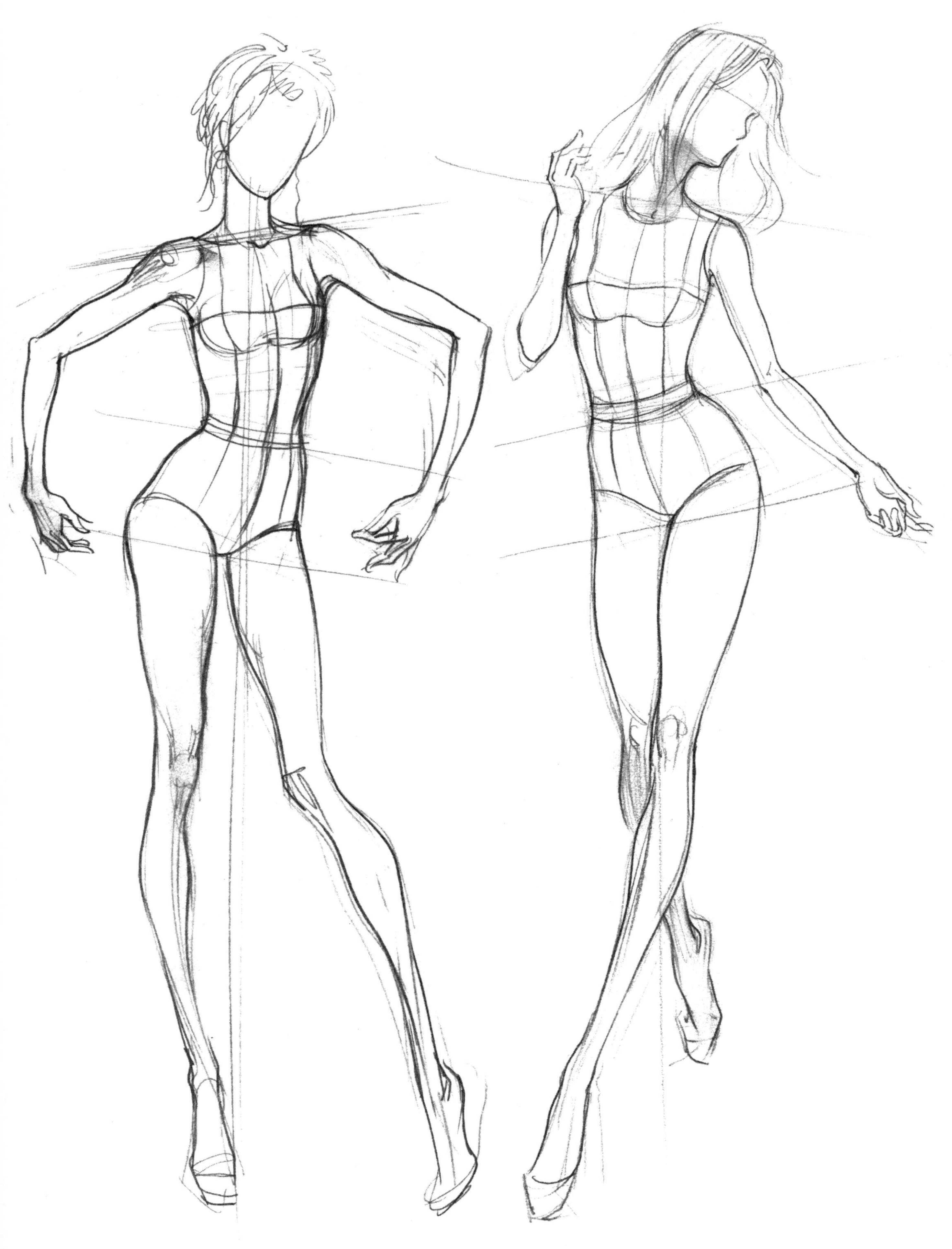

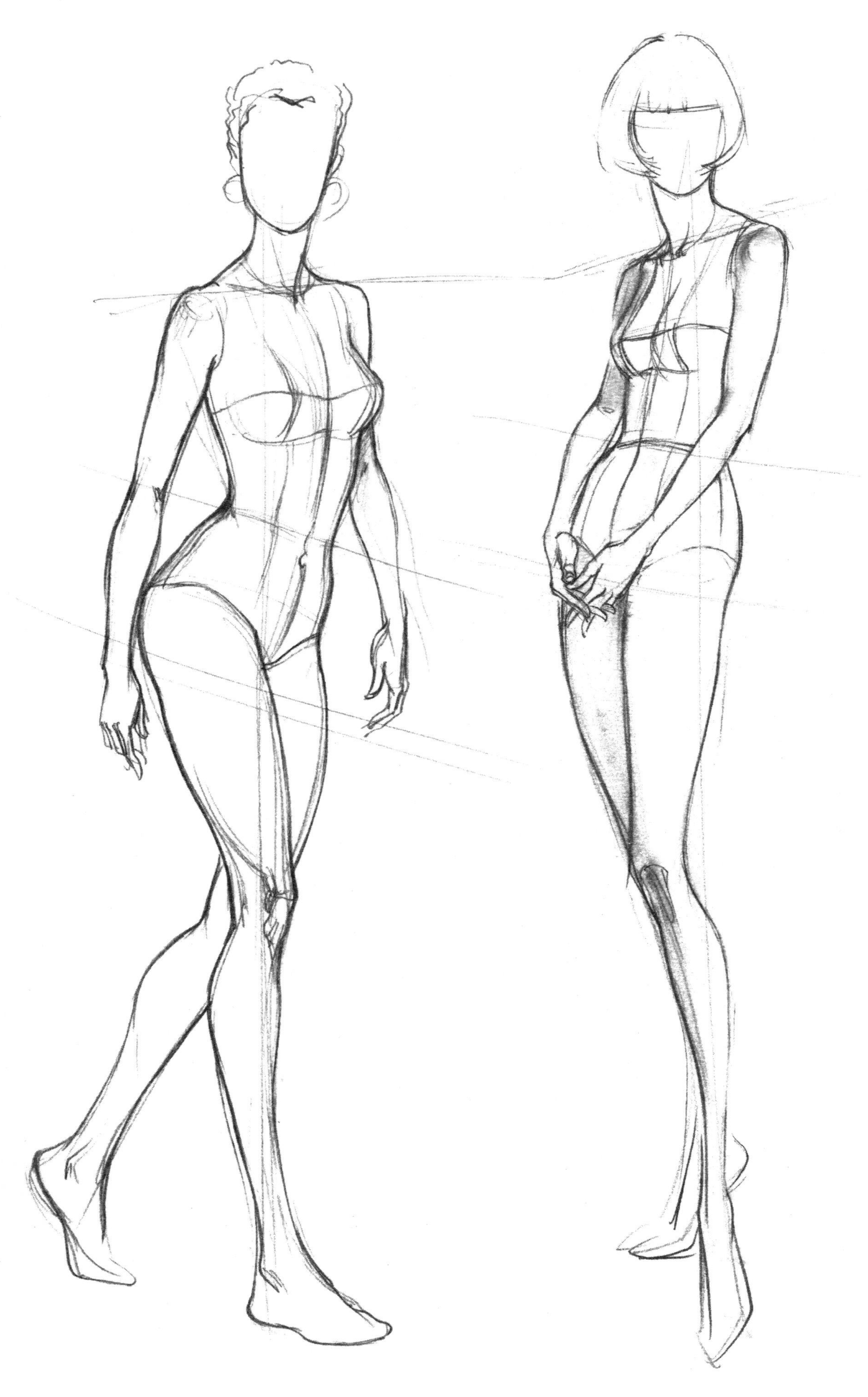

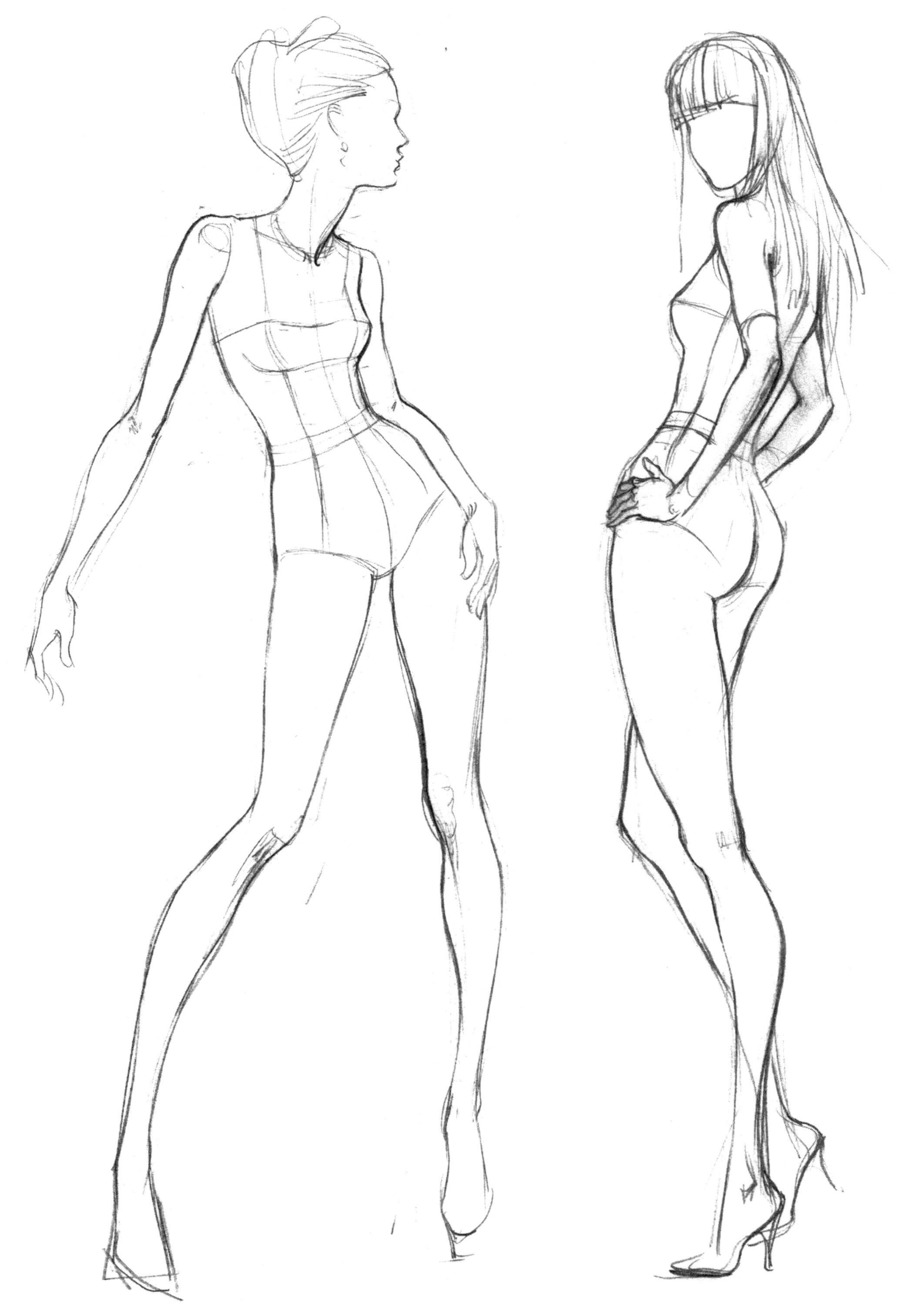

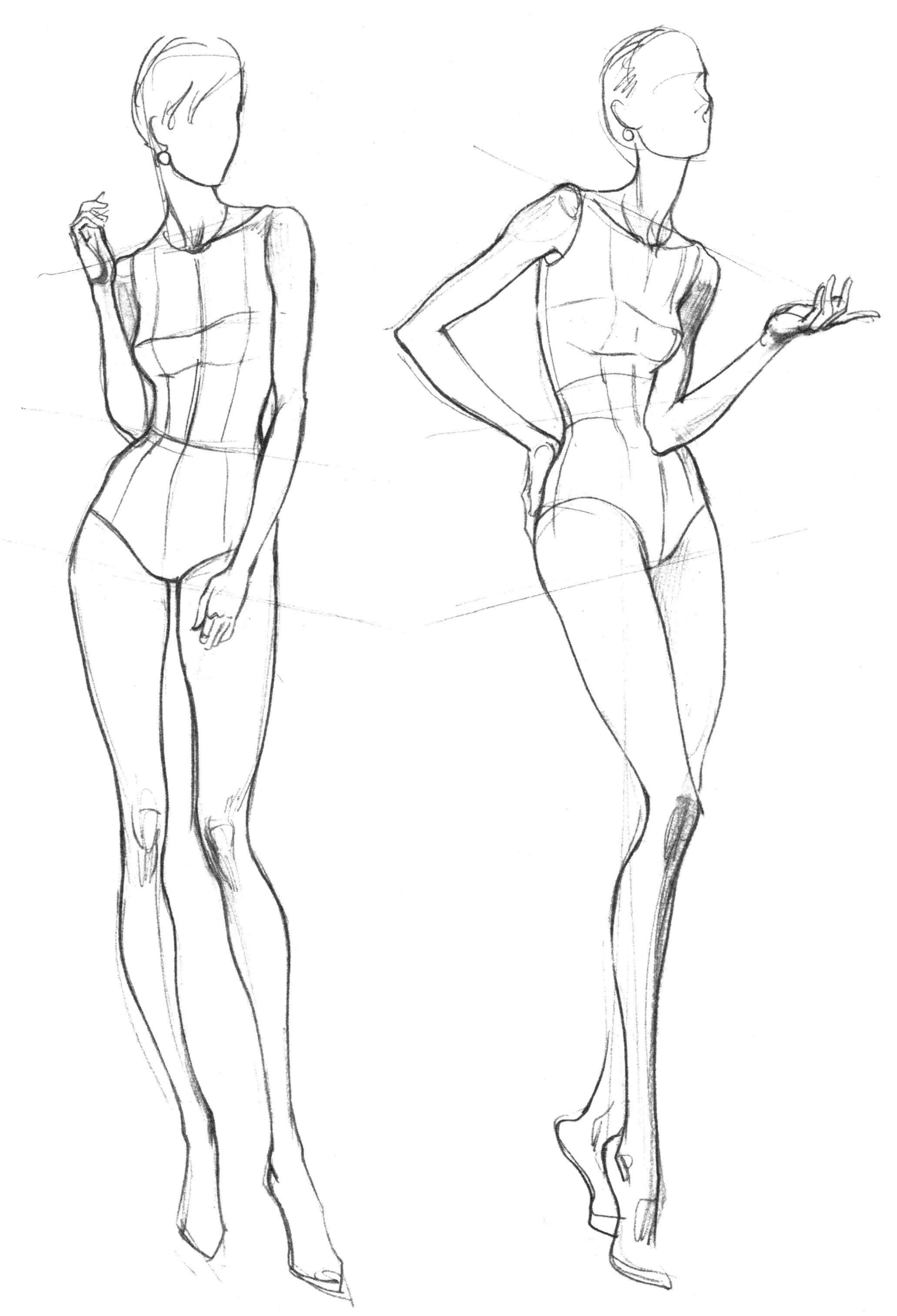

二、女性坐姿动态表现

1. 步骤解析

1. 根据坐姿的比例关系，确定头部大小，注意肩膀微微倾斜；根据人体中心线画腰身的动态曲线。

2. 确定身体宽窄以及手臂、腰身、臀部的走势。

3. 画腿的动态转折关系，注意结构和线条的虚实变化。

4. 画脚部和手臂的结构，注意画面右侧的手臂因透视关系略显短小。

5. 确定躯干的结构线，注意胸围线、公主线和躯干的透视关系。

6. 强调腿部的结构关系。

7. 强调手臂的结构关系。

8. 勾画头发的大致形态。

9. 整体观察，补充细节。完成。

2. 绘制表现

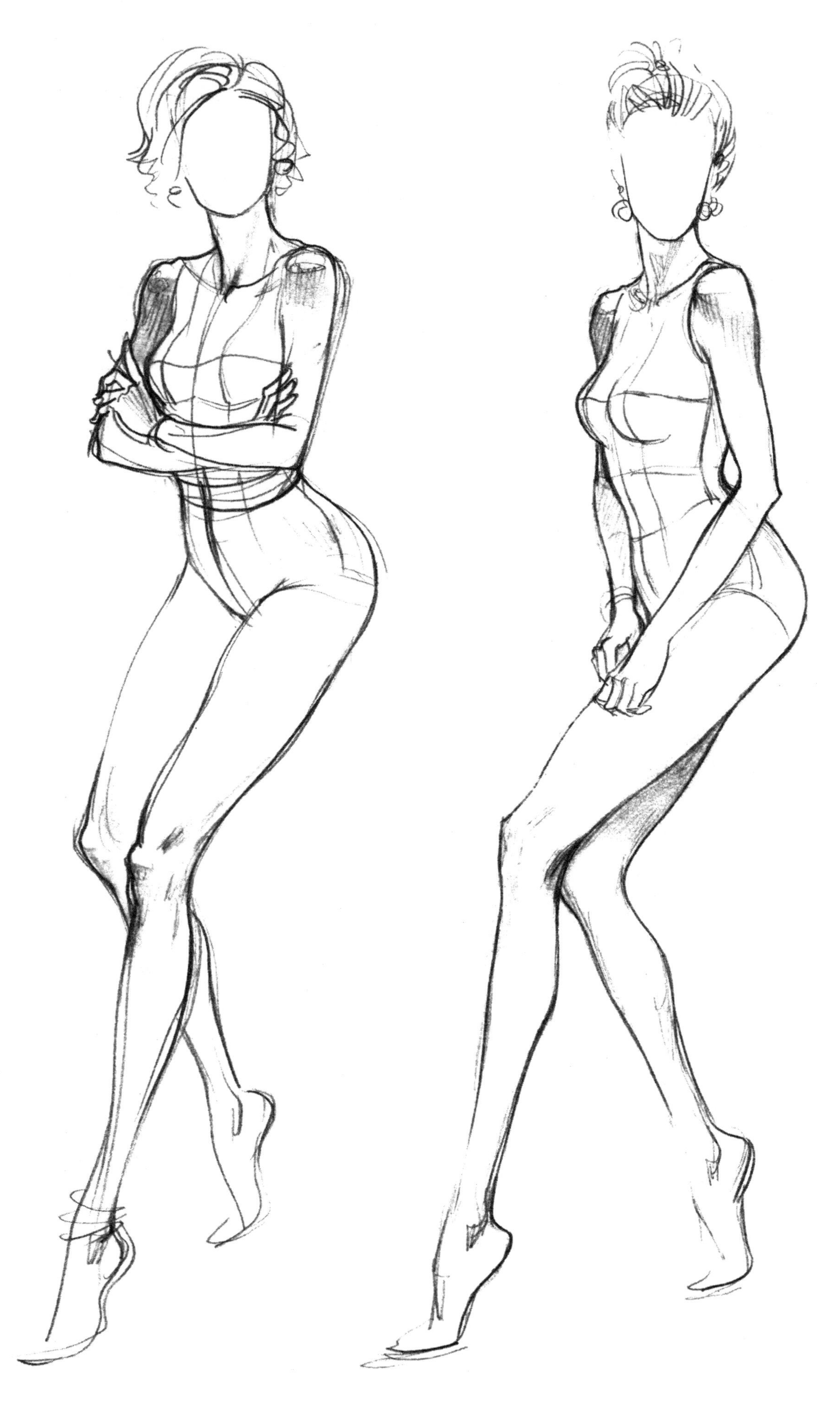

第三章 男性人体动态表现

男性人体动态依然符合前面所讲的规律，只不过动态夸张程度要适中，太过则显得女性化。注意表现男性人体造型特征。面部宜方正些；脖子要画粗些，一般与面部差不多宽；肩要画宽；骨盆比较窄；肌肉骨骼结构明显。

一、男性站姿动态表现

1. 步骤解析

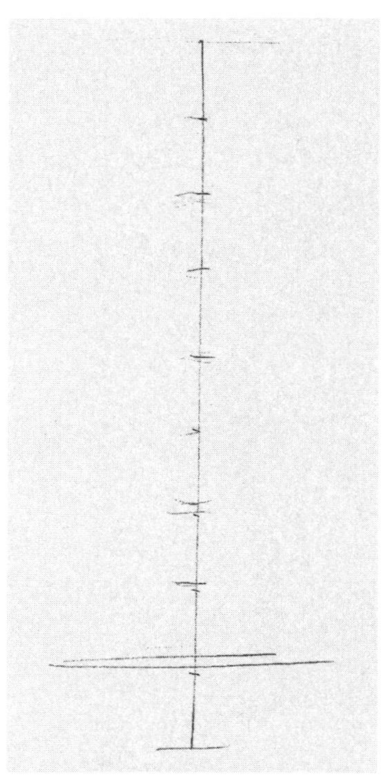

1. 勾画重心线，确定9头身比例。

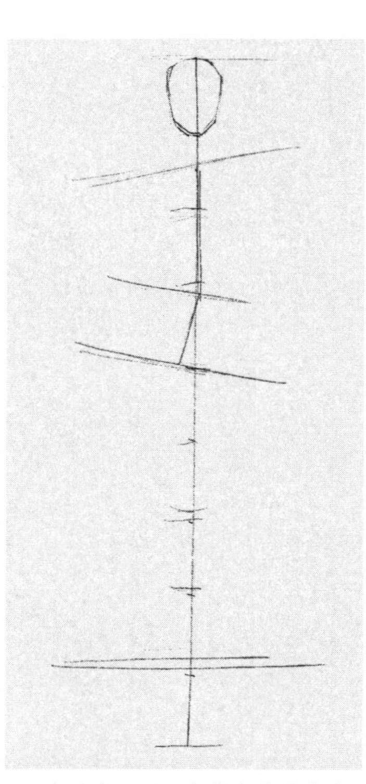

2. 勾画肩、腰、盆骨底线的关系，确定动态线的方向。

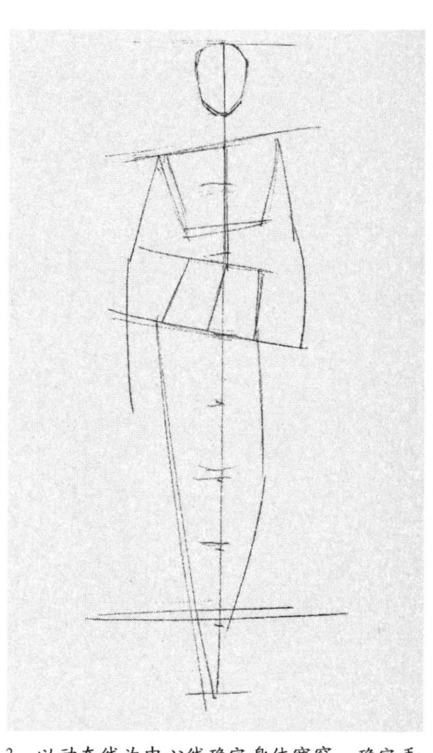

3. 以动态线为中心线确定身体宽窄，确定手臂和腿的动态，注意支撑脚落在重心线上。

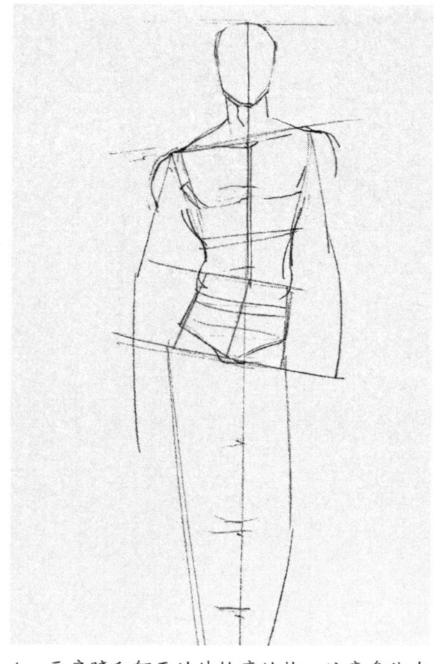

4. 画肩膀和躯干的外轮廓结构，注意身体左右不对称的造型变化。

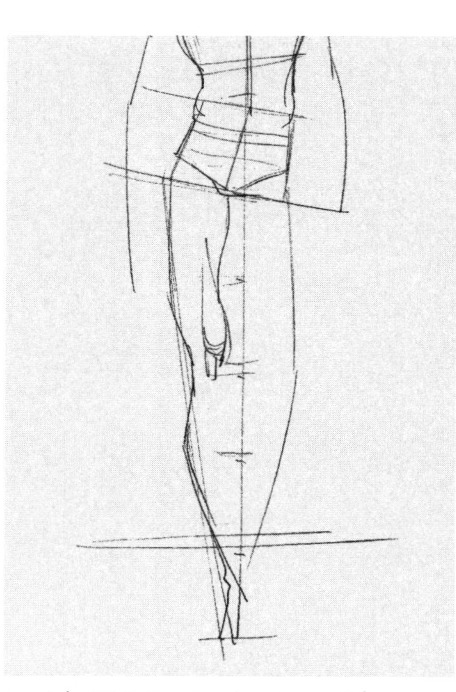

5. 画左腿的结构，强调大腿的肌肉线条。

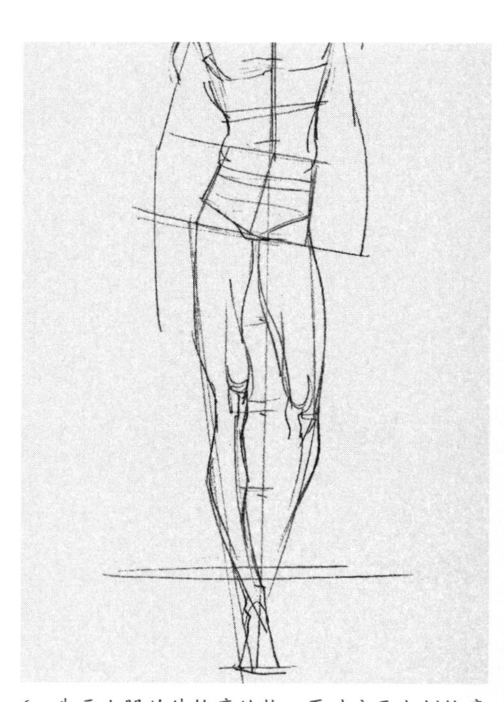

6. 先画小腿的外轮廓结构，再对应画内侧轮廓线，注意两边轮廓线的起伏变化。

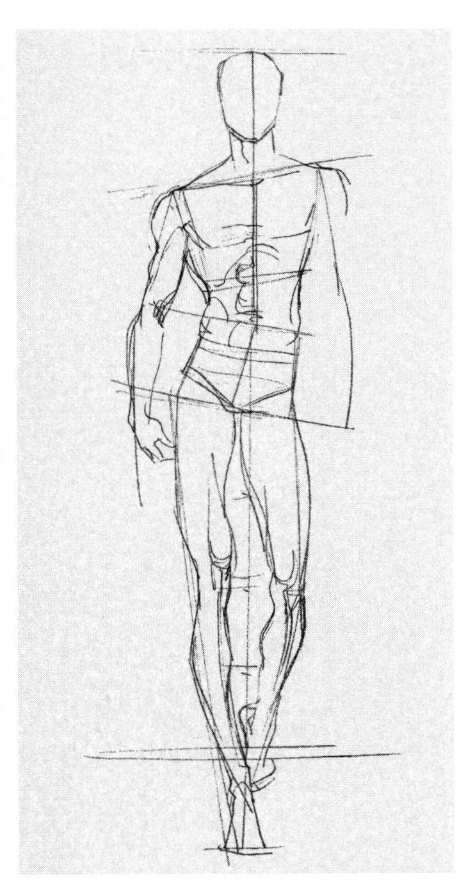

7. 画右小腿和脚部，通过虚实变化，处理好两条腿的前后关系；画左手臂，注意肌肉结构和外轮廓线条变化。

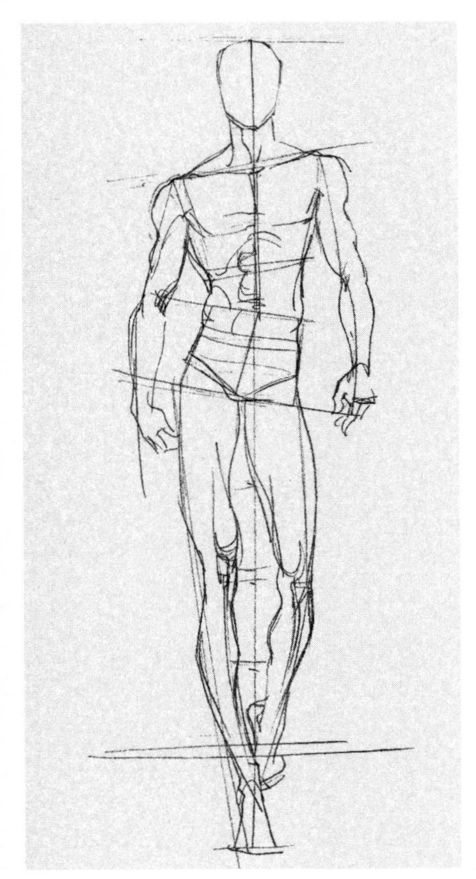

8. 画右手臂，在大腿1/2左右的位置勾画手的形态。

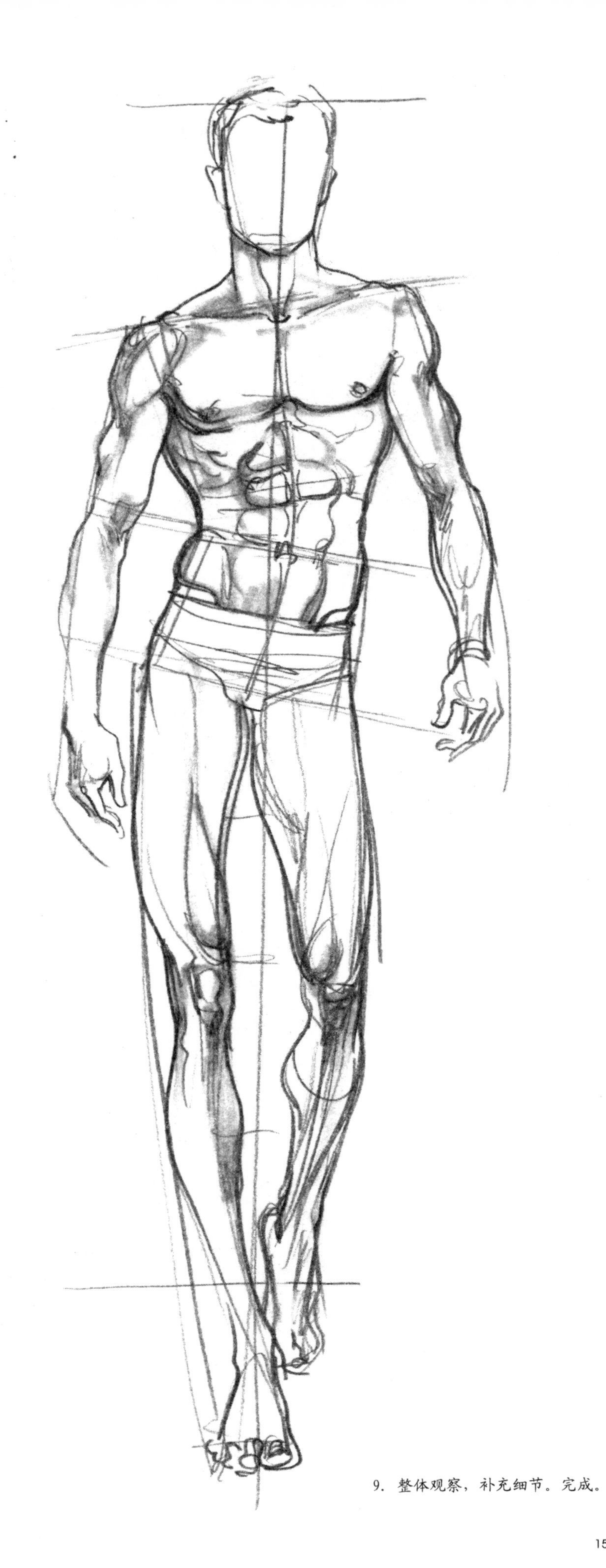

9. 整体观察，补充细节。完成。

2. 绘制表现

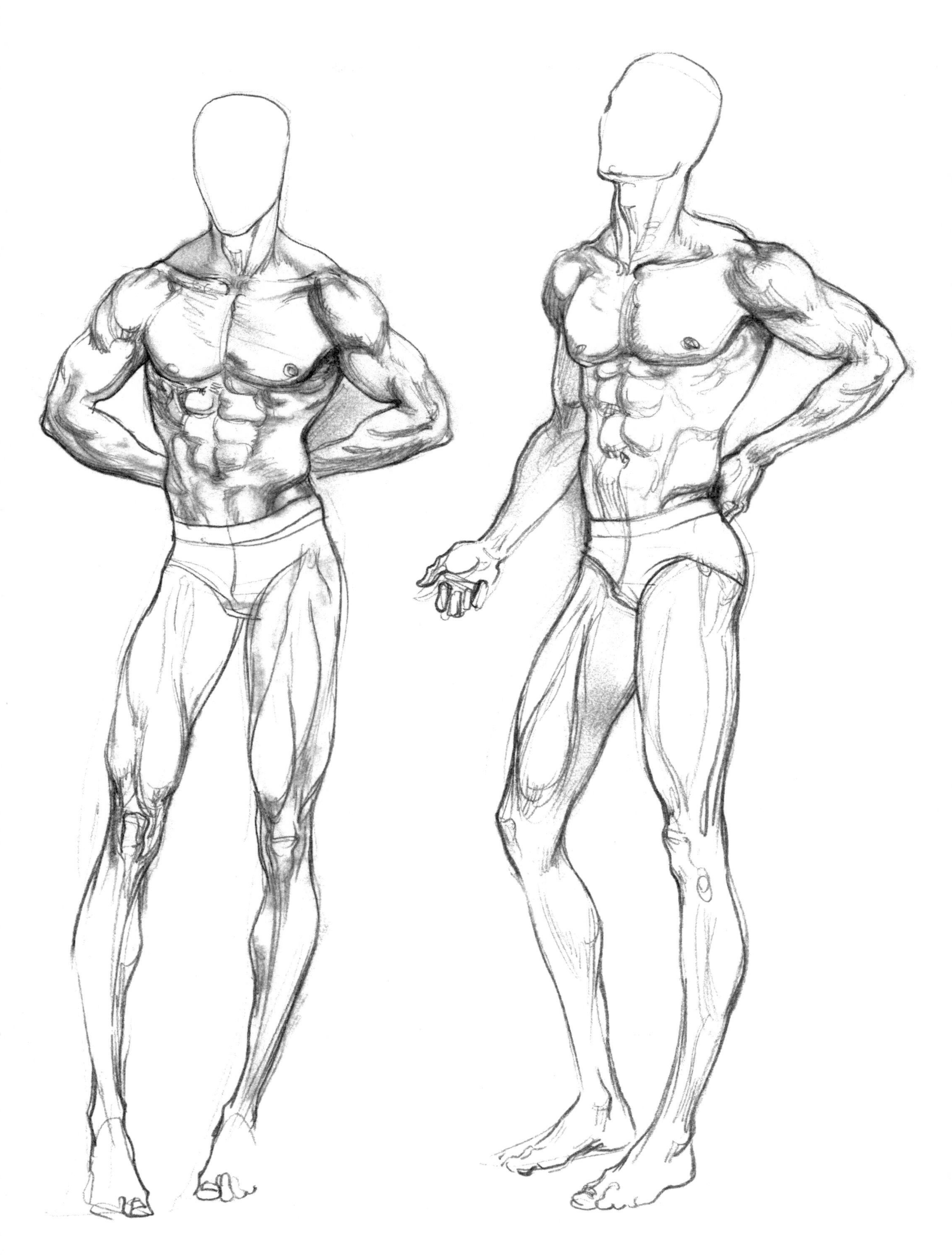

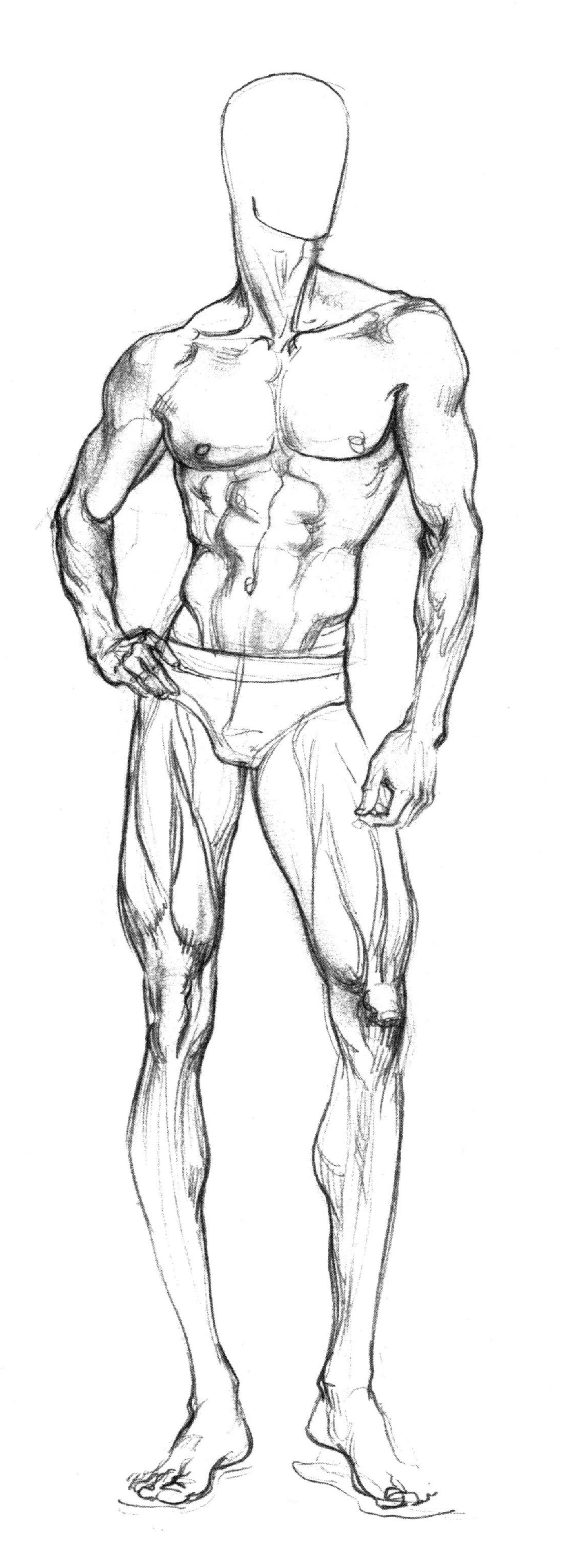

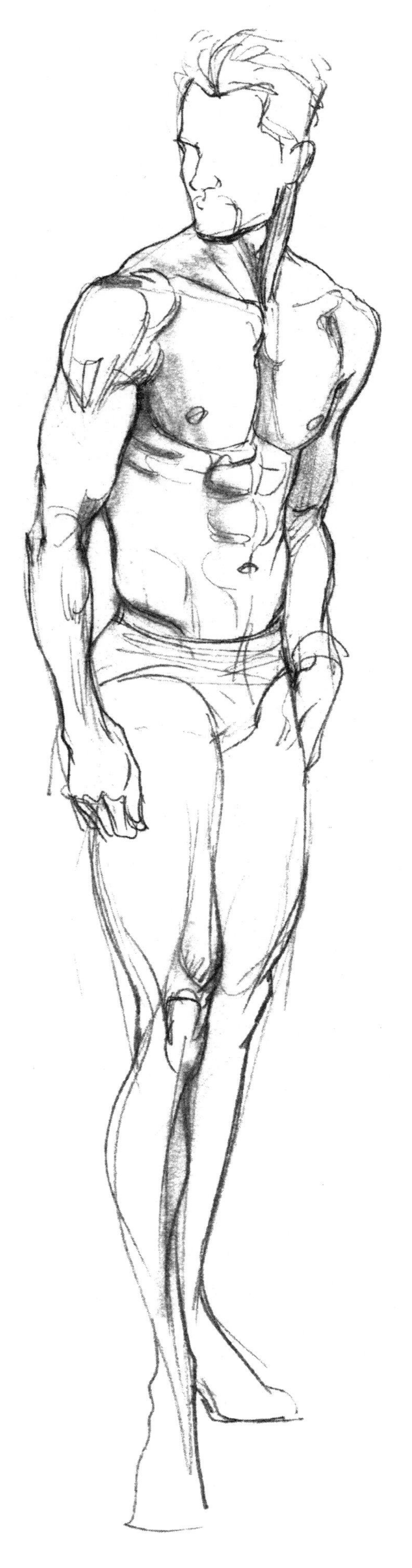

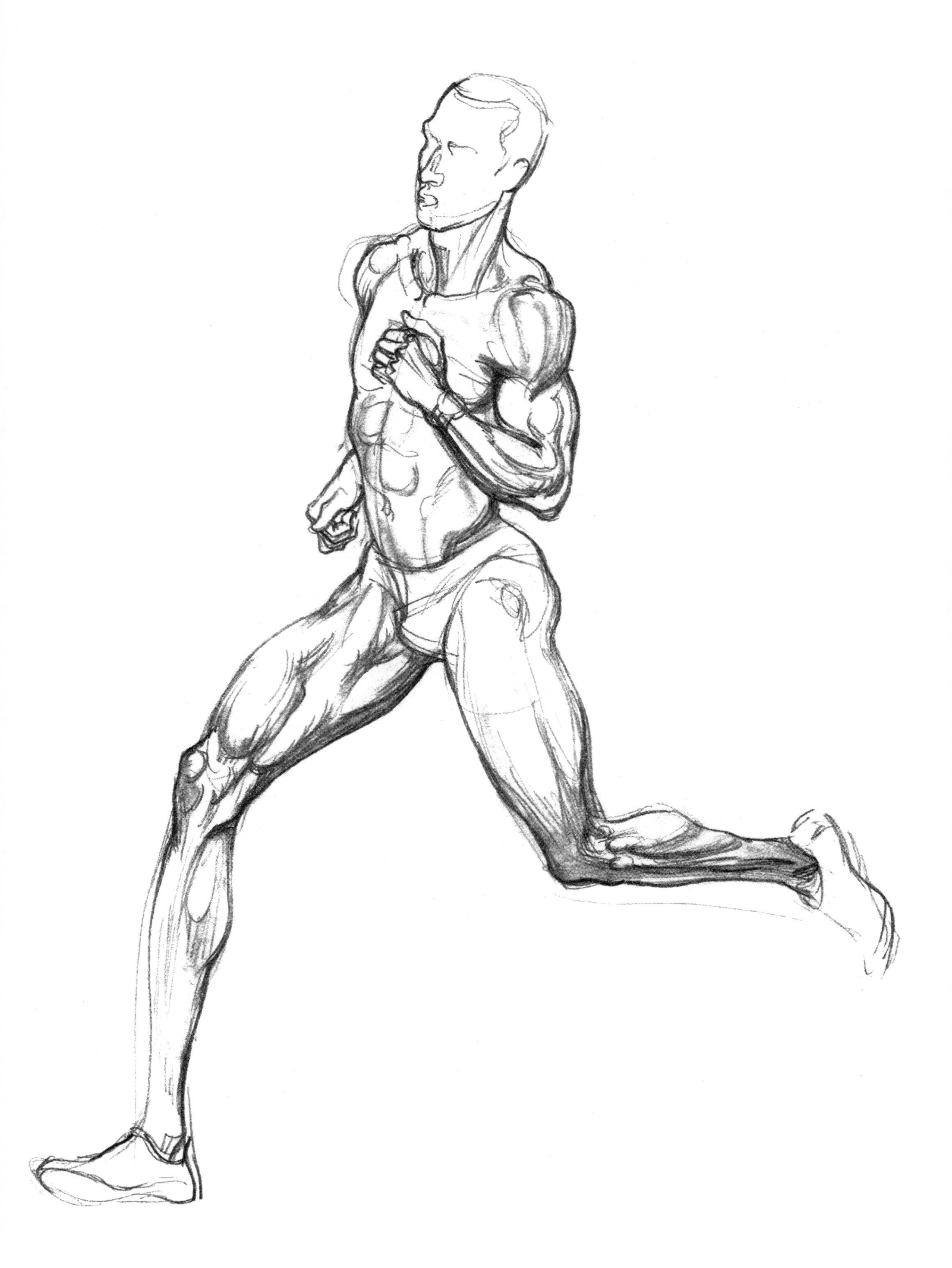

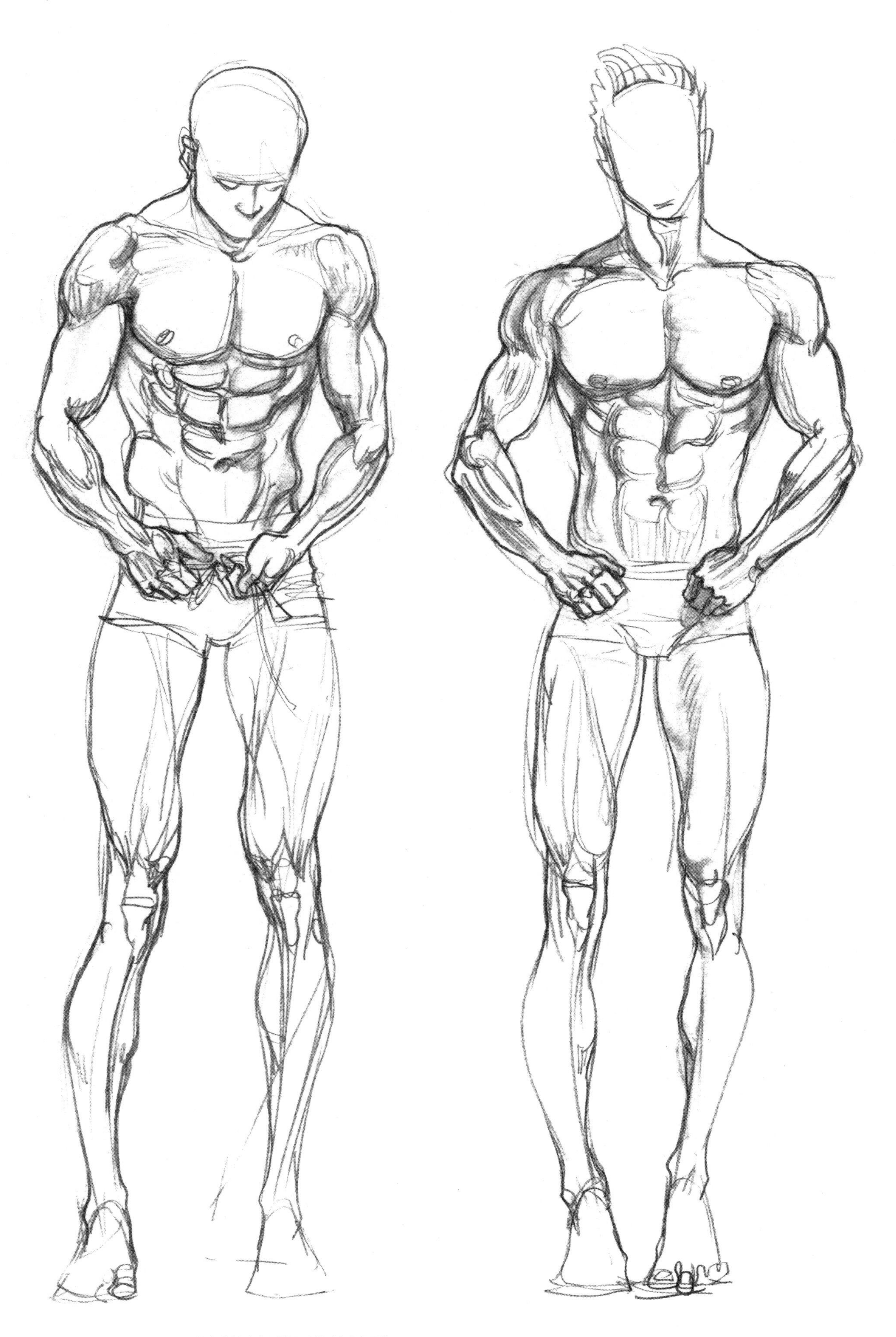

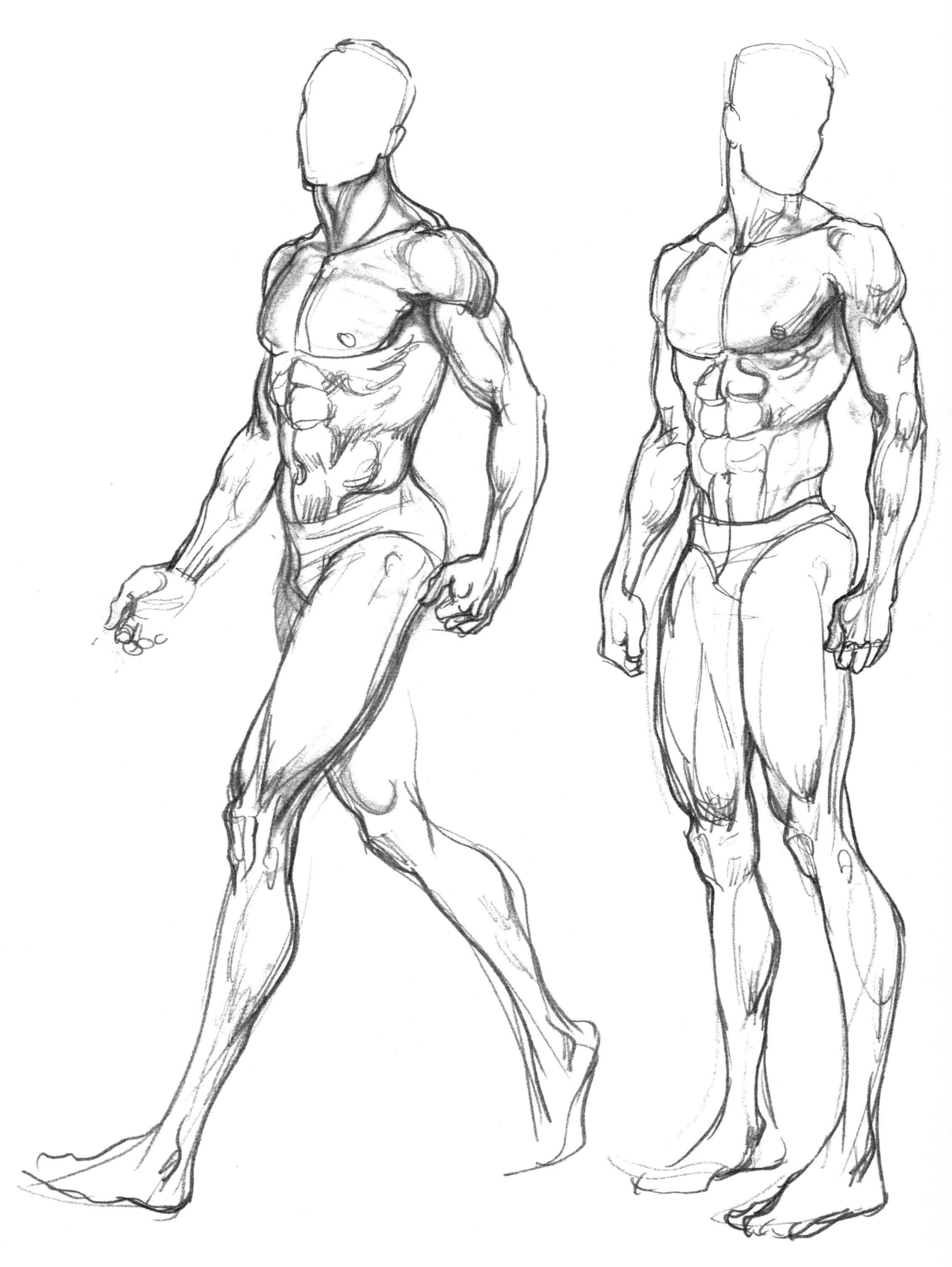

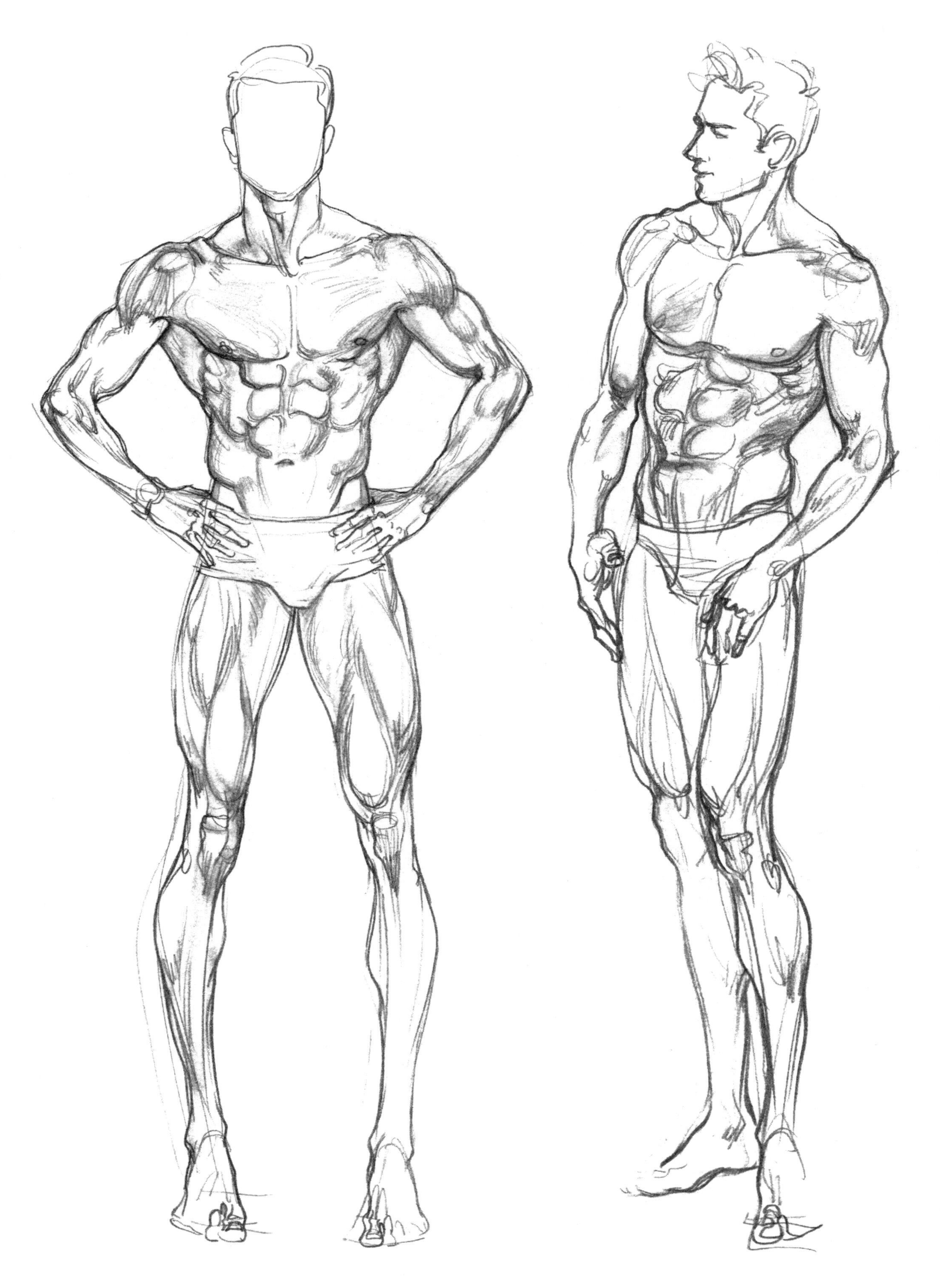

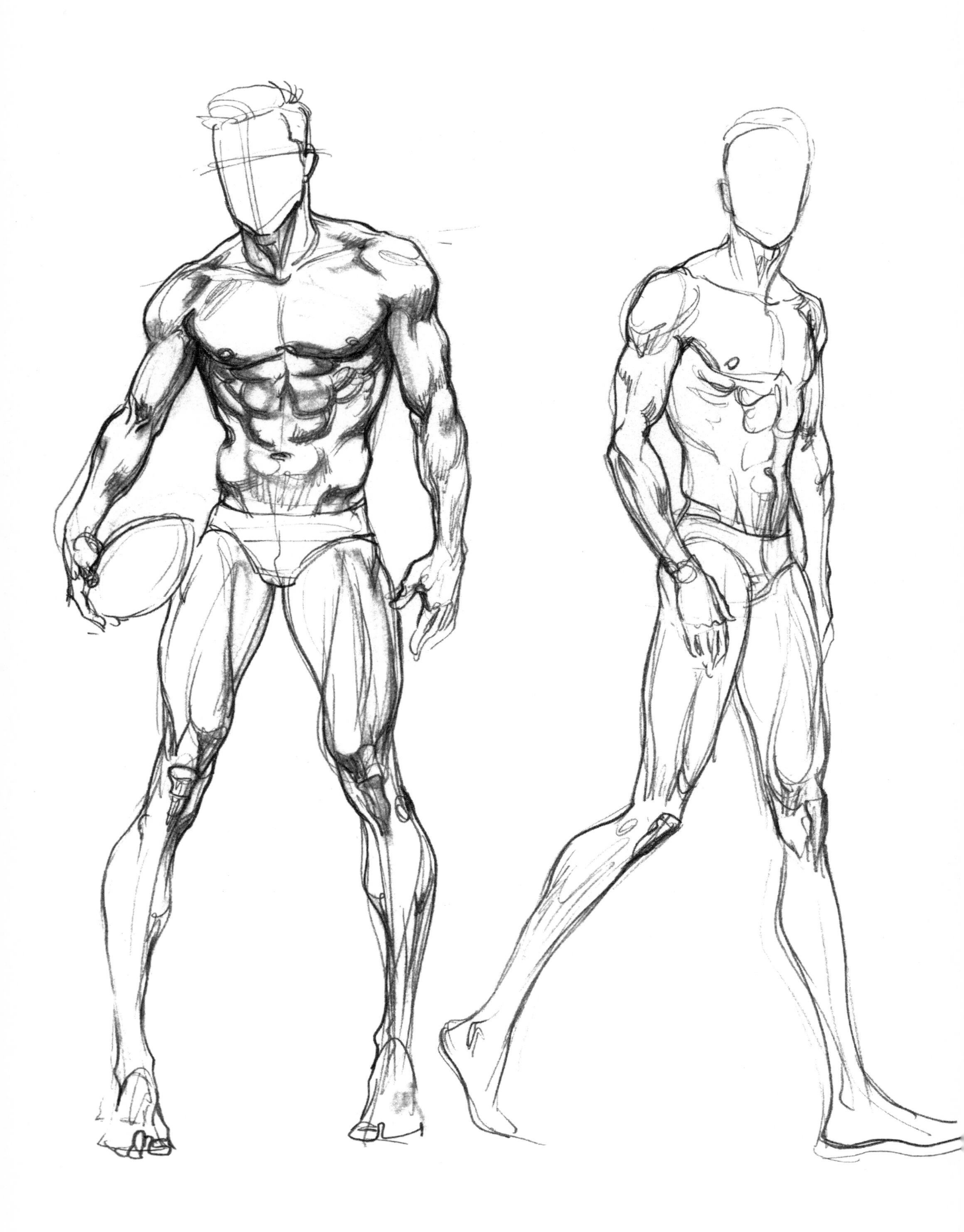

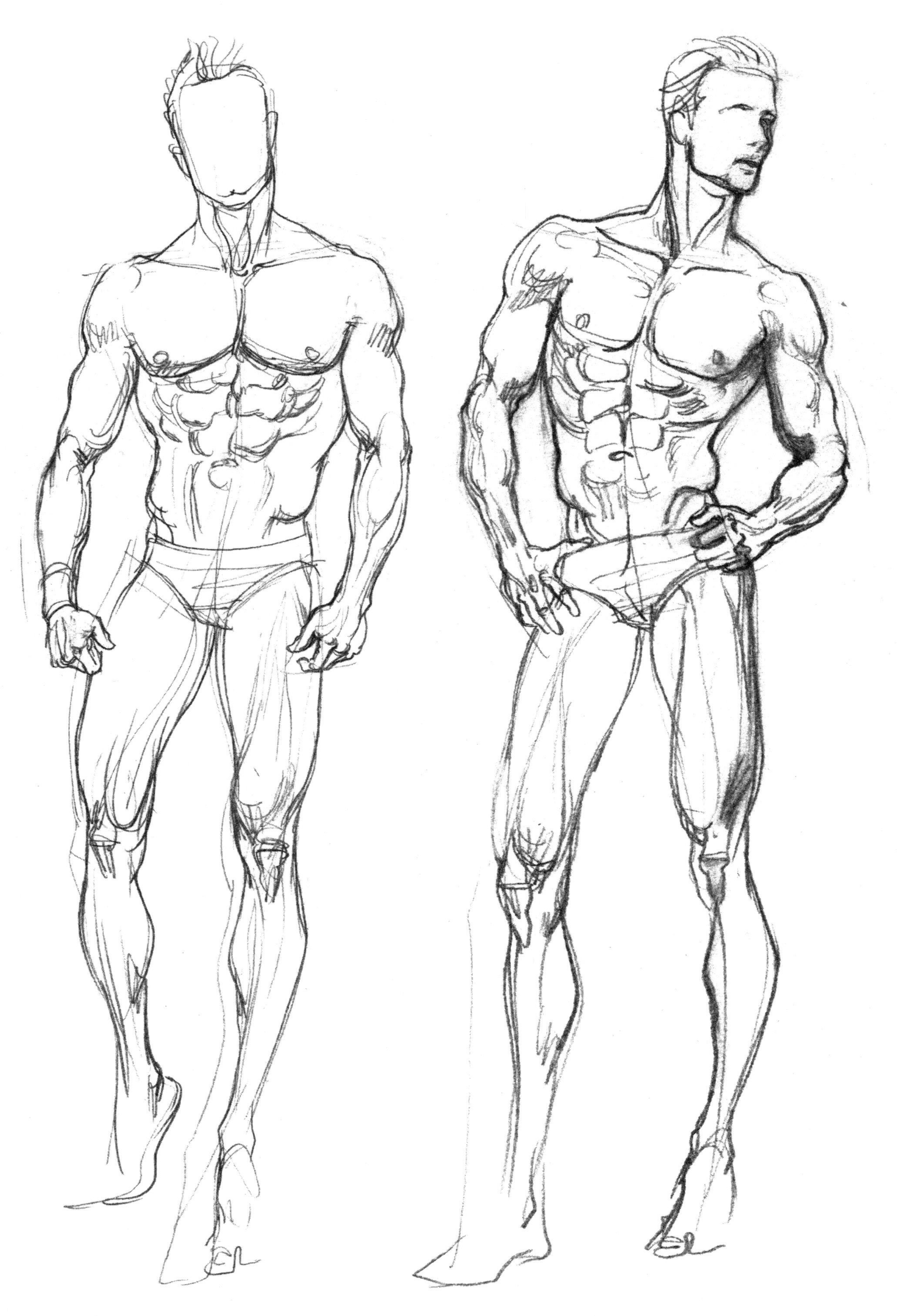

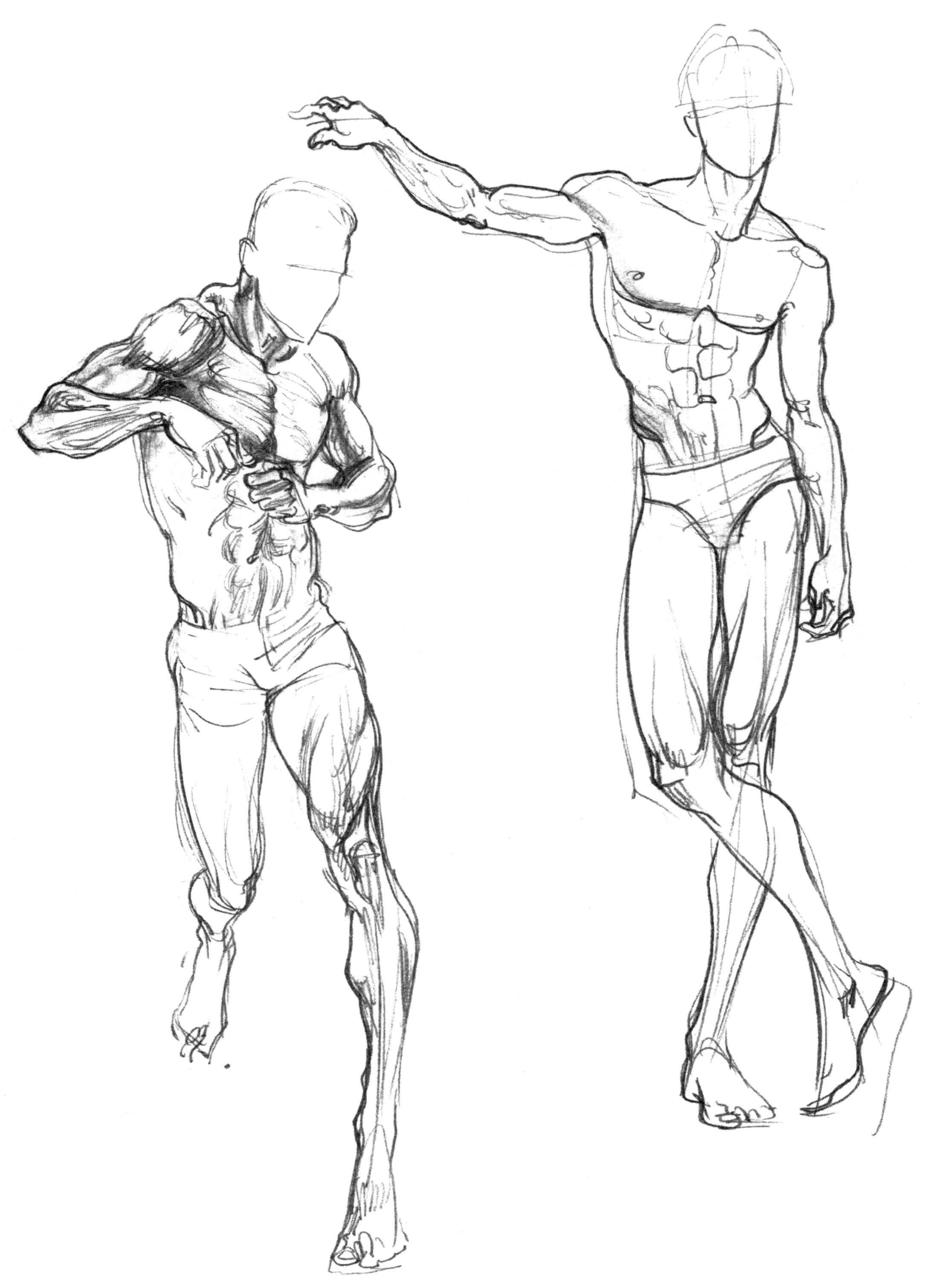

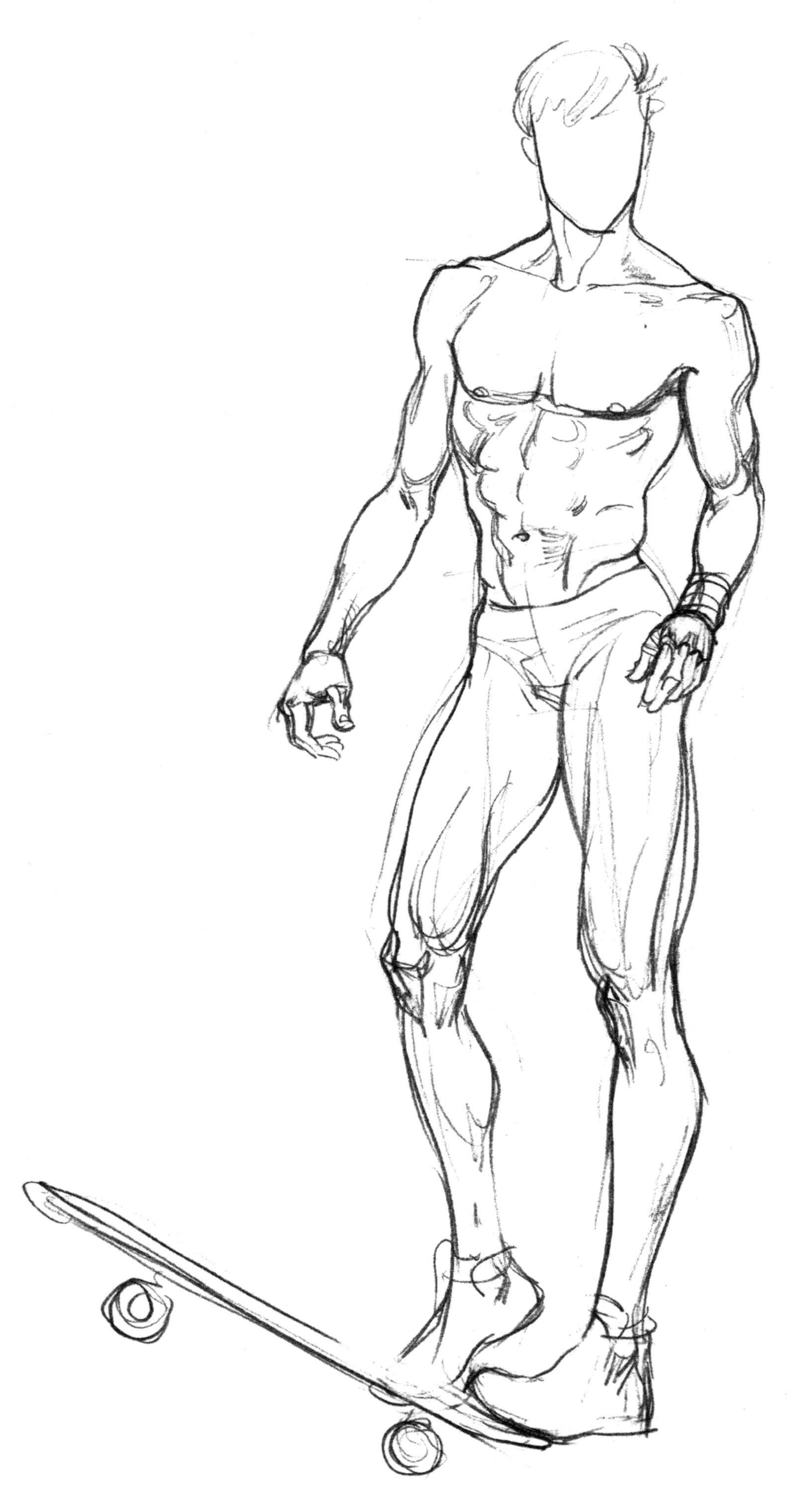

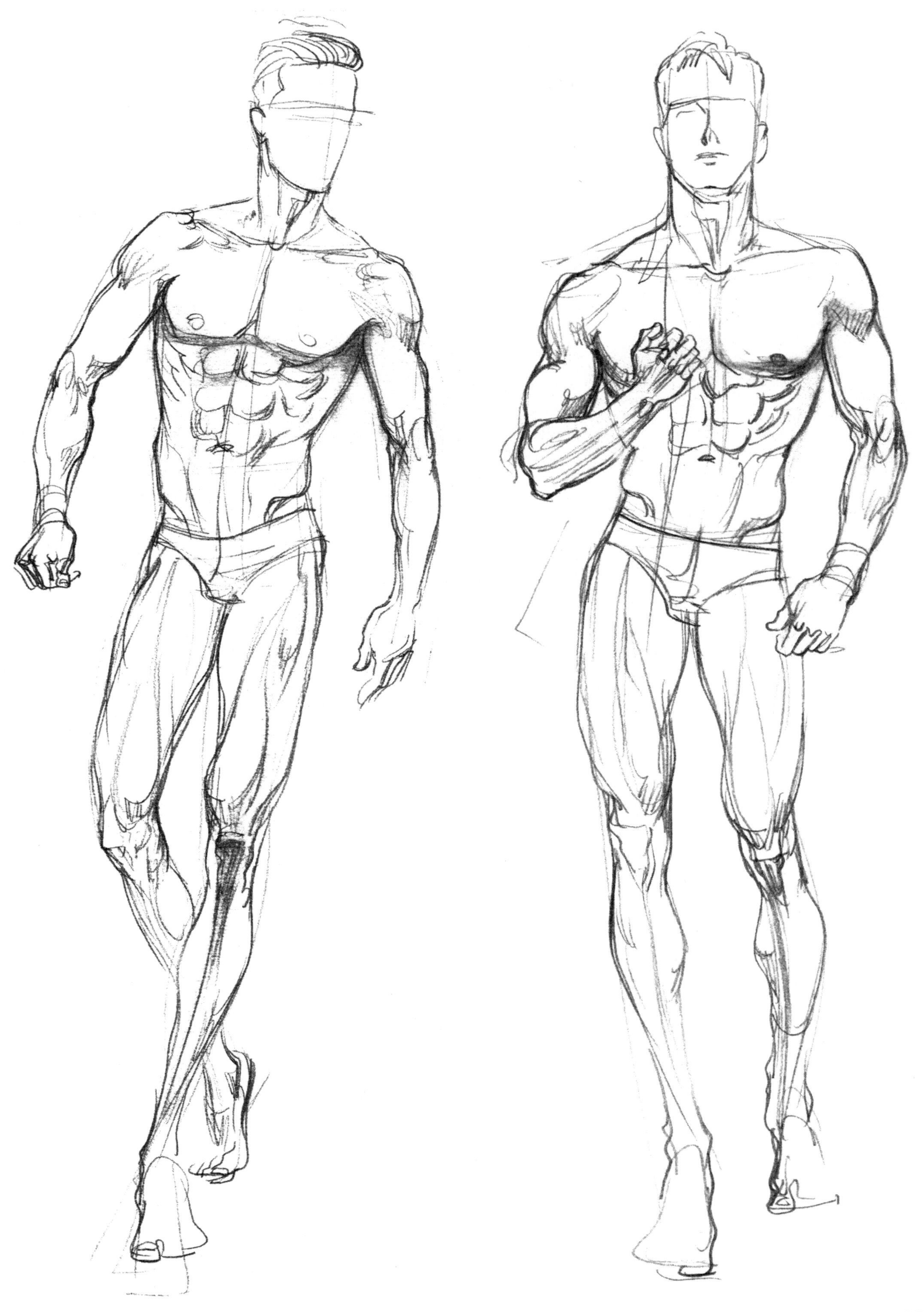

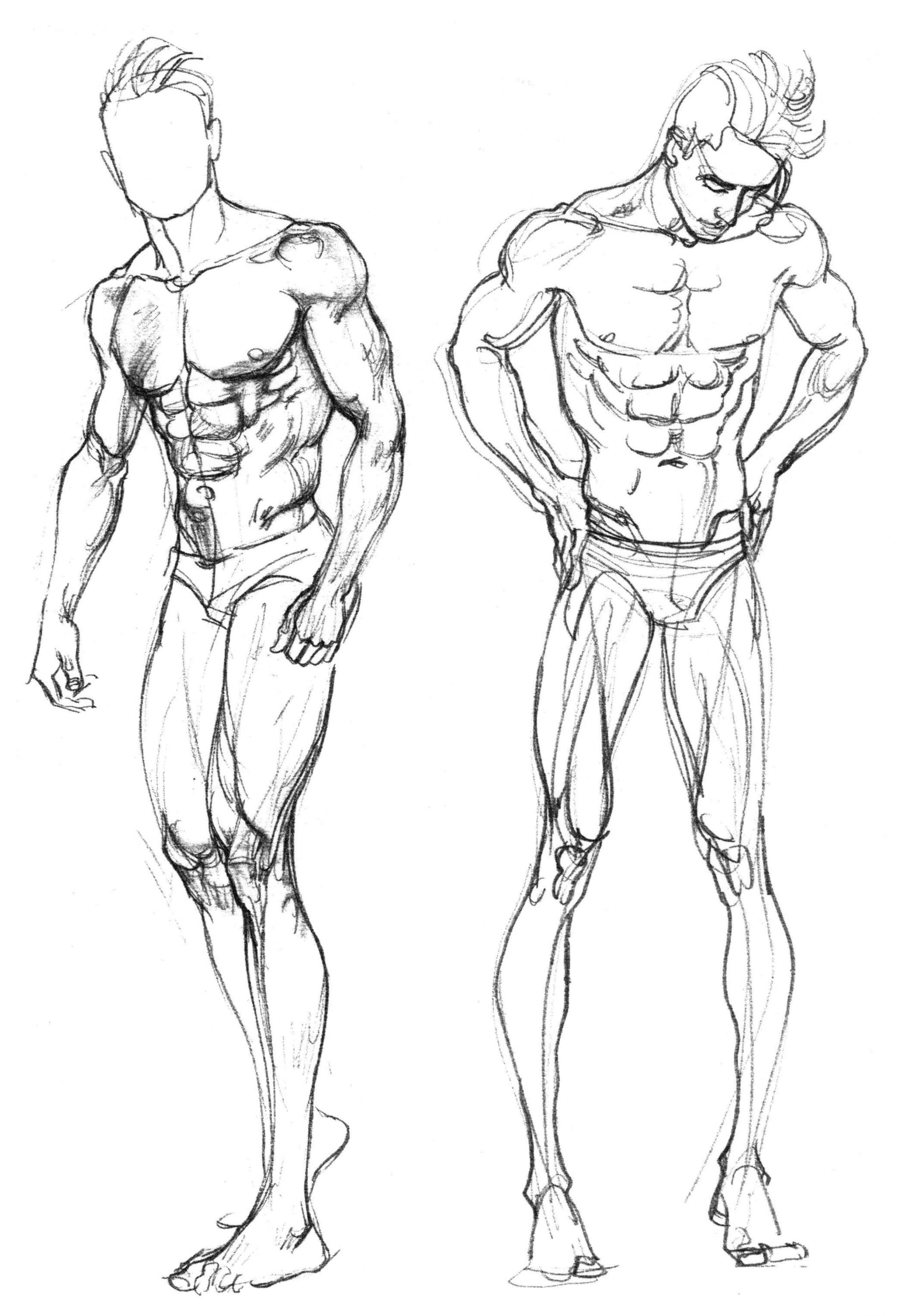

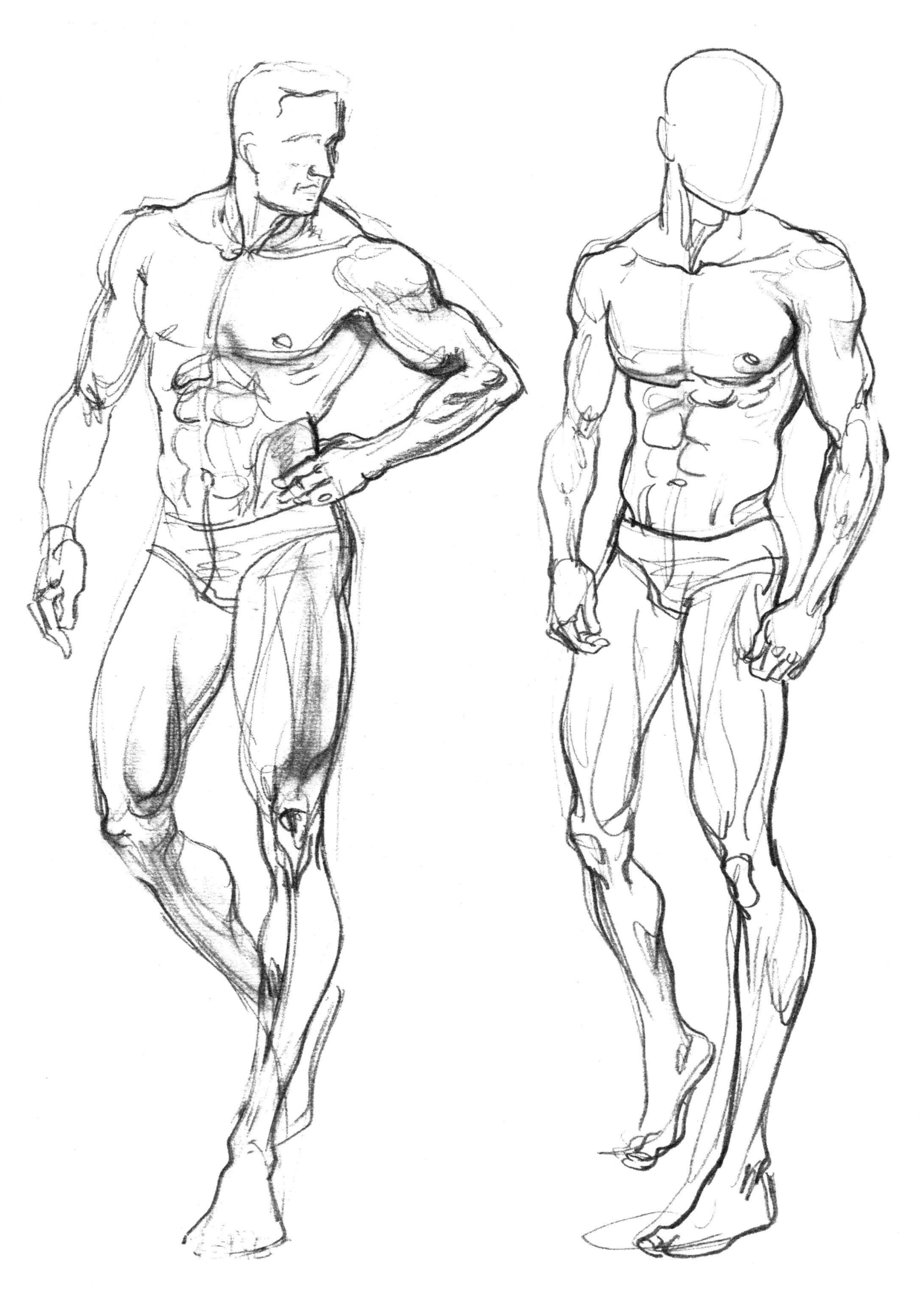

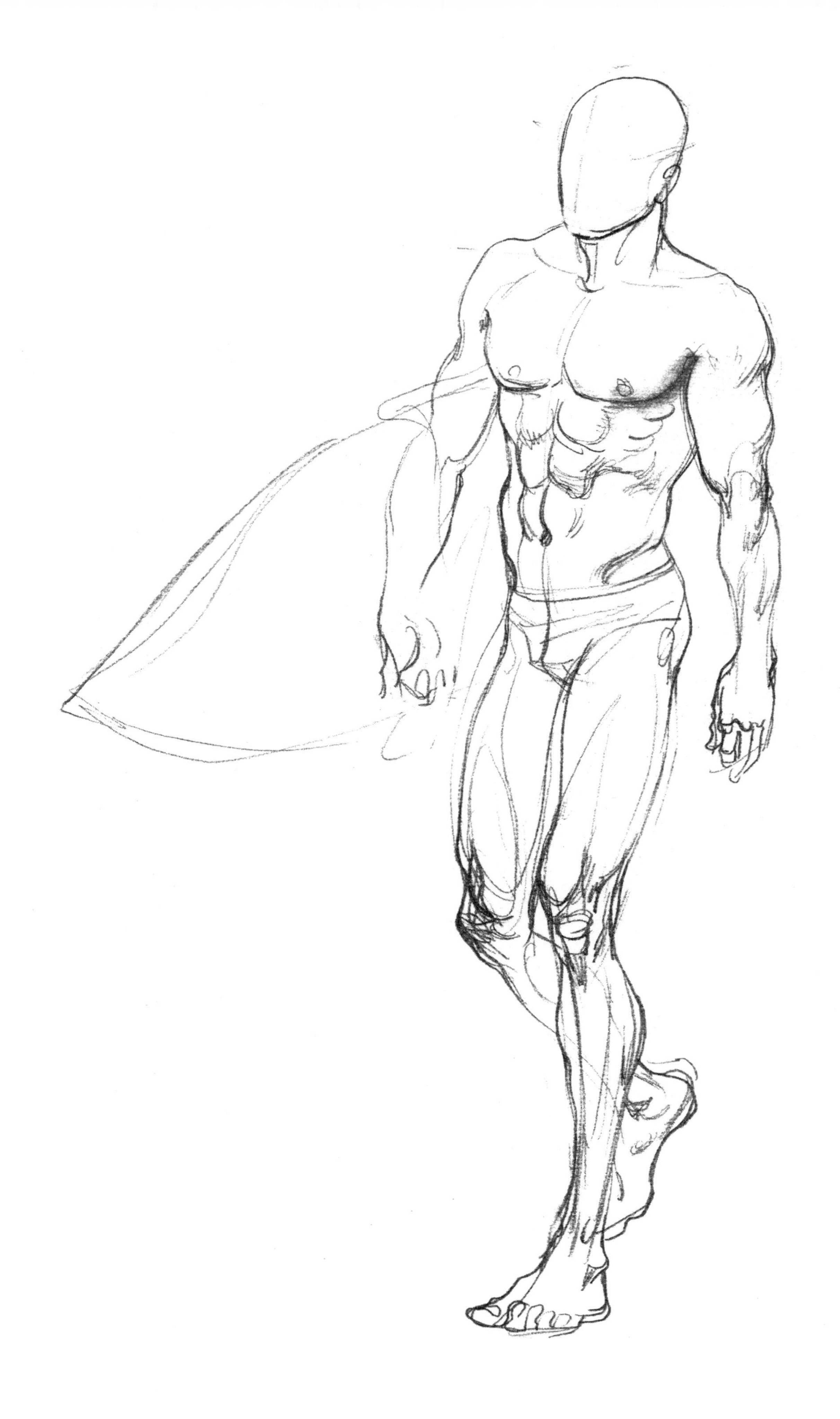

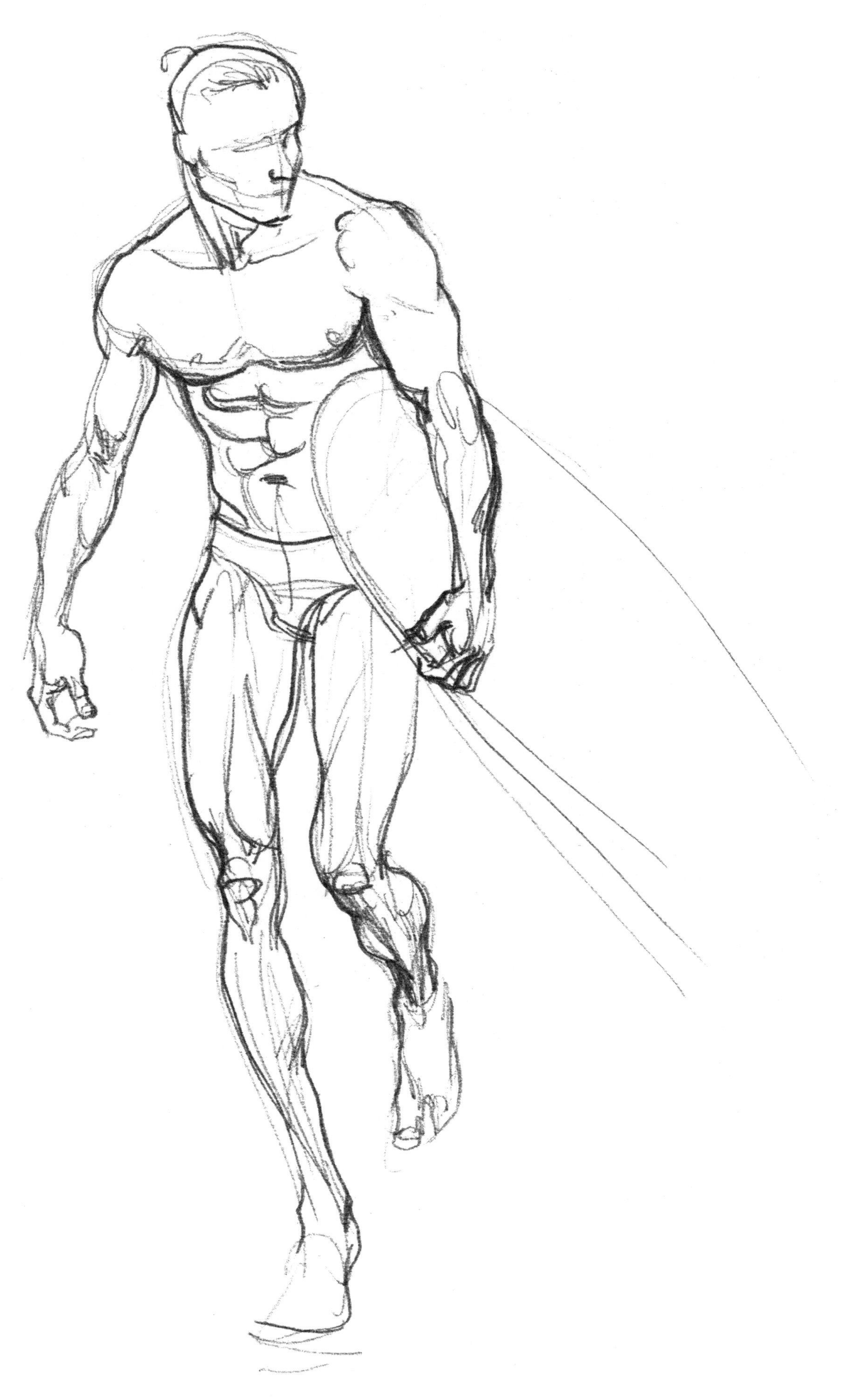

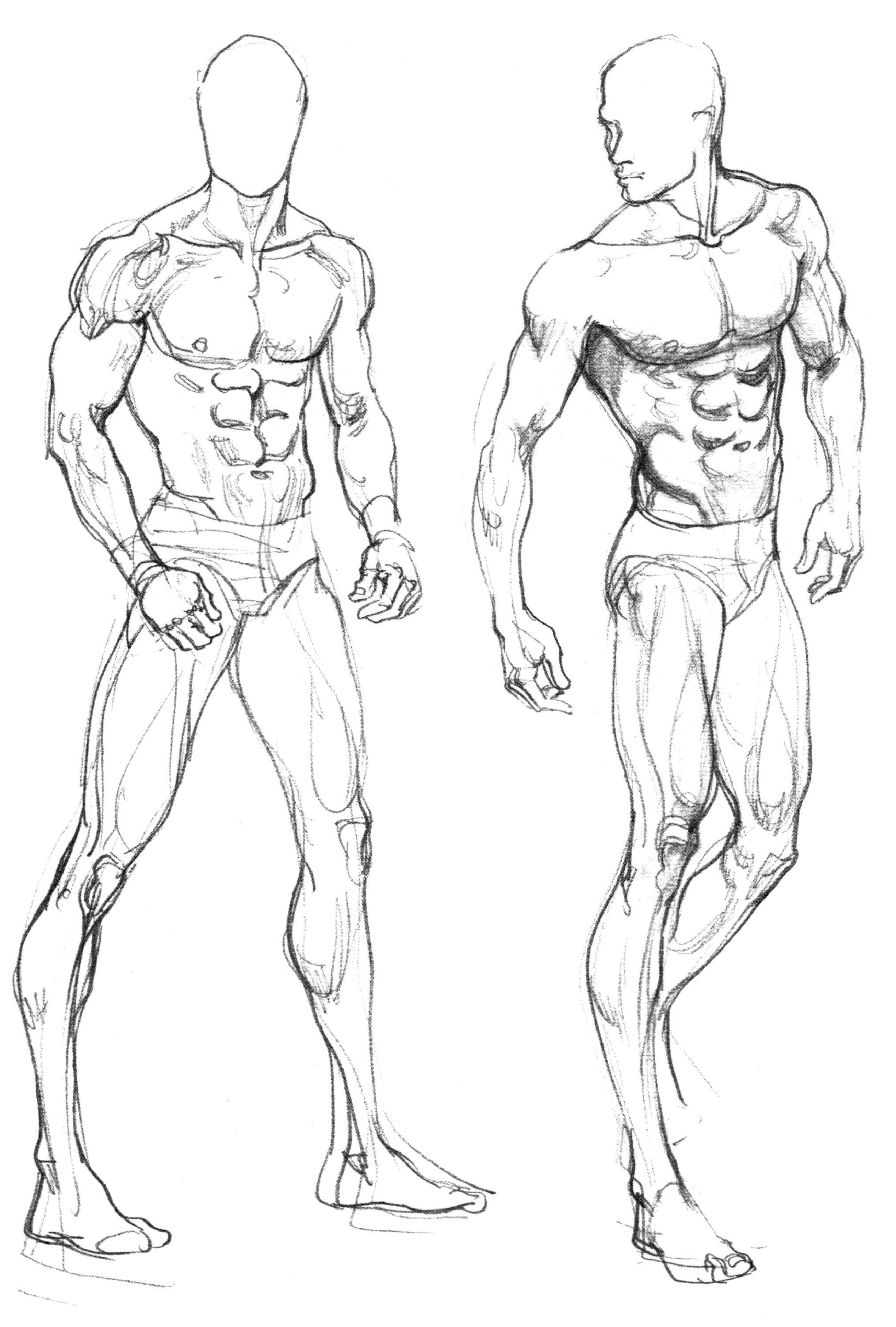

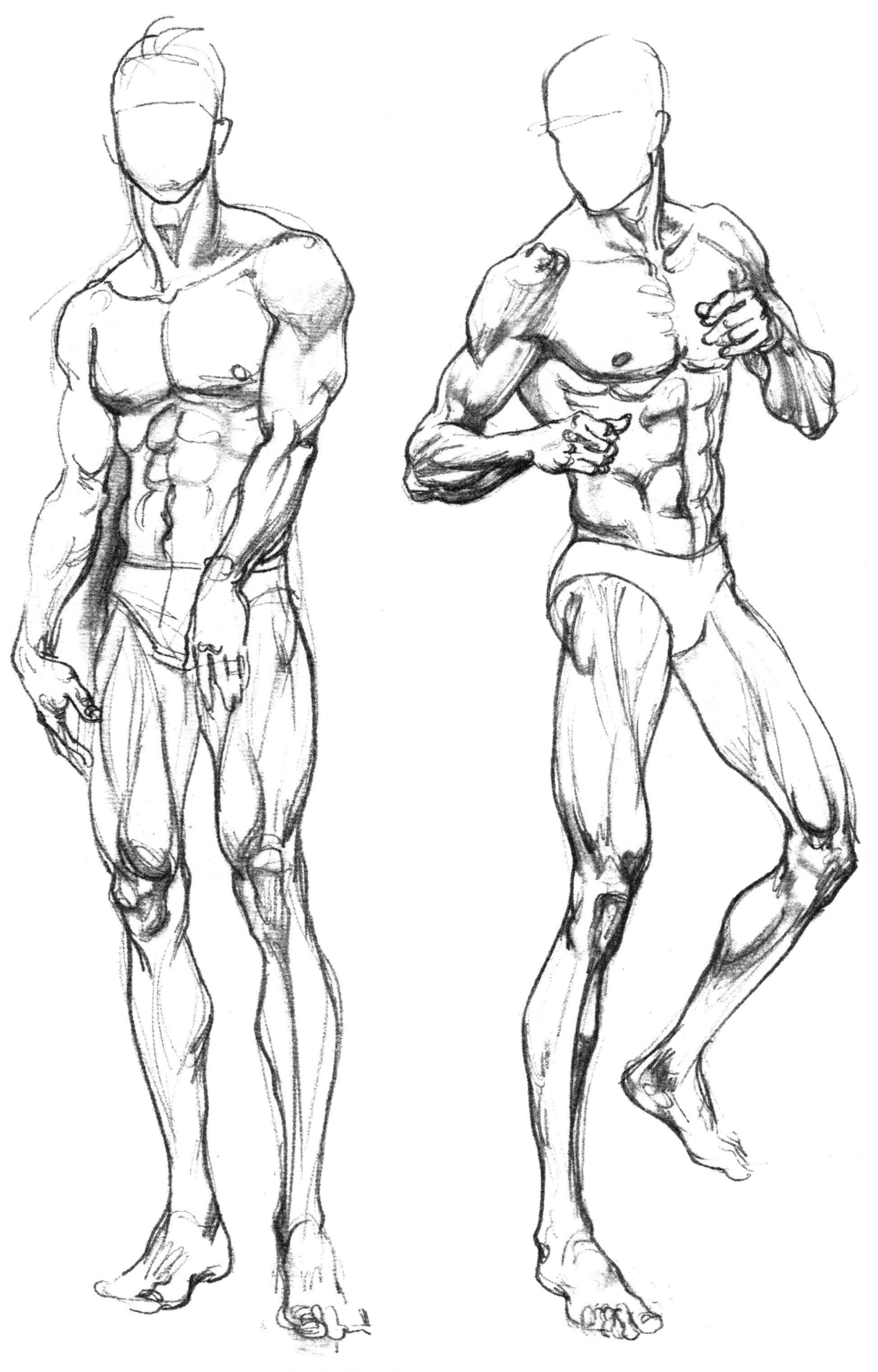

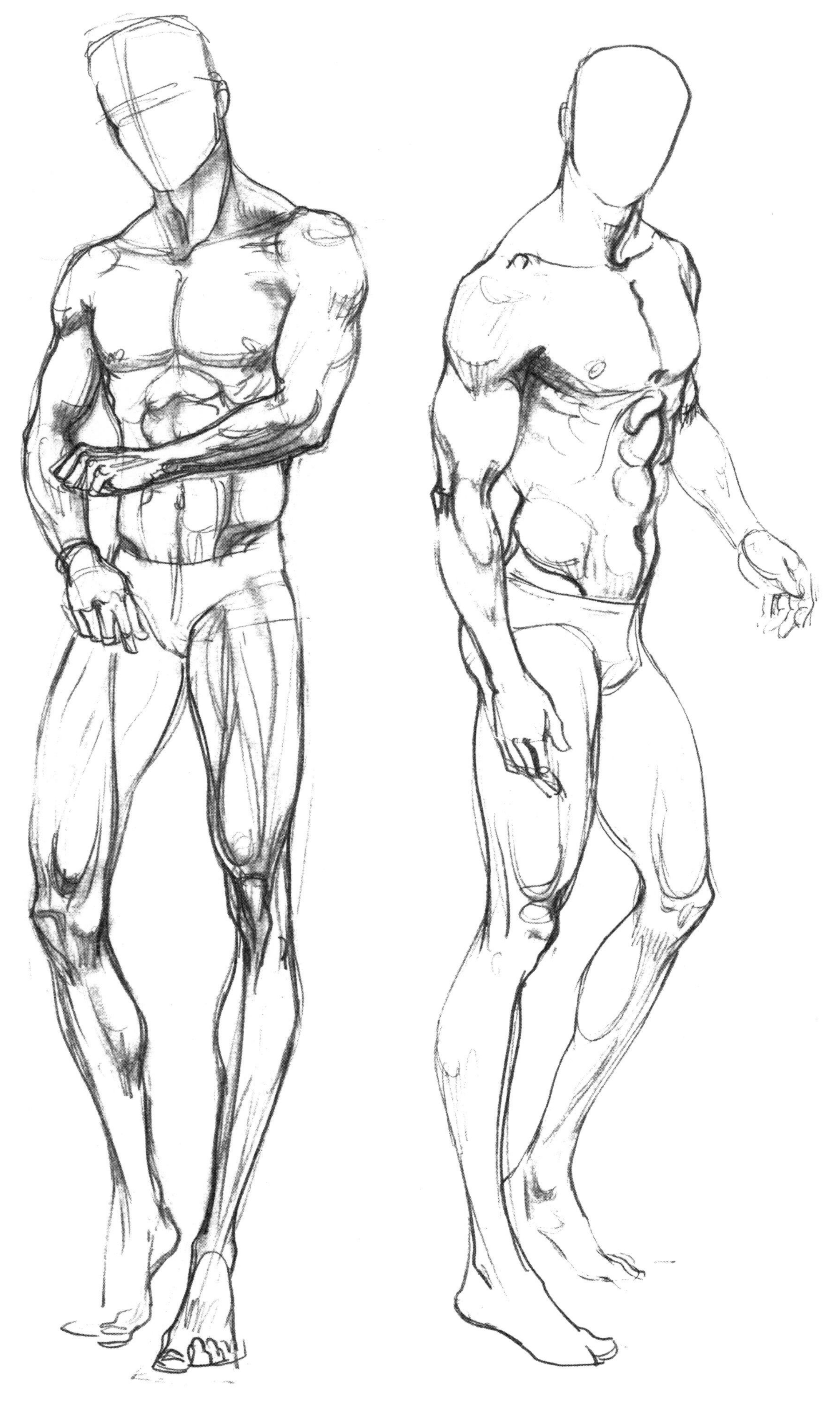

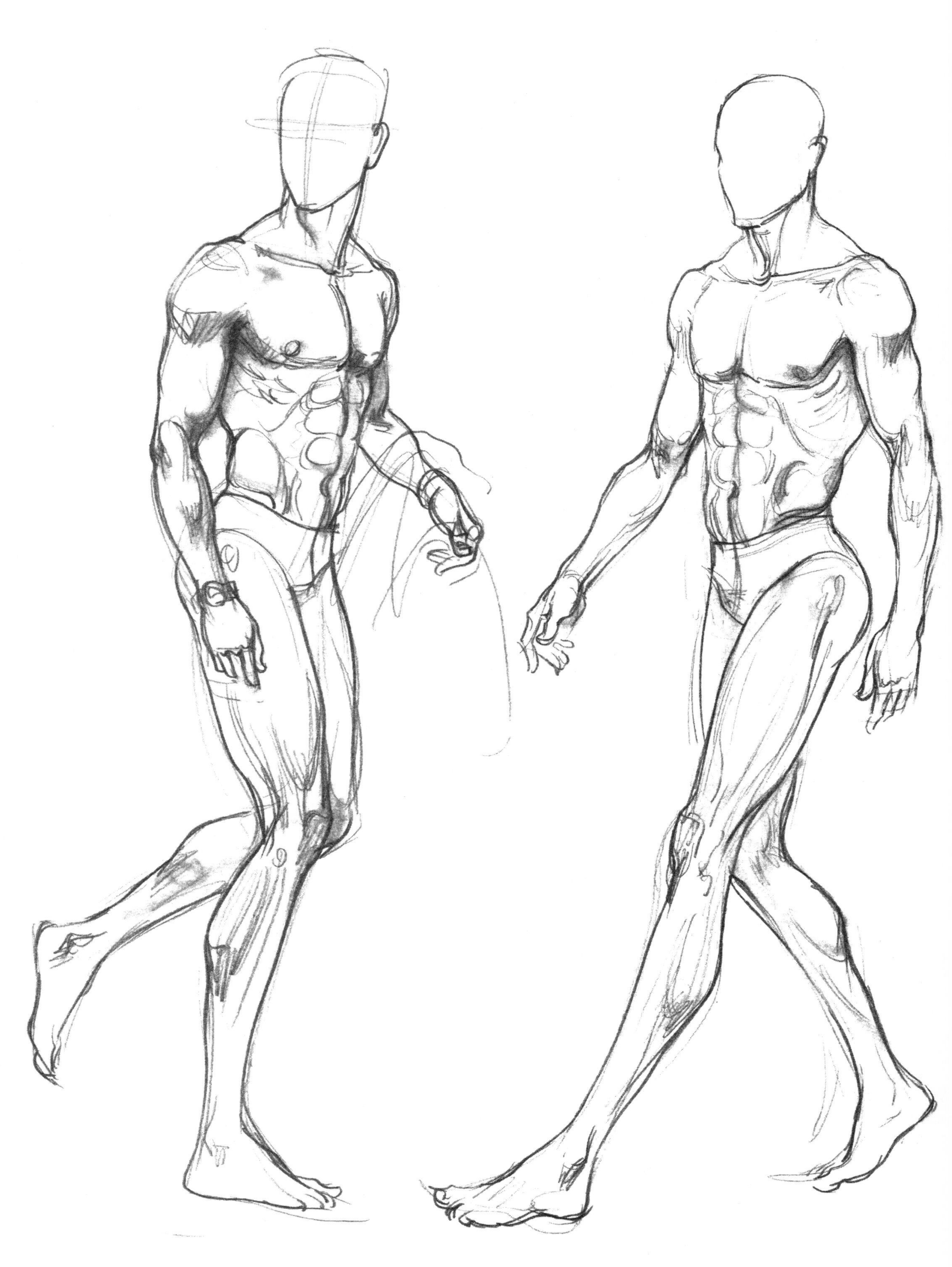

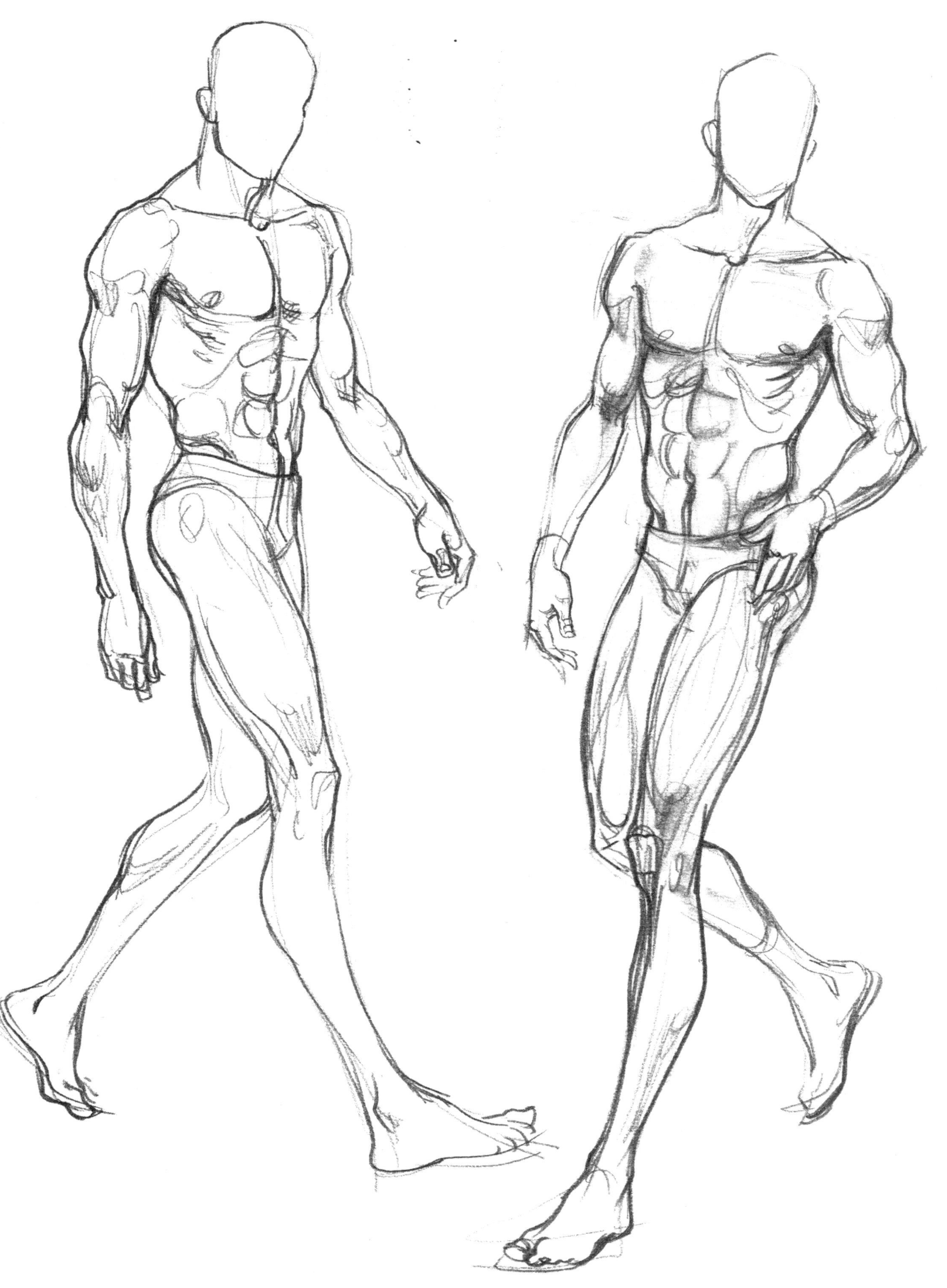

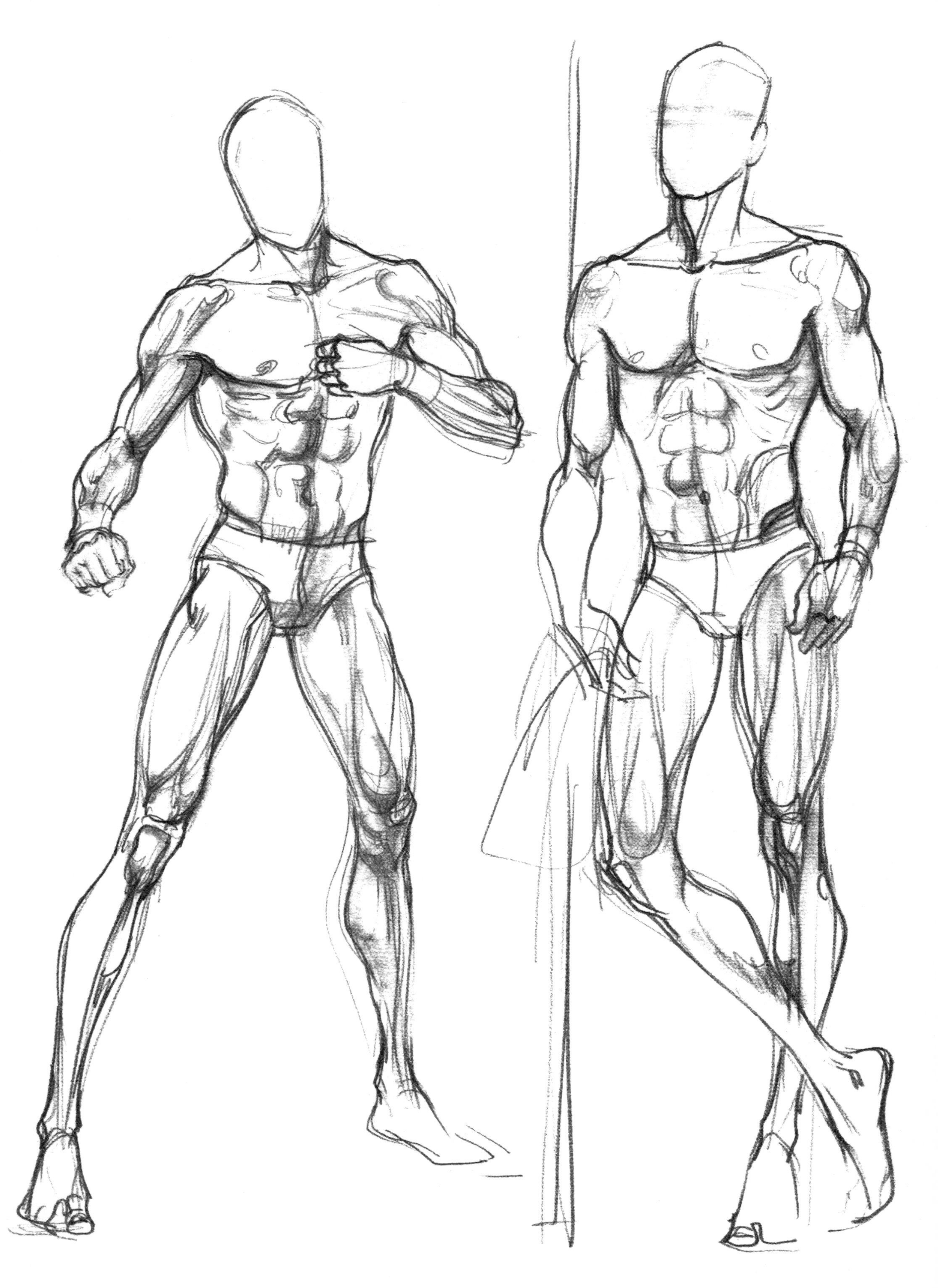

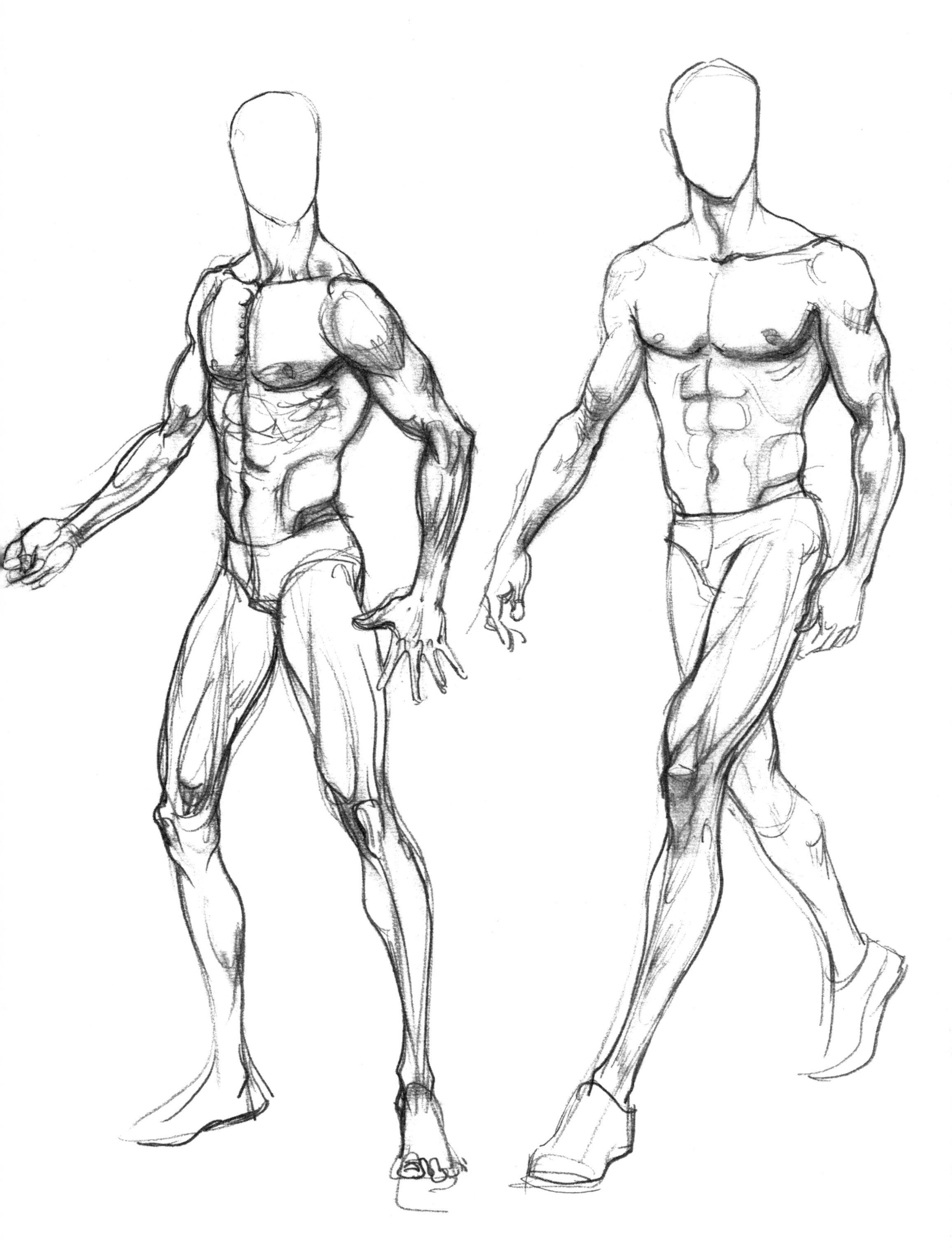

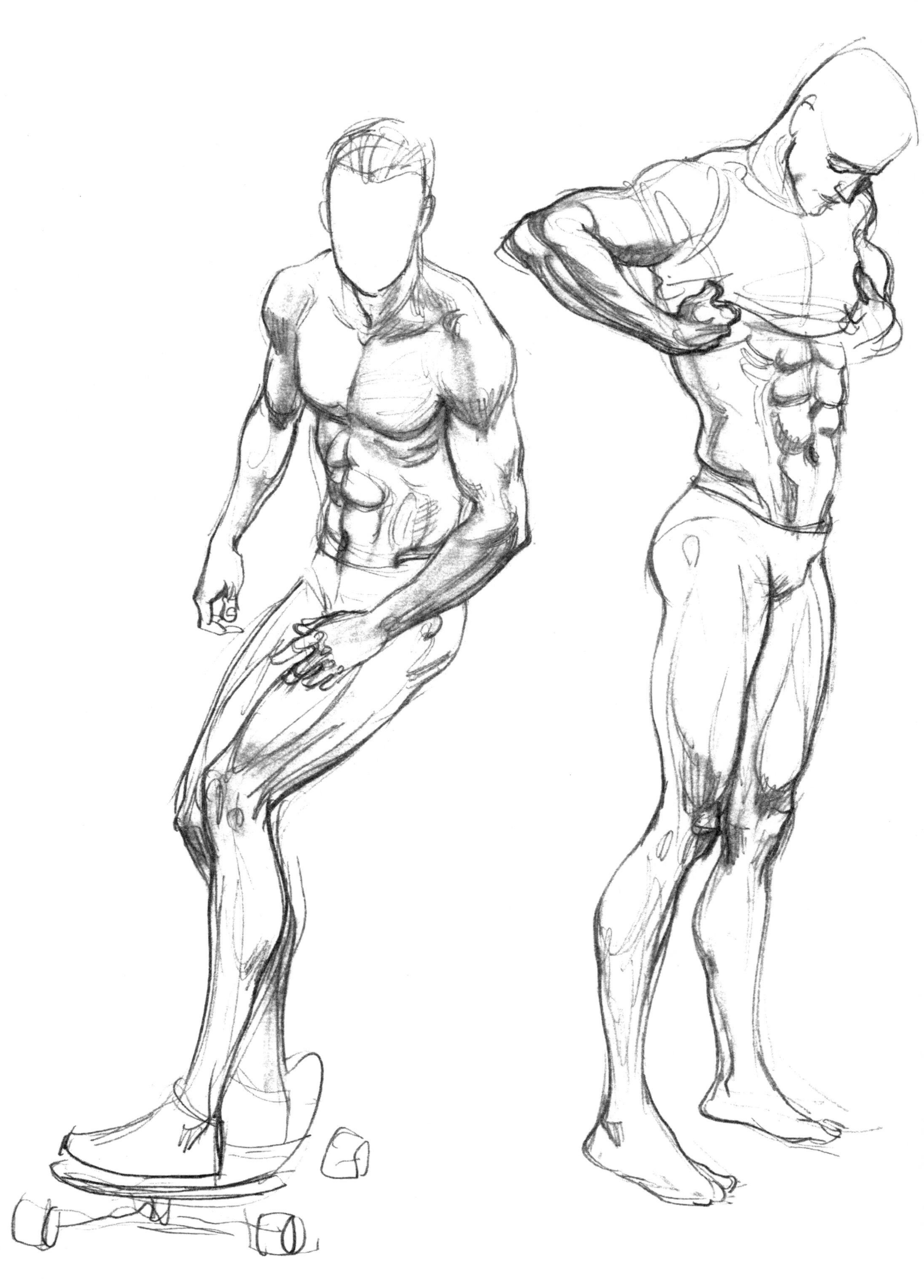

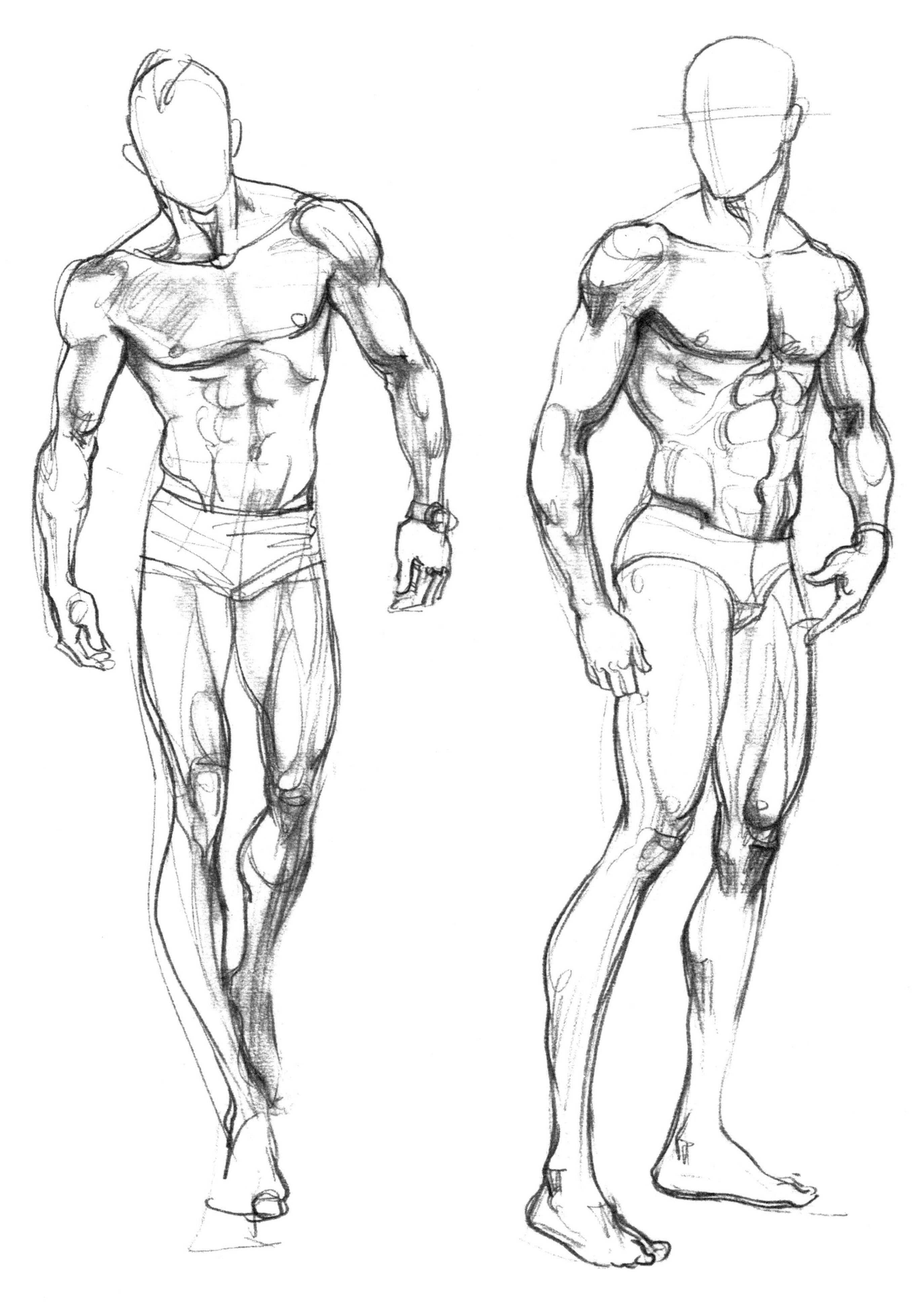

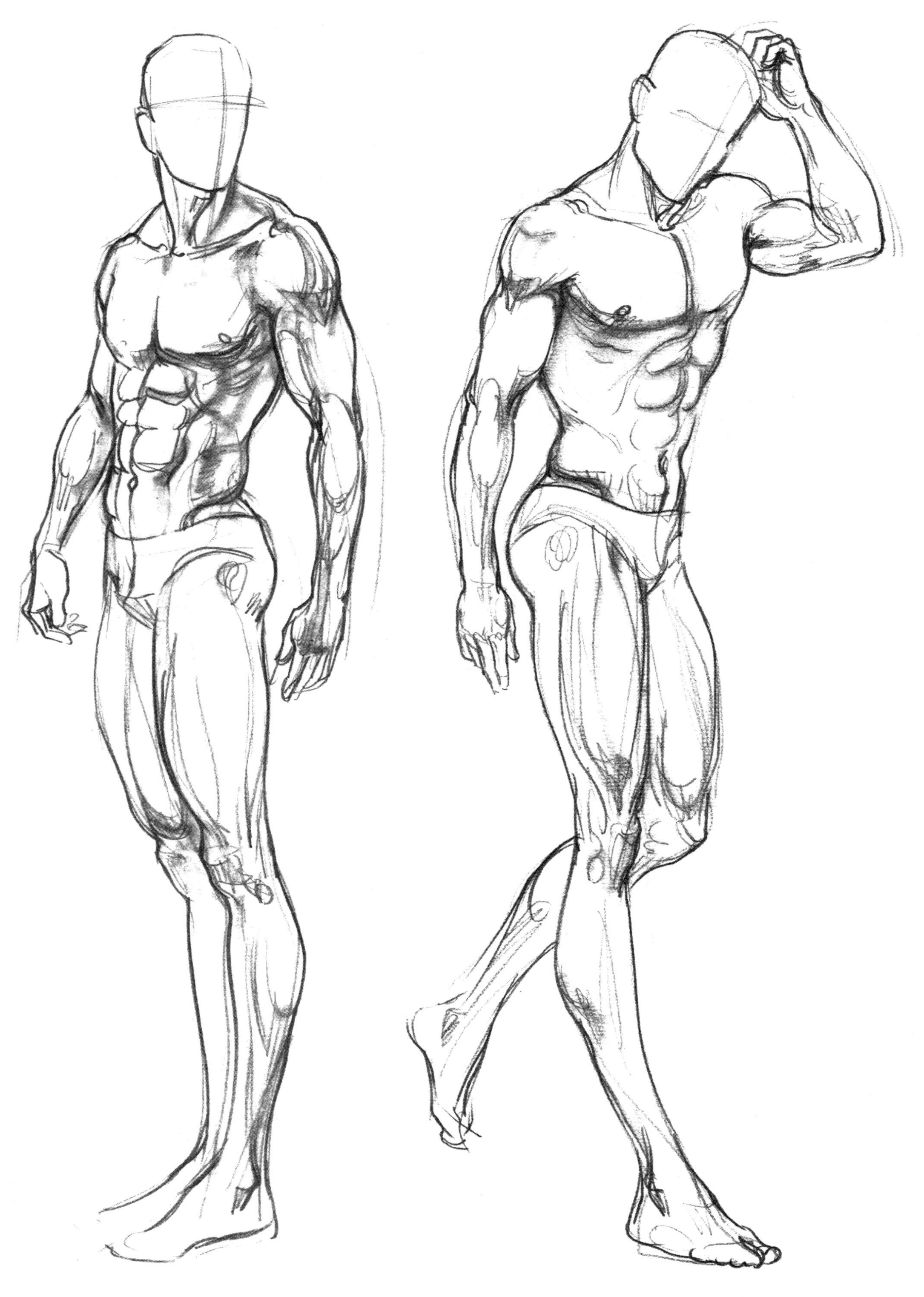

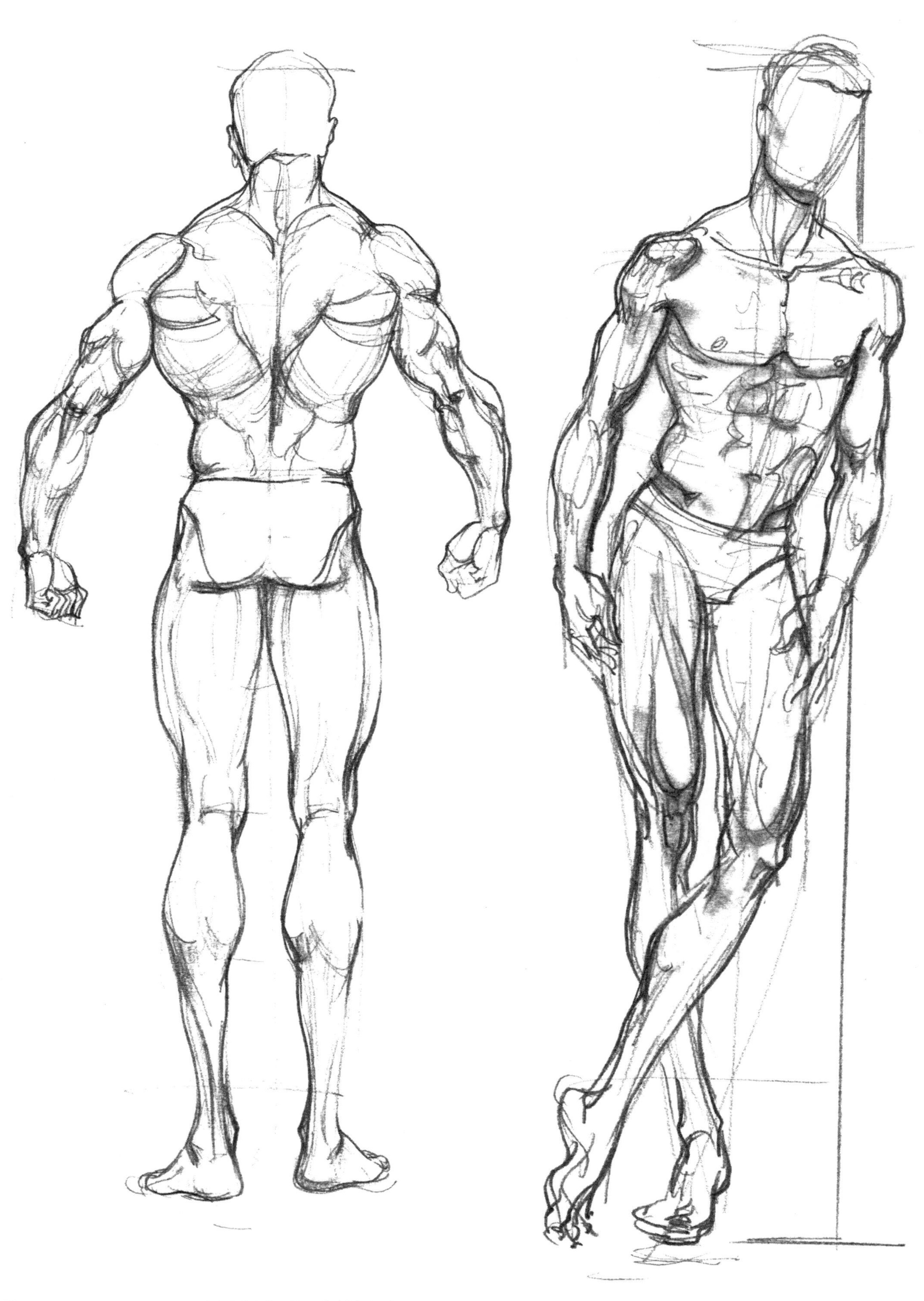

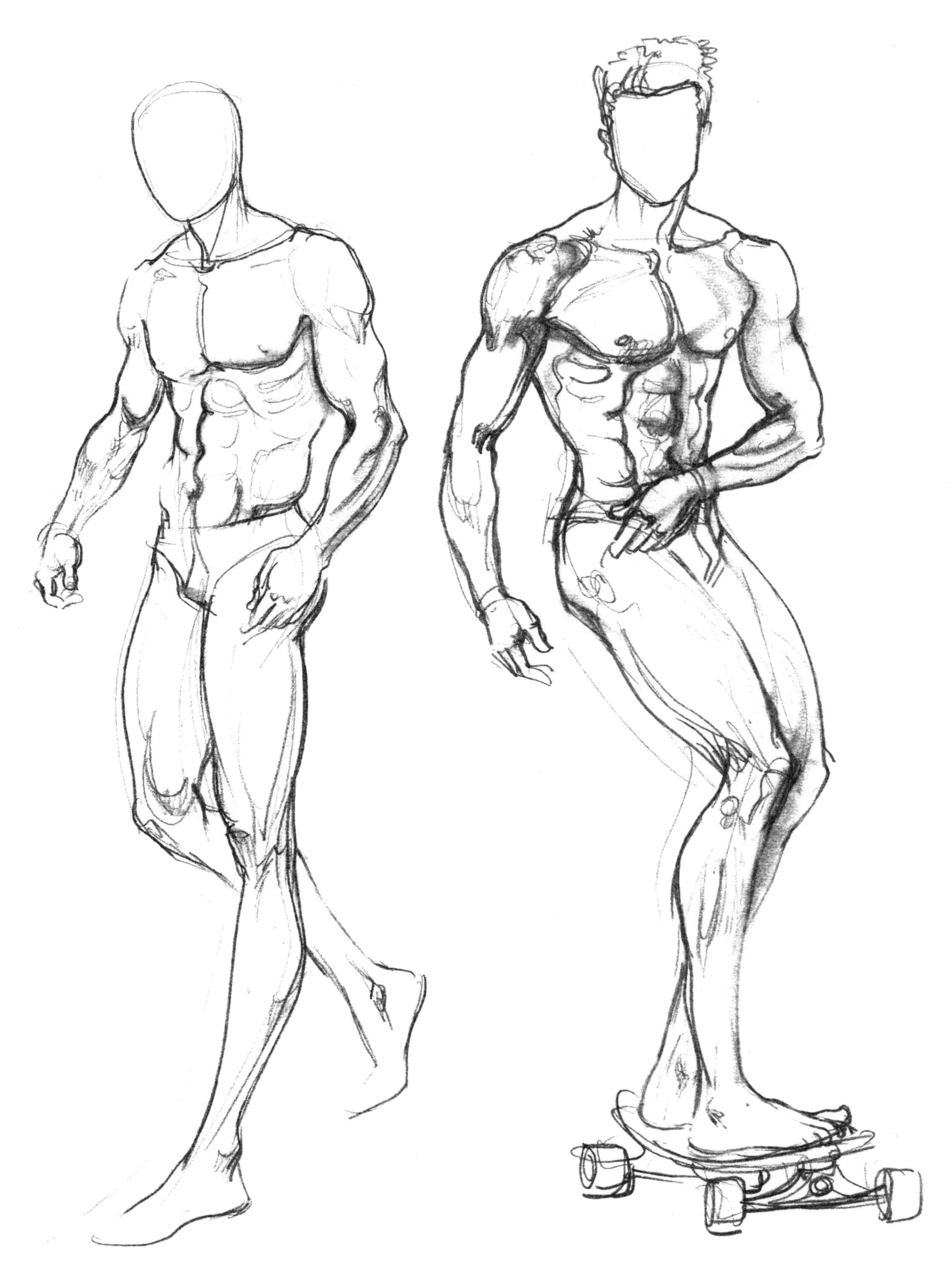

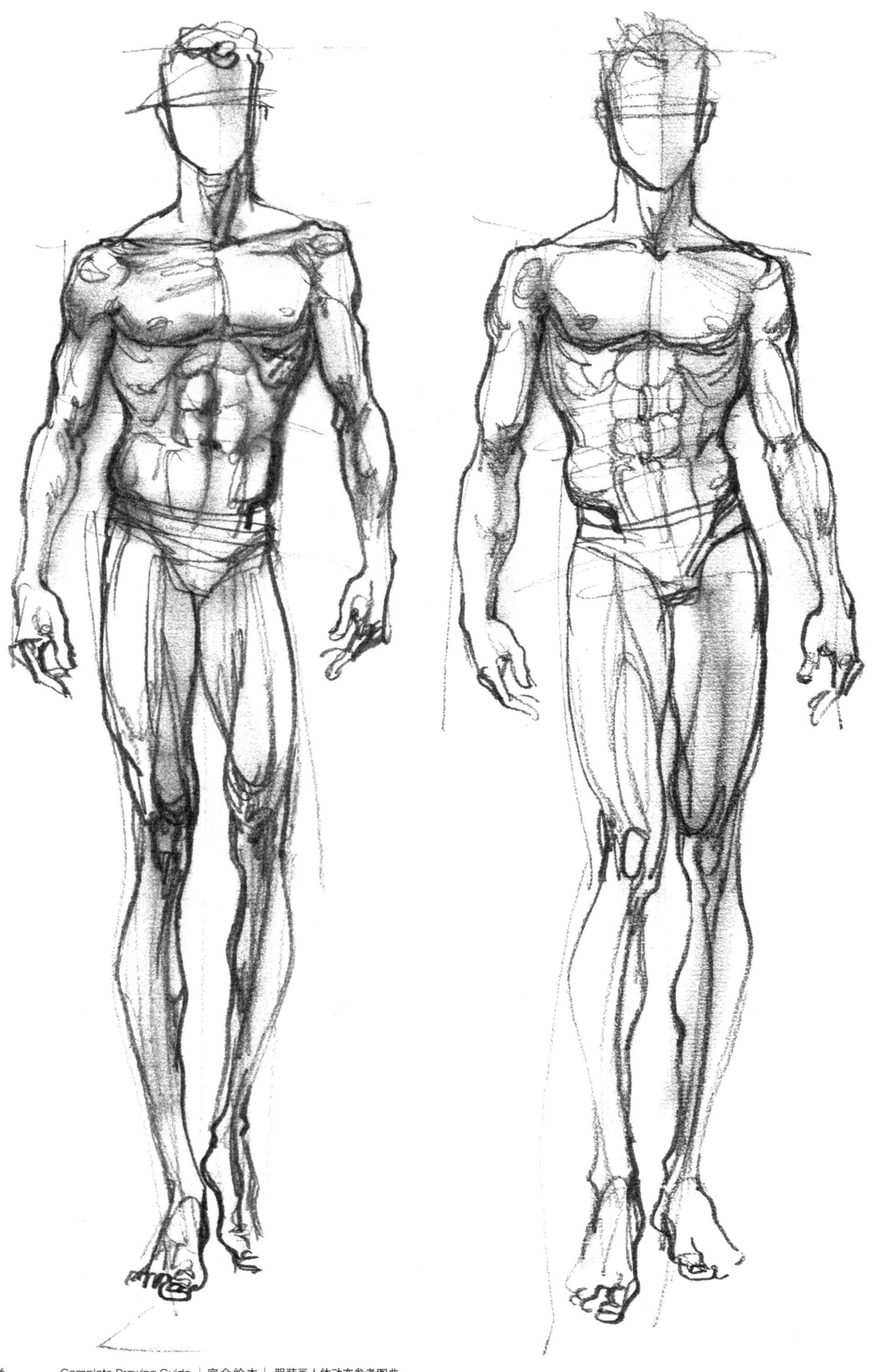

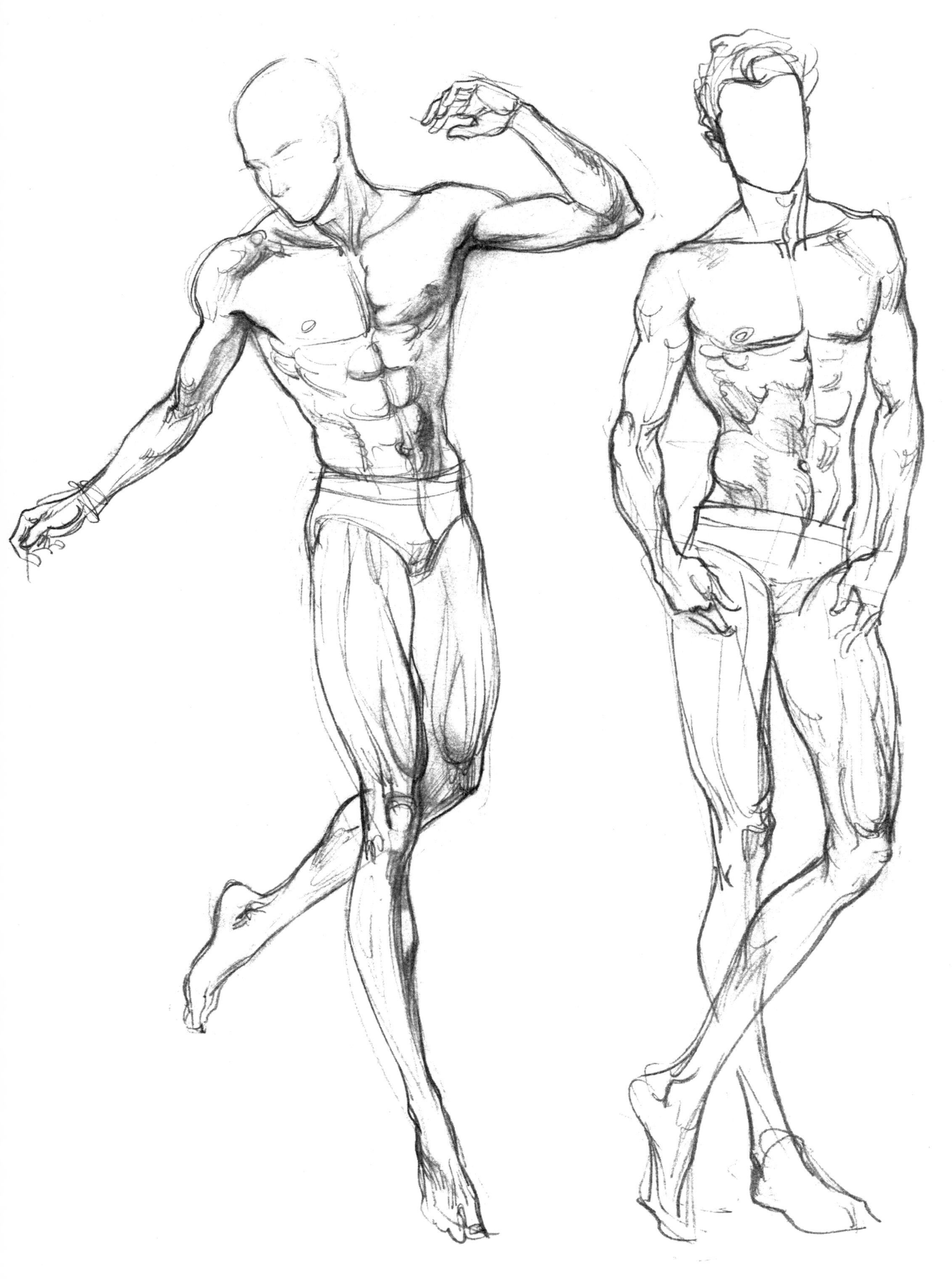

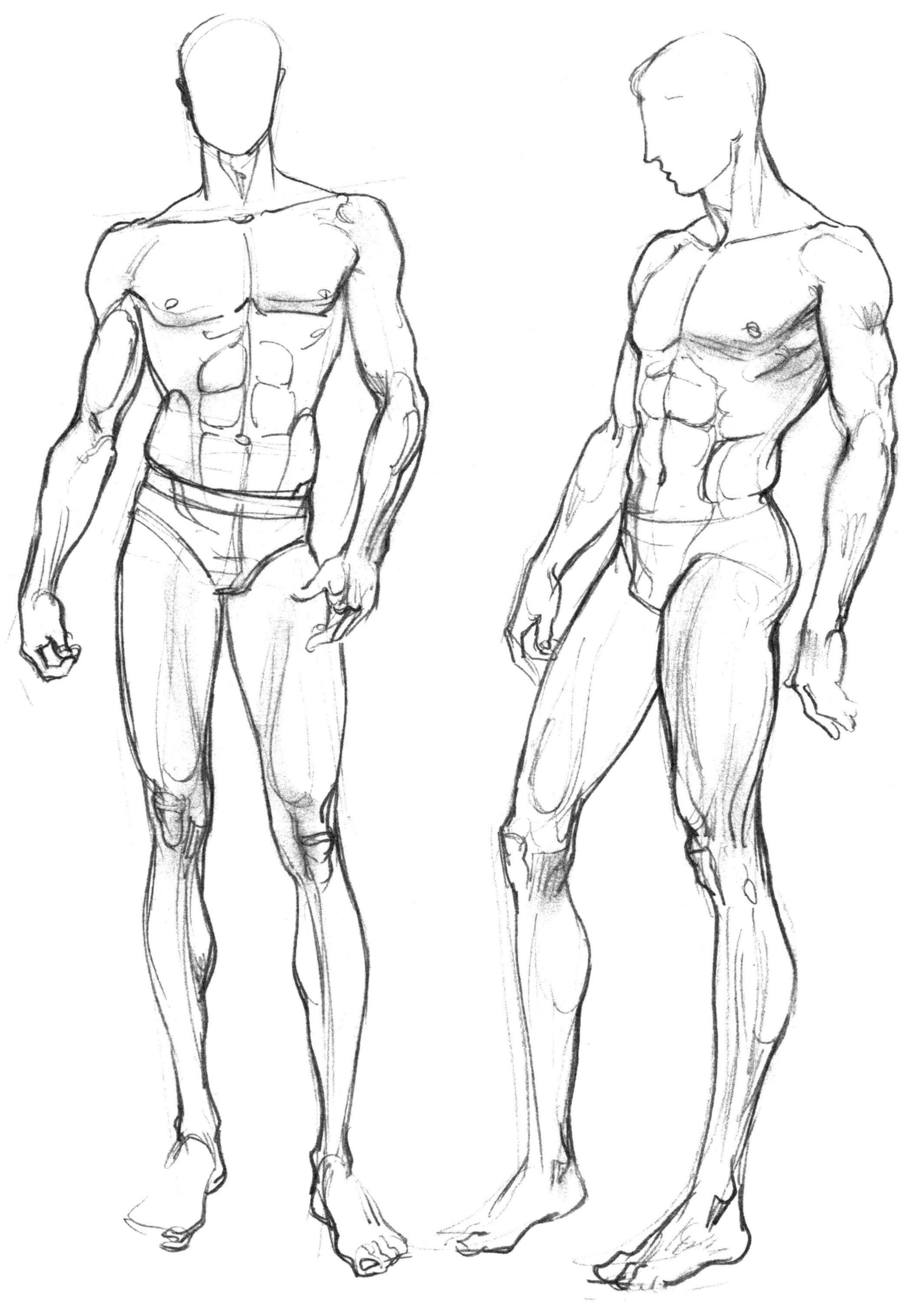

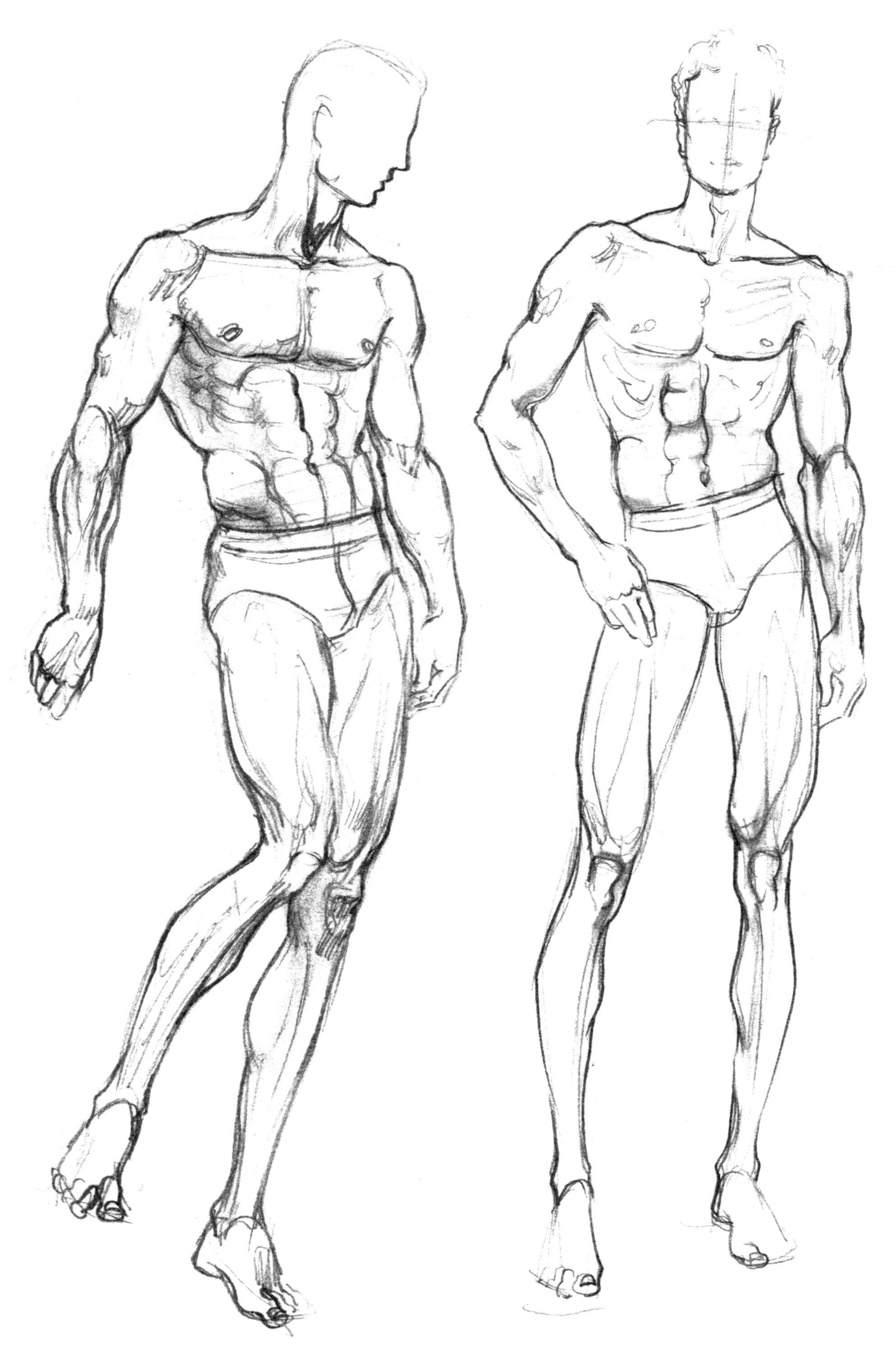

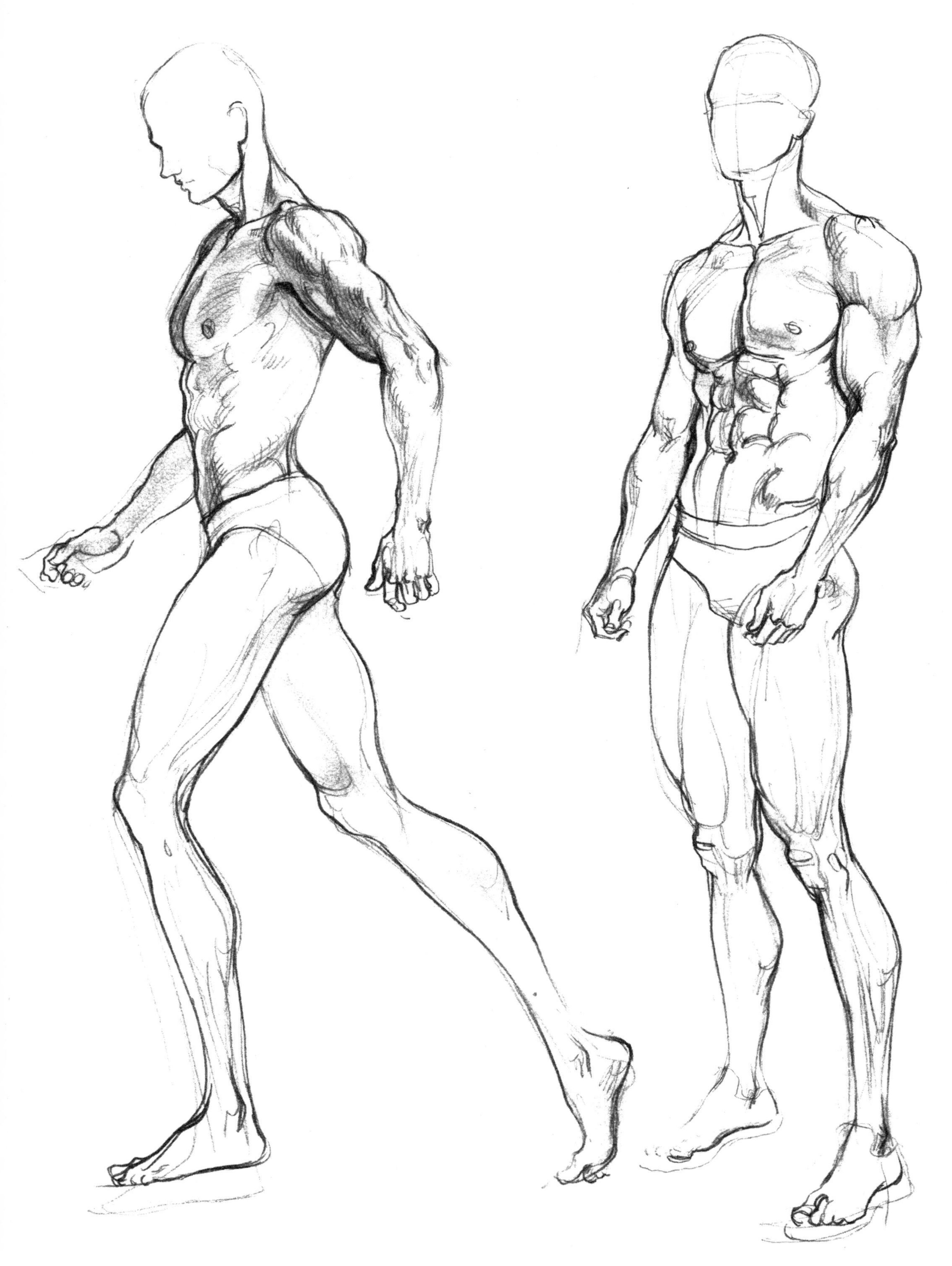

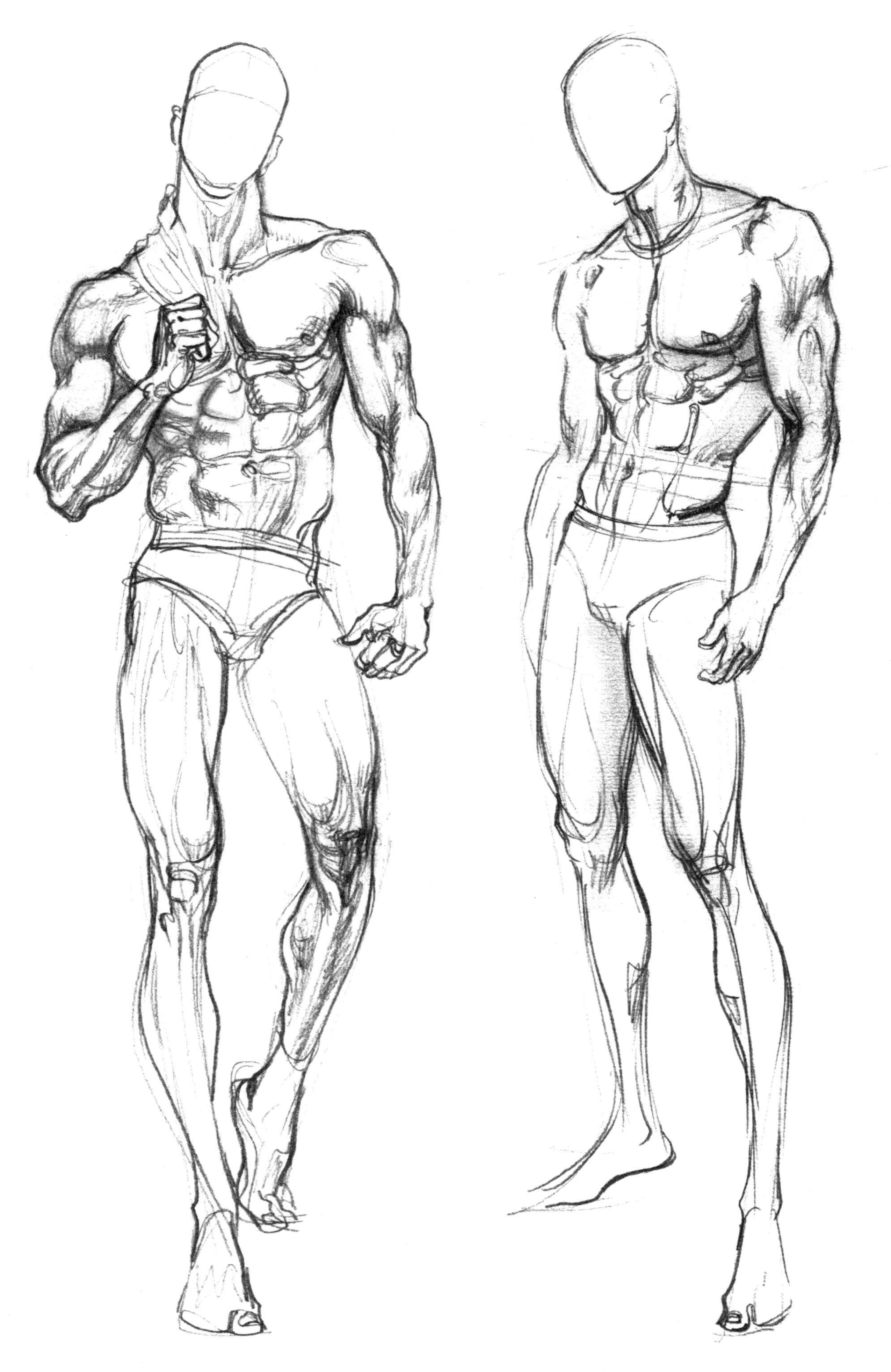

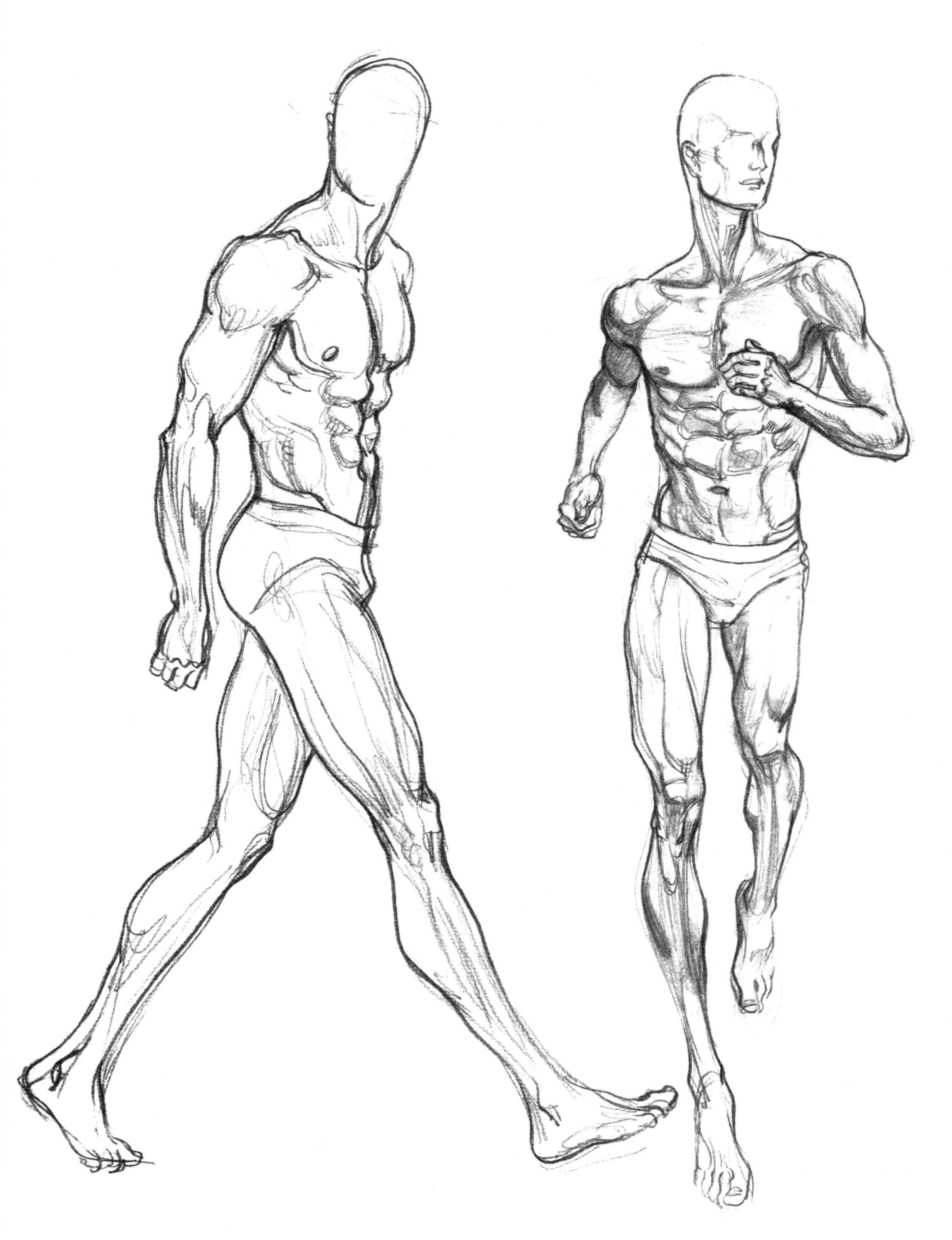

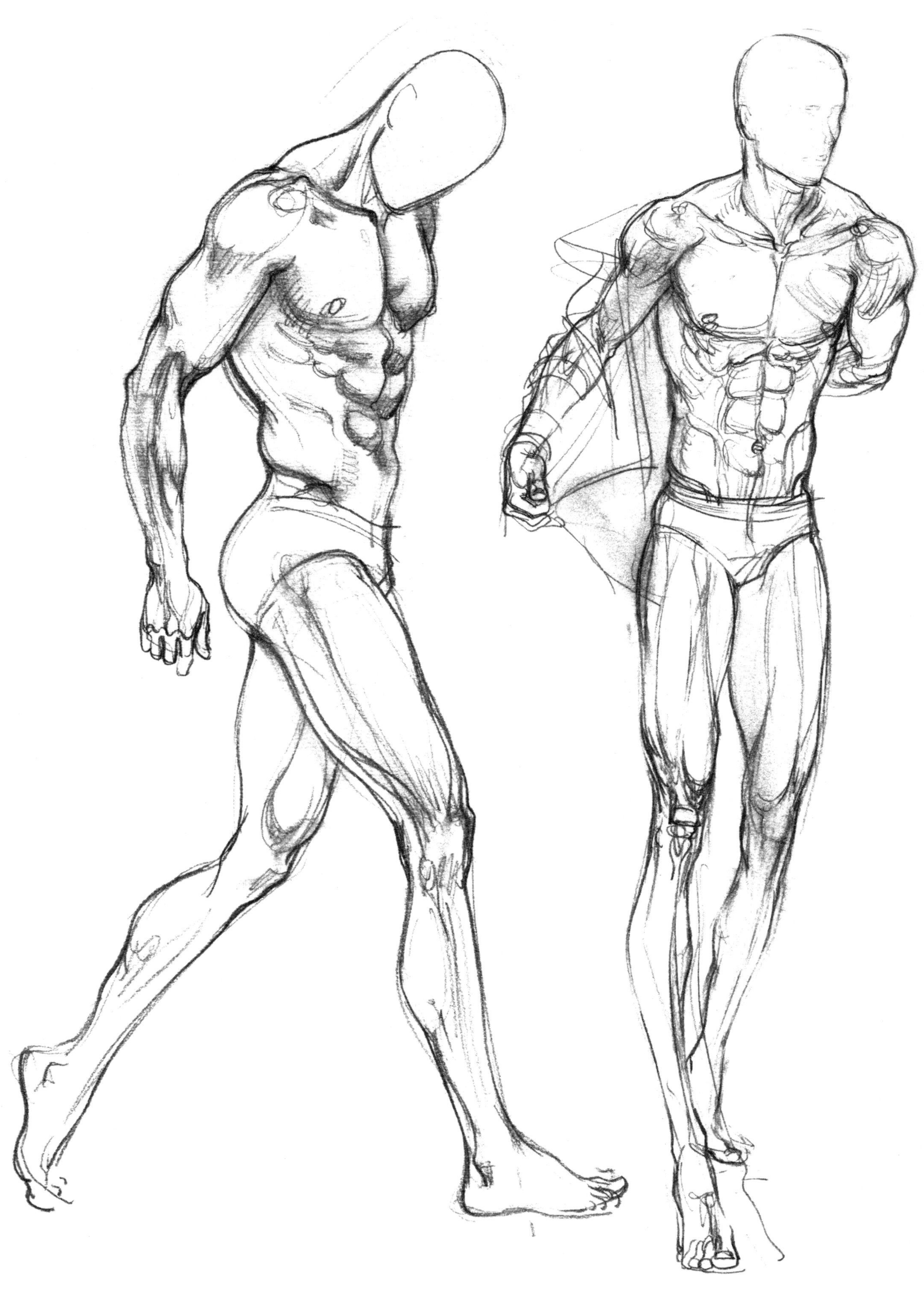

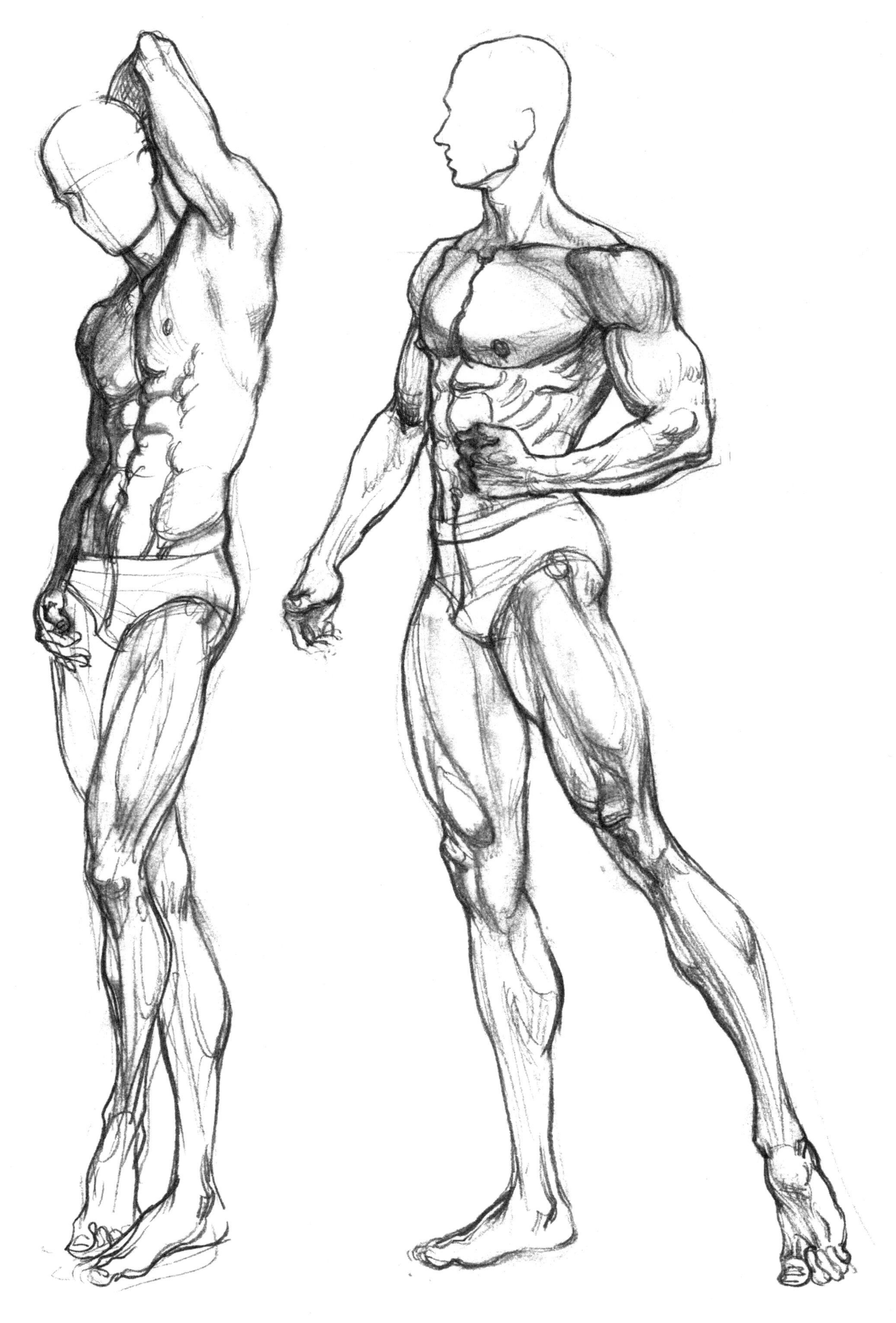

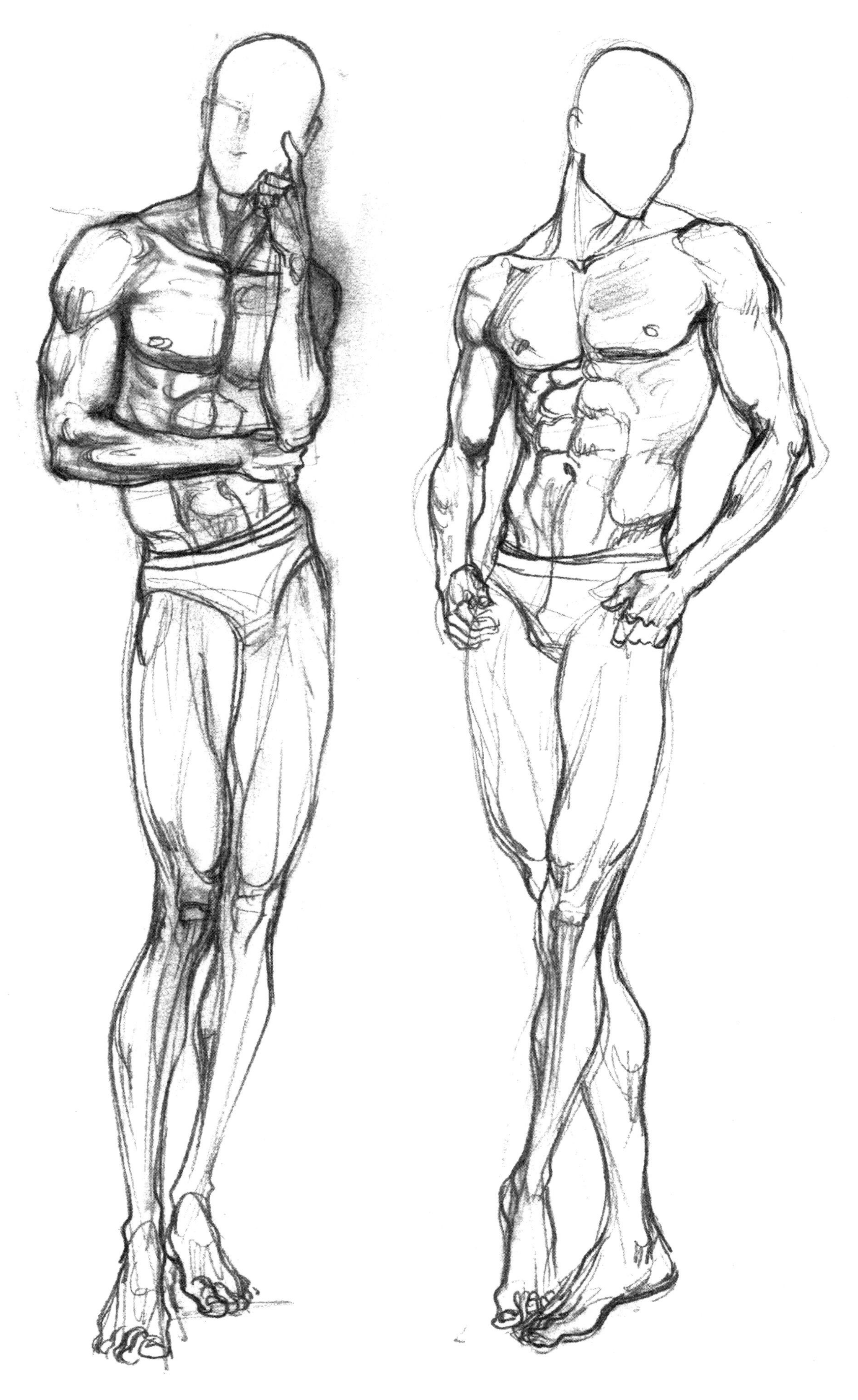

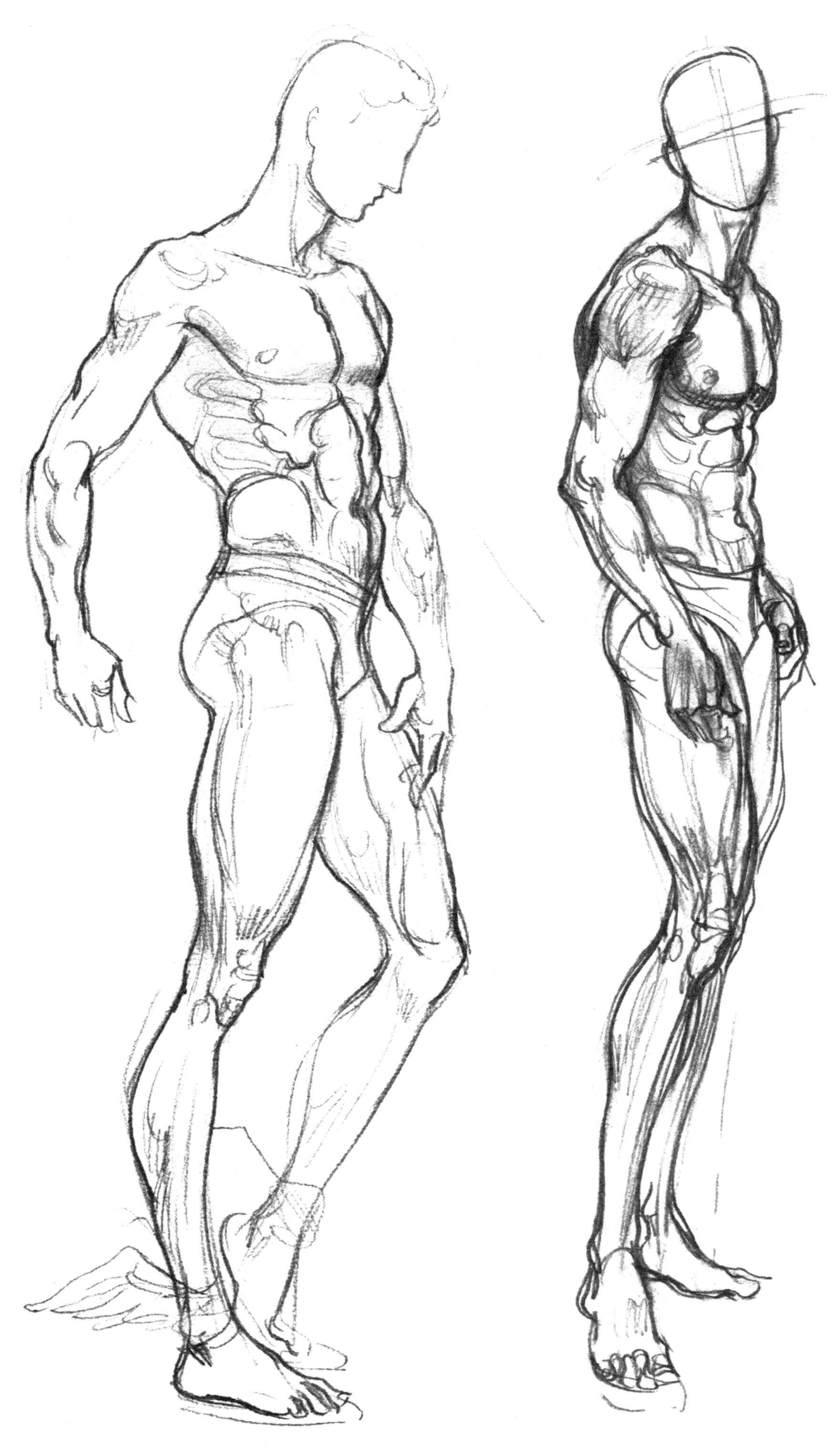

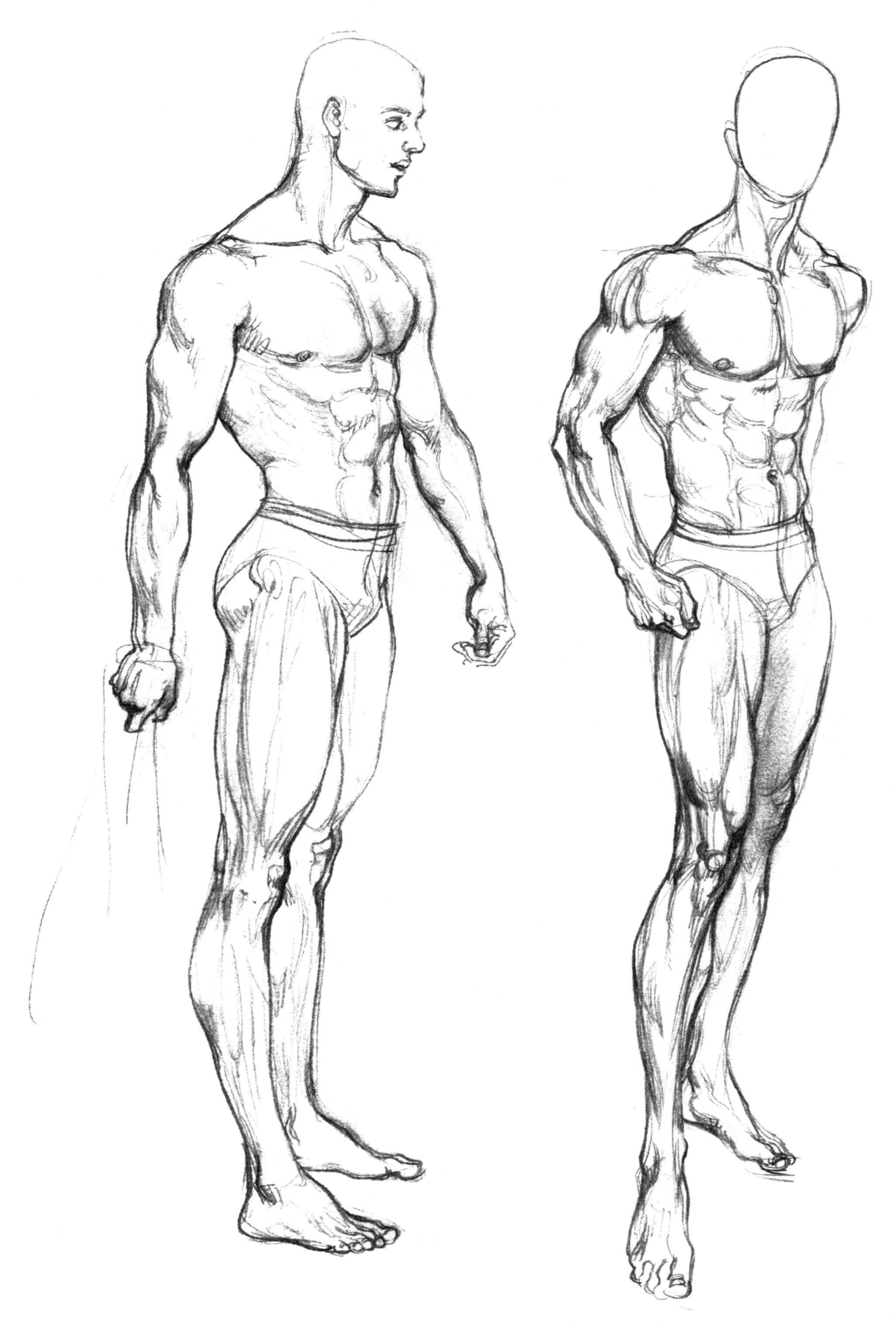

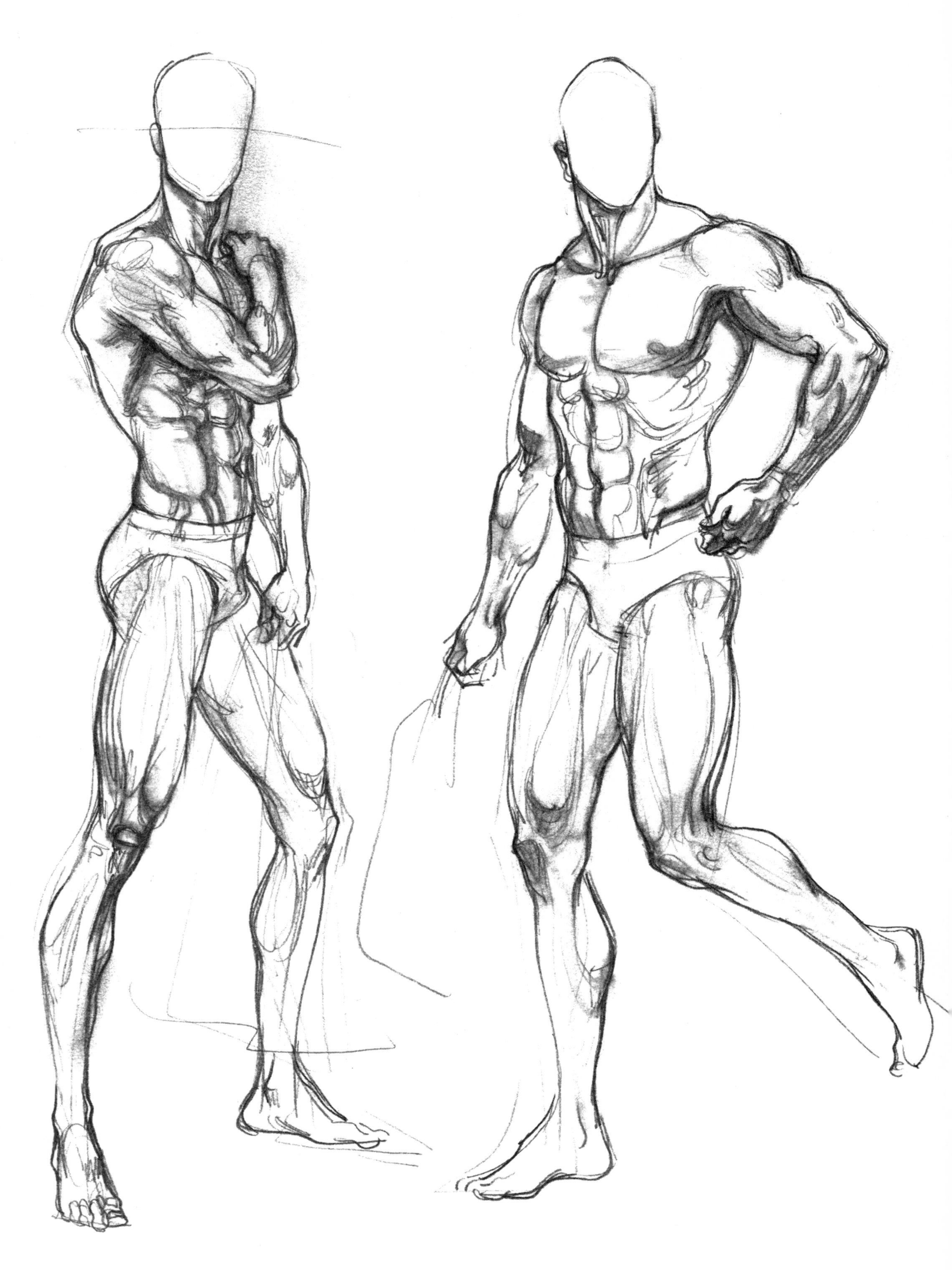

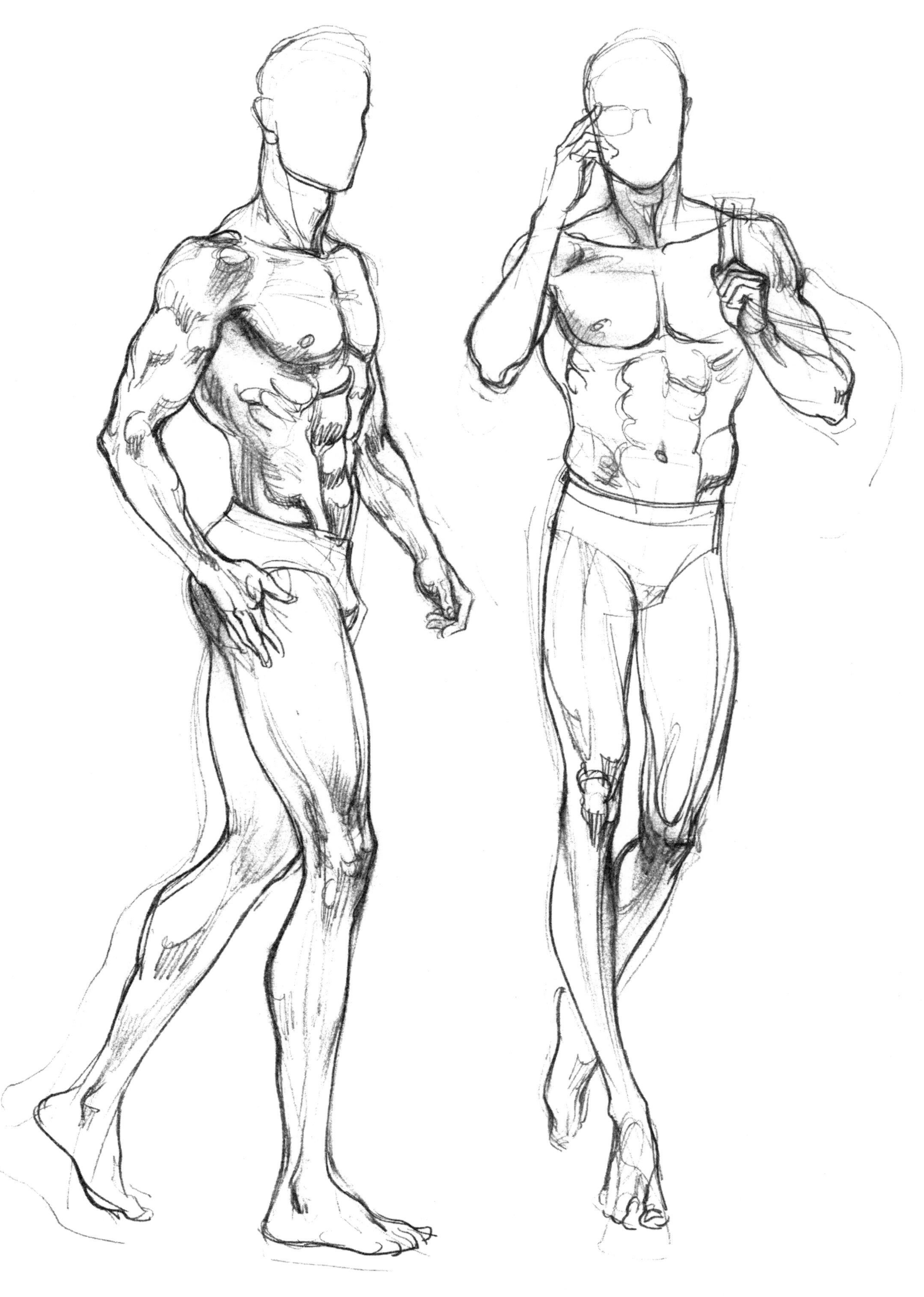

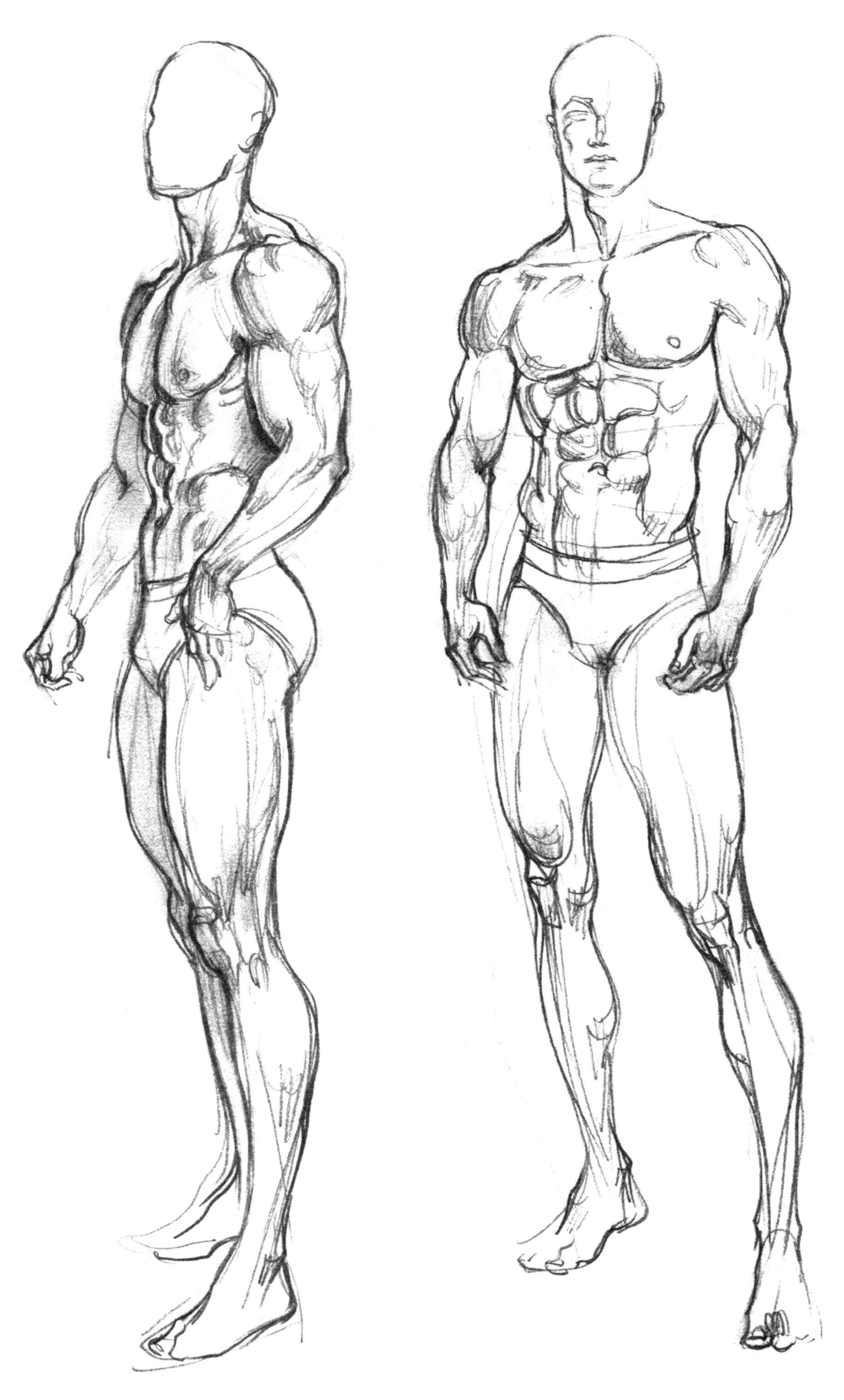

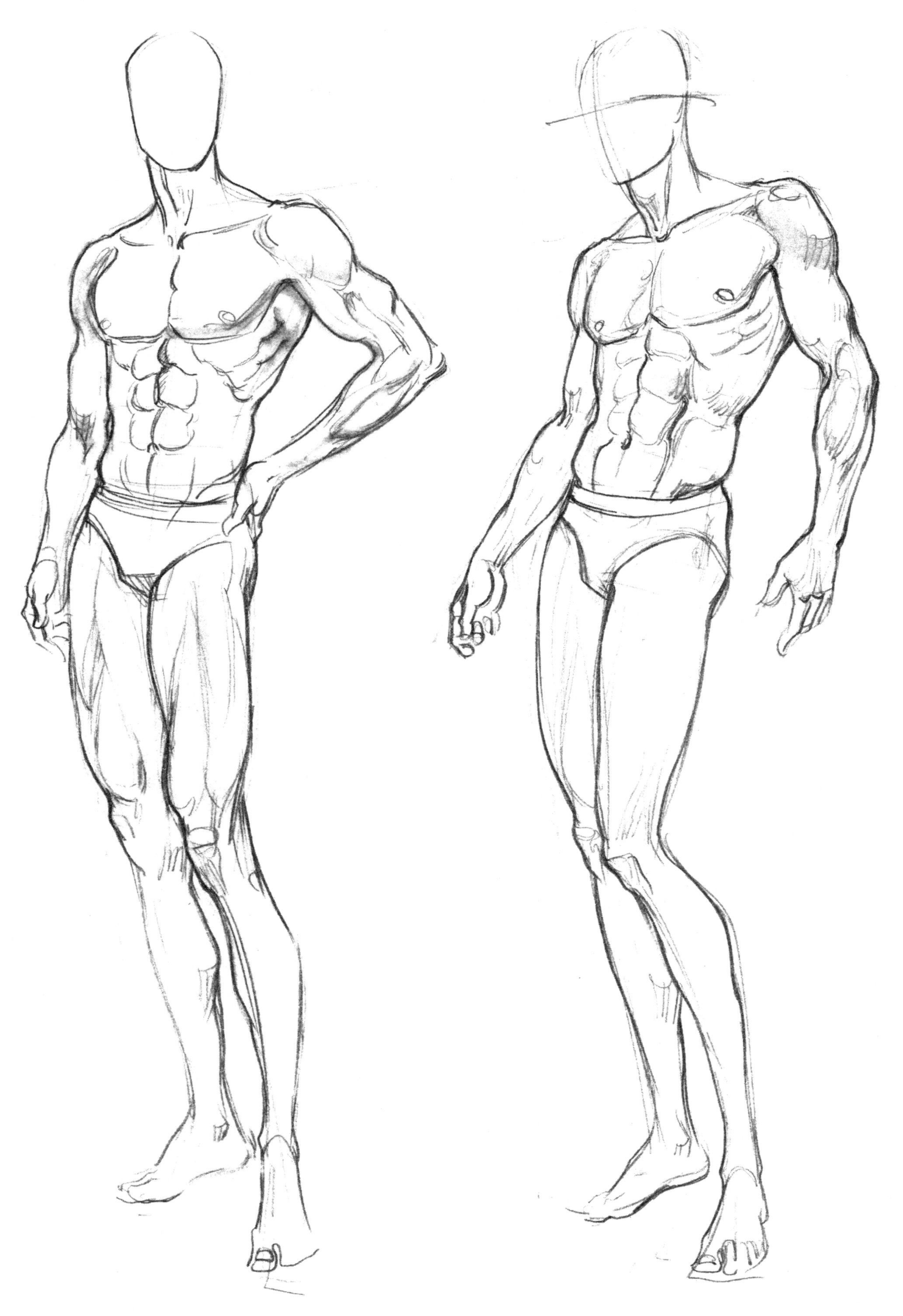

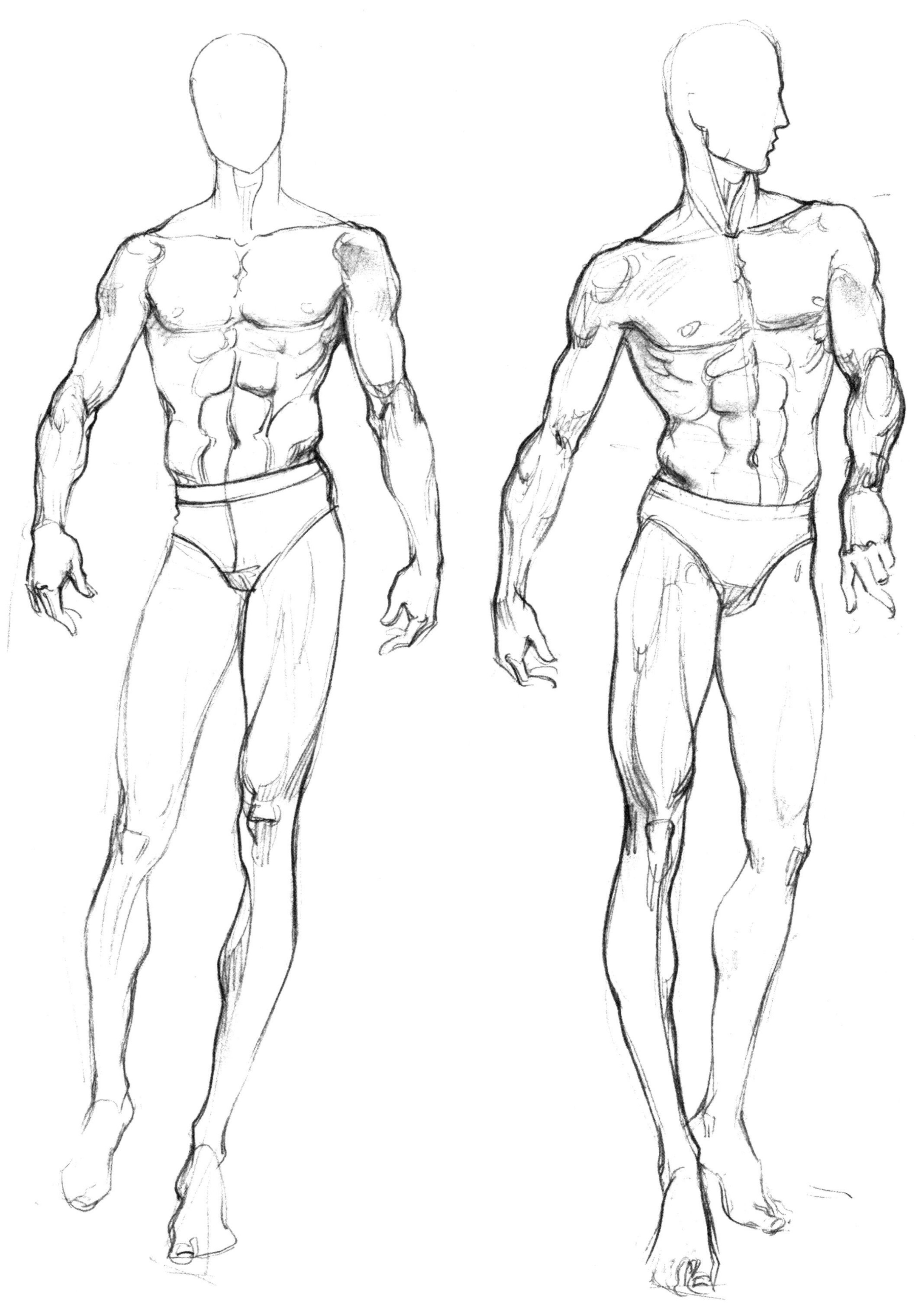

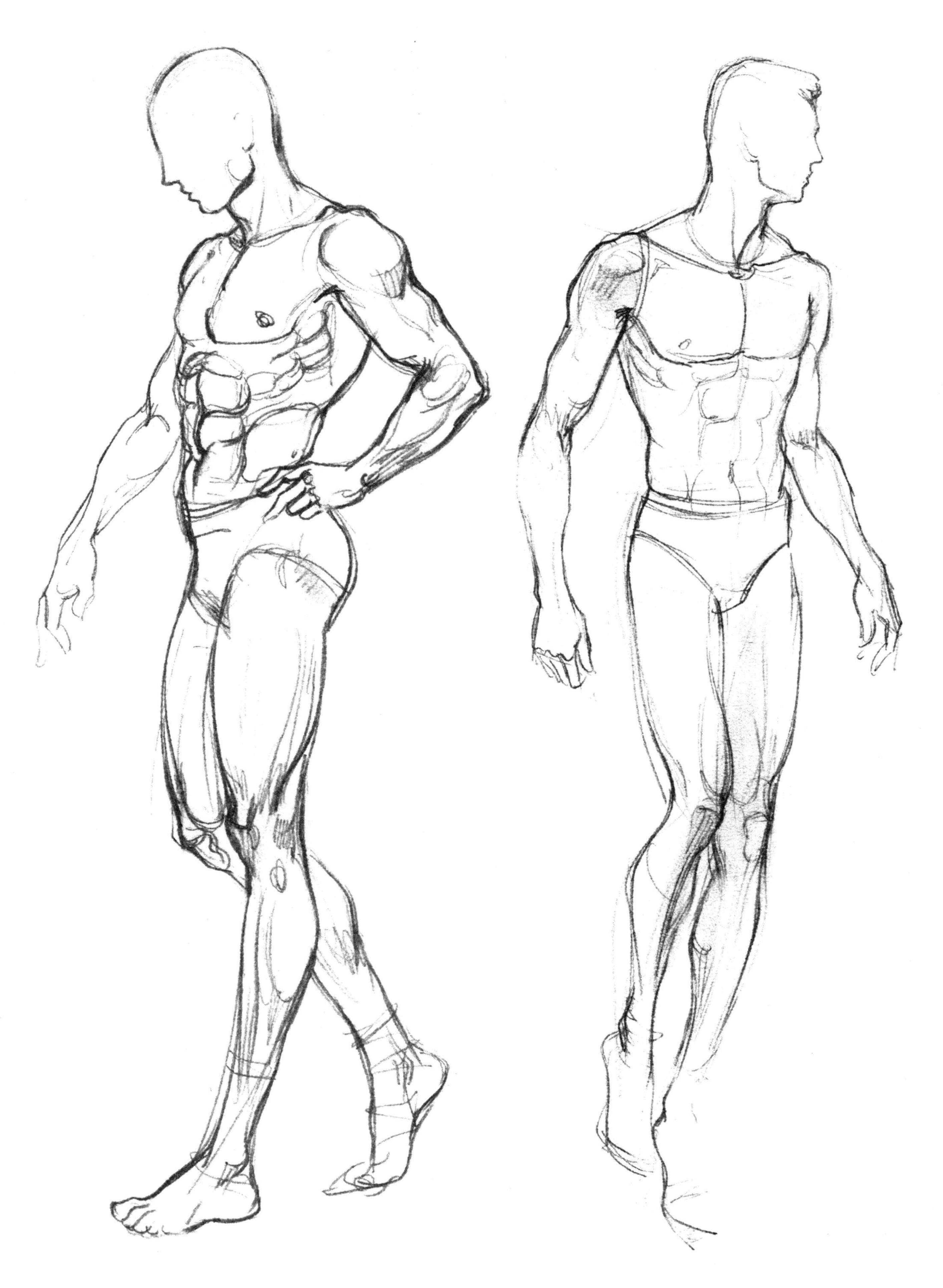

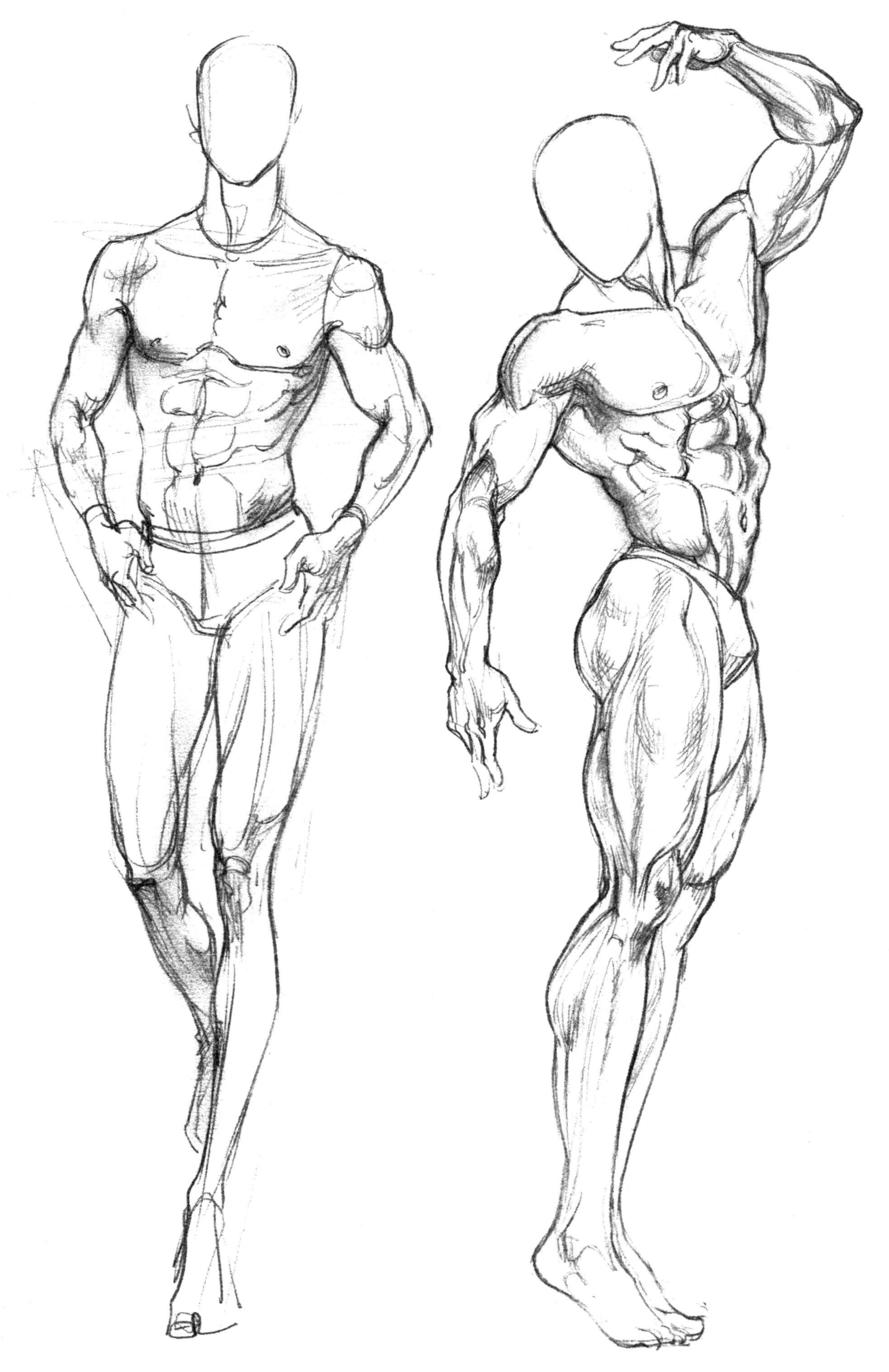

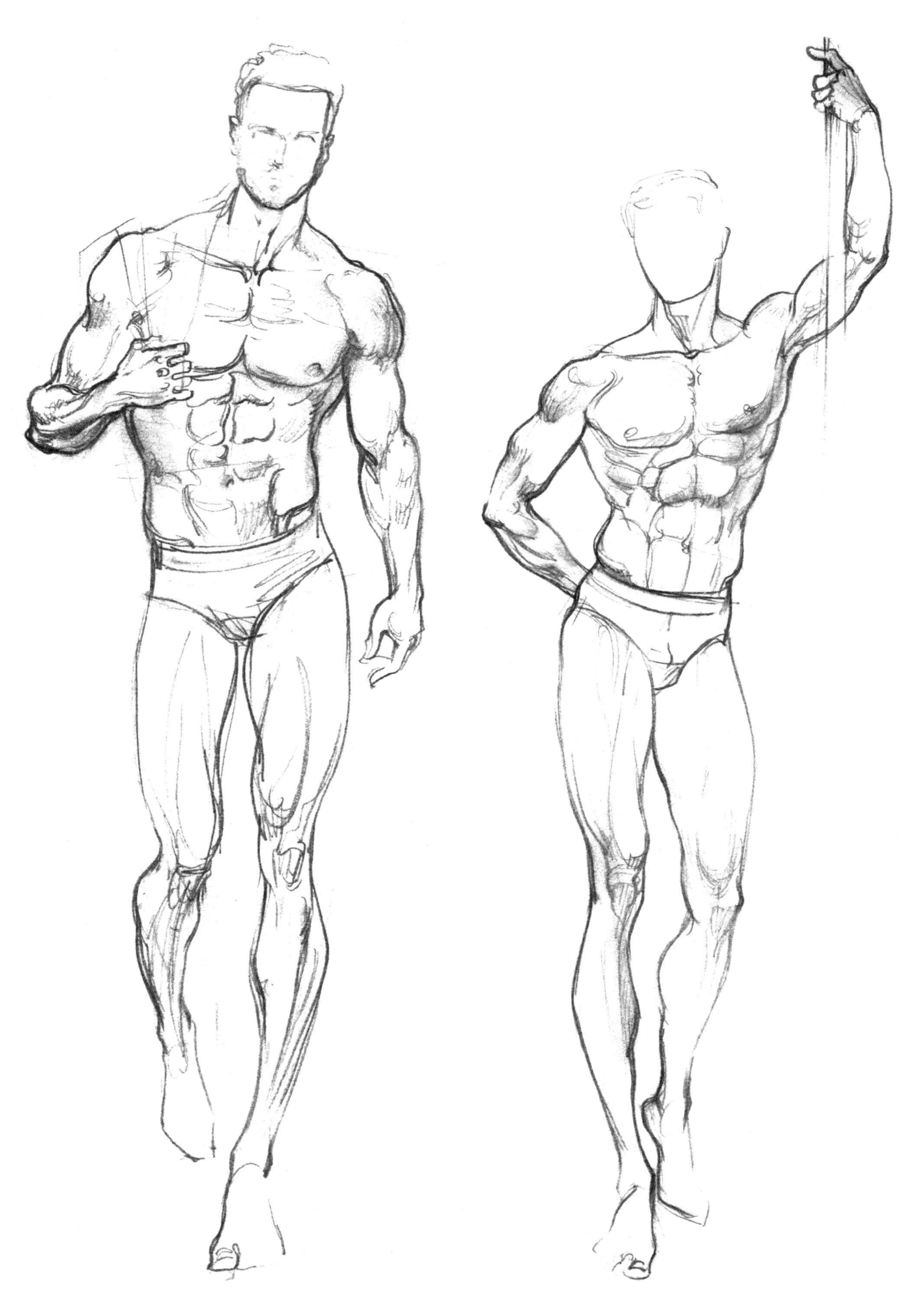

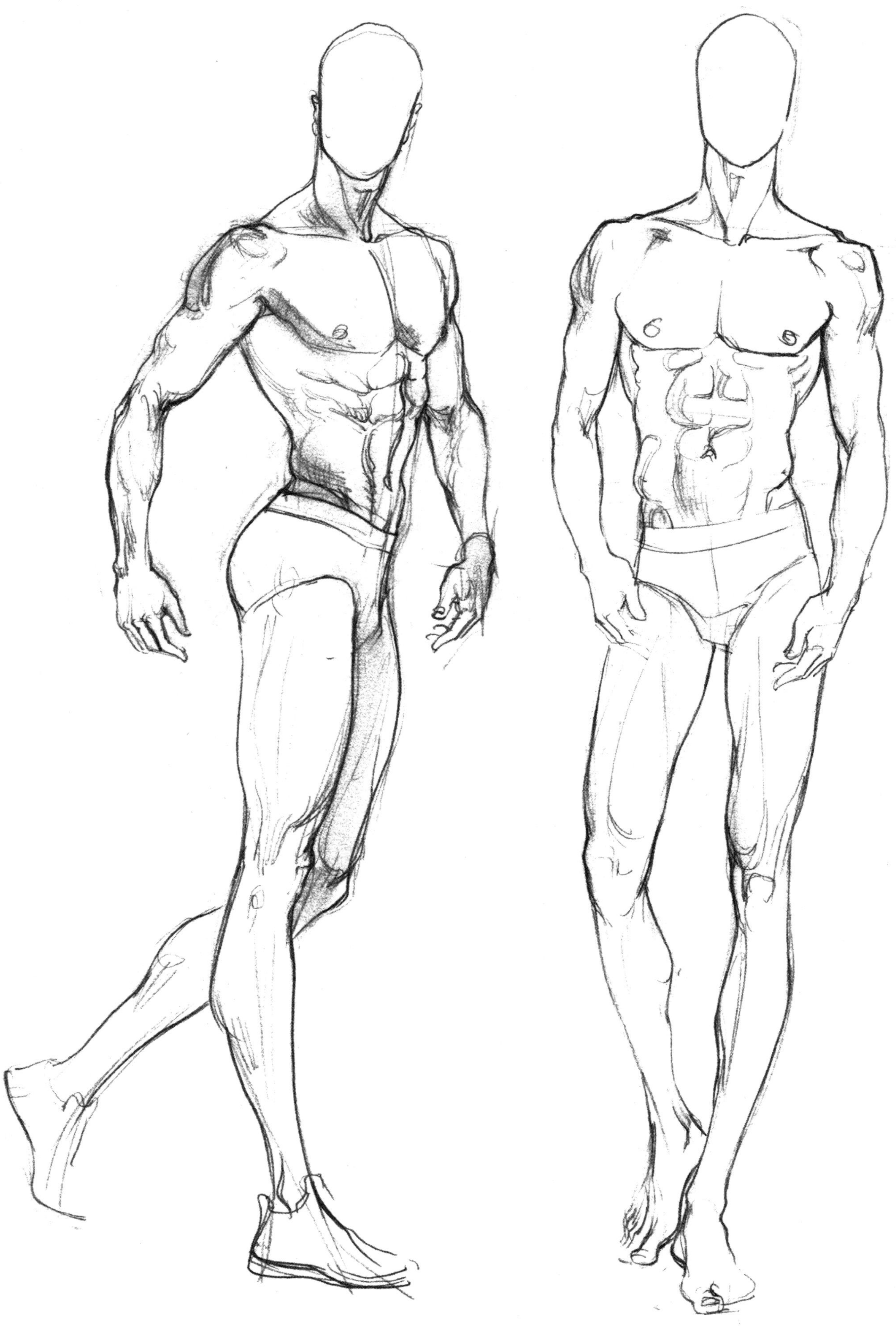

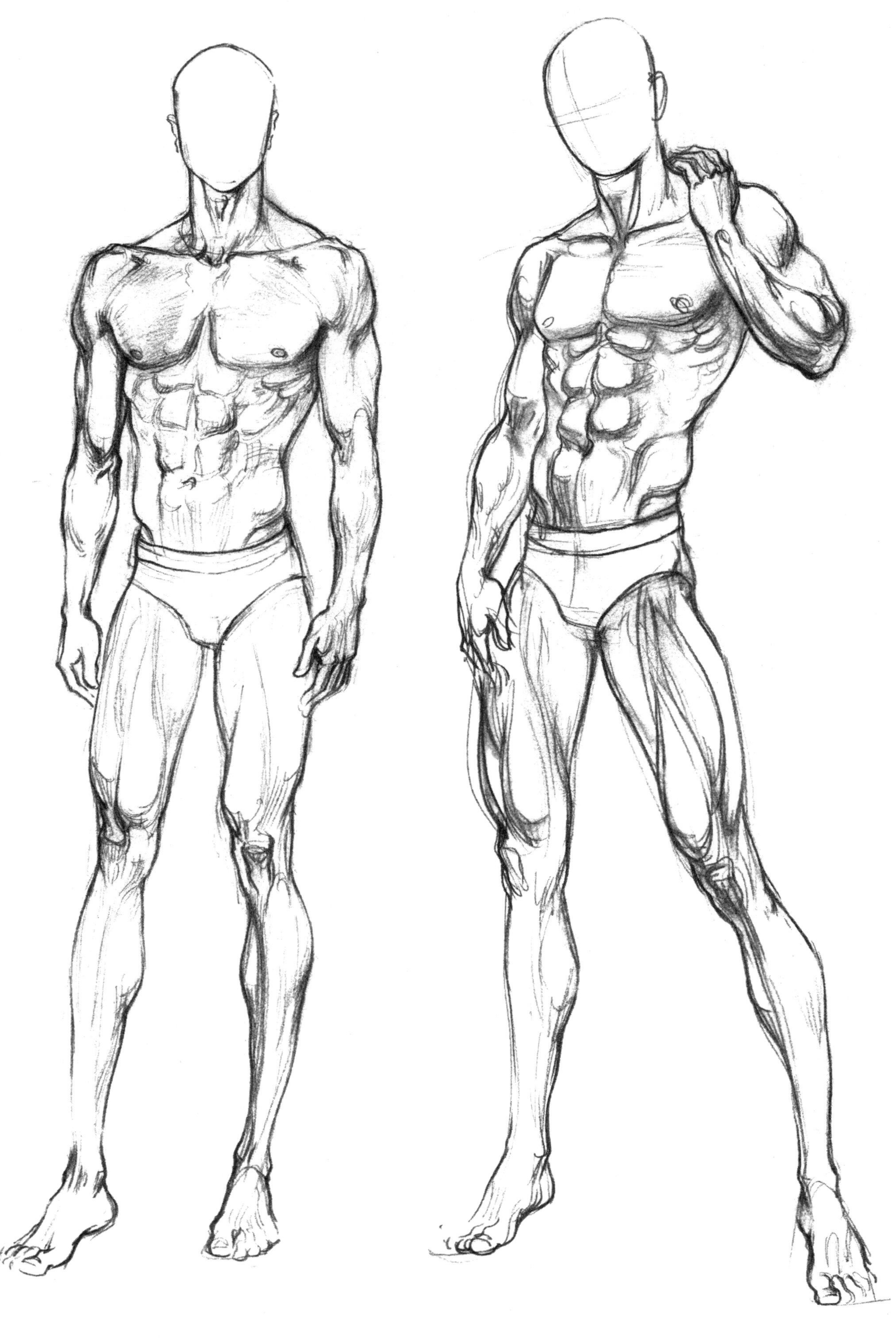

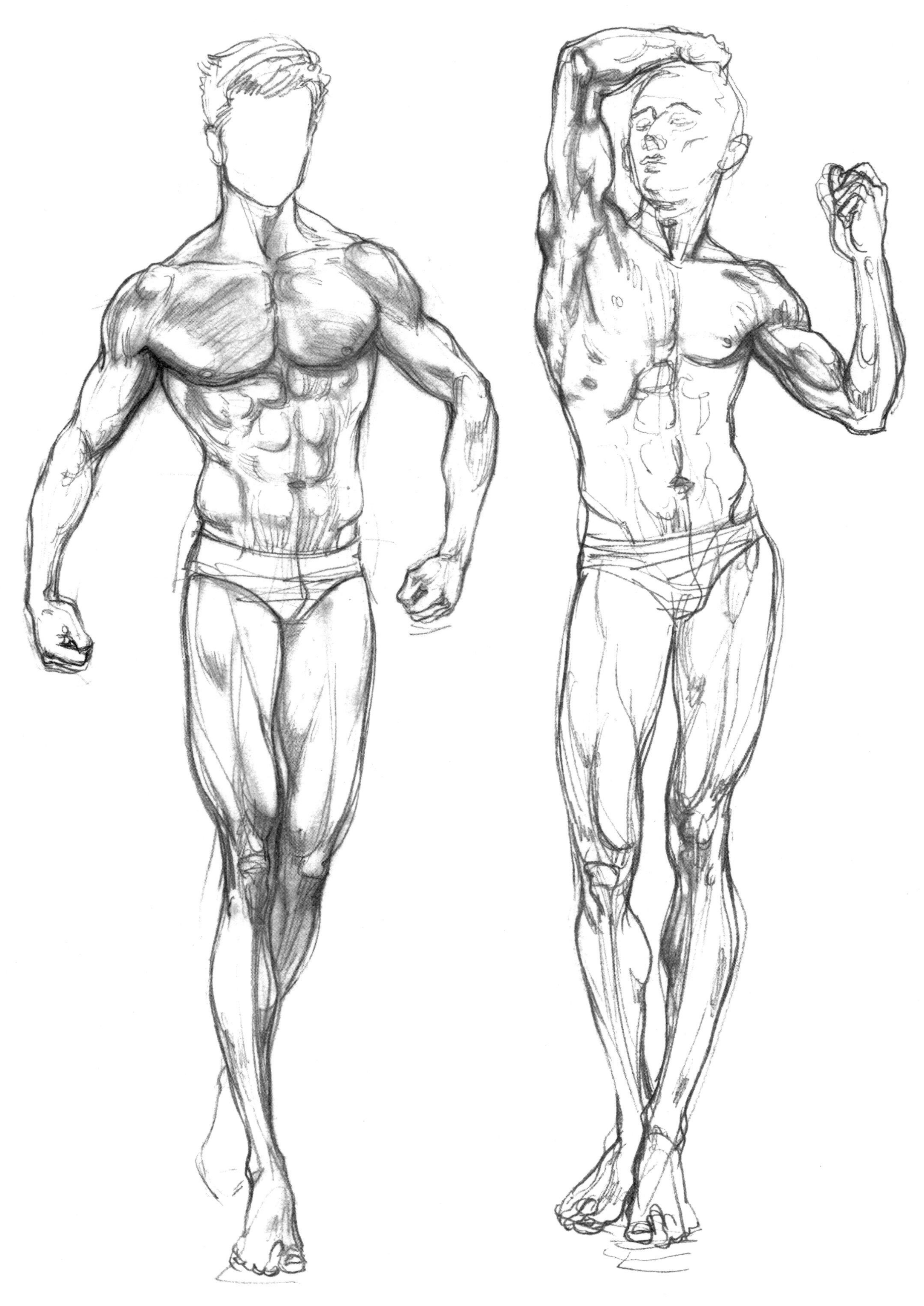

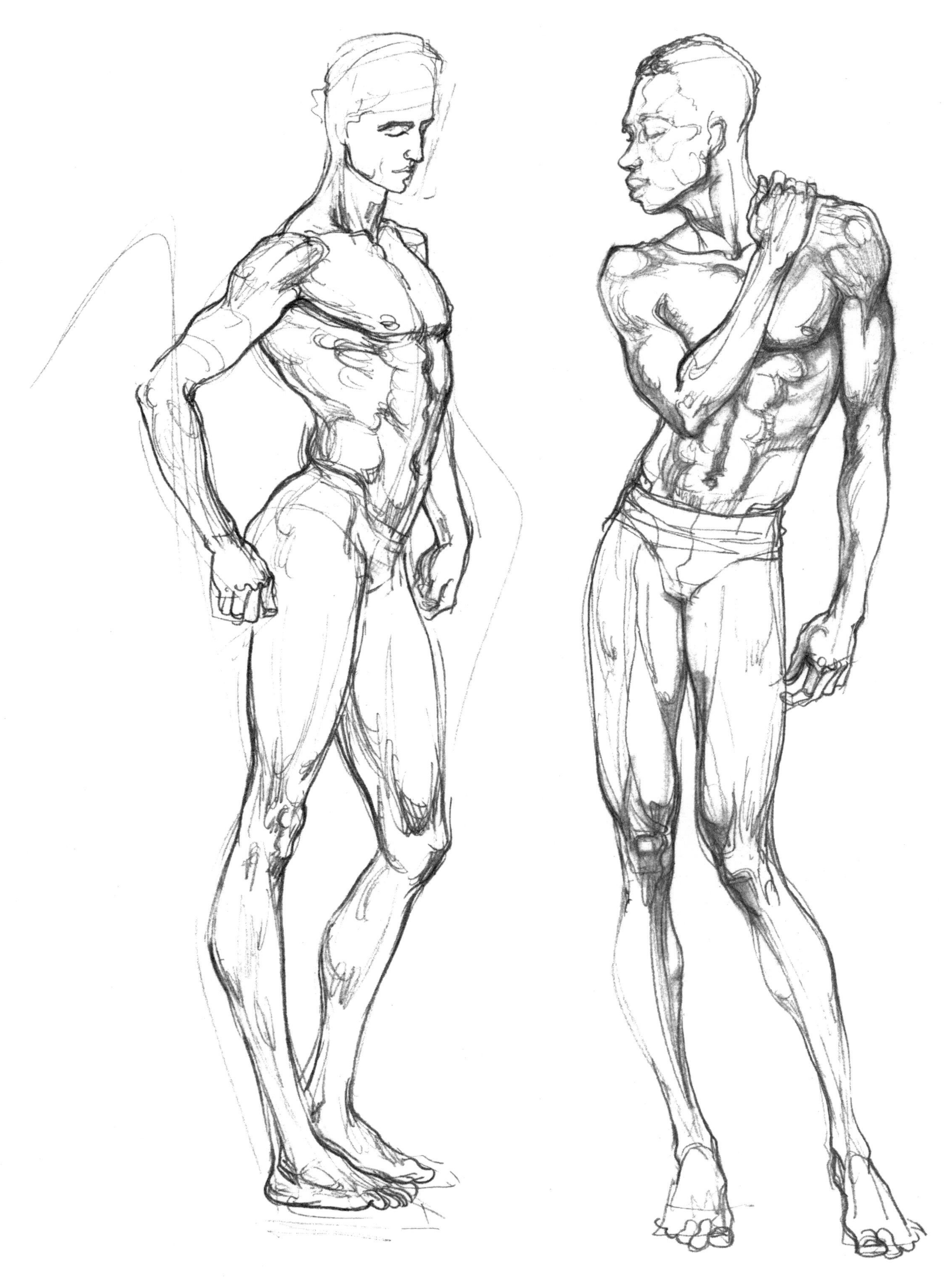

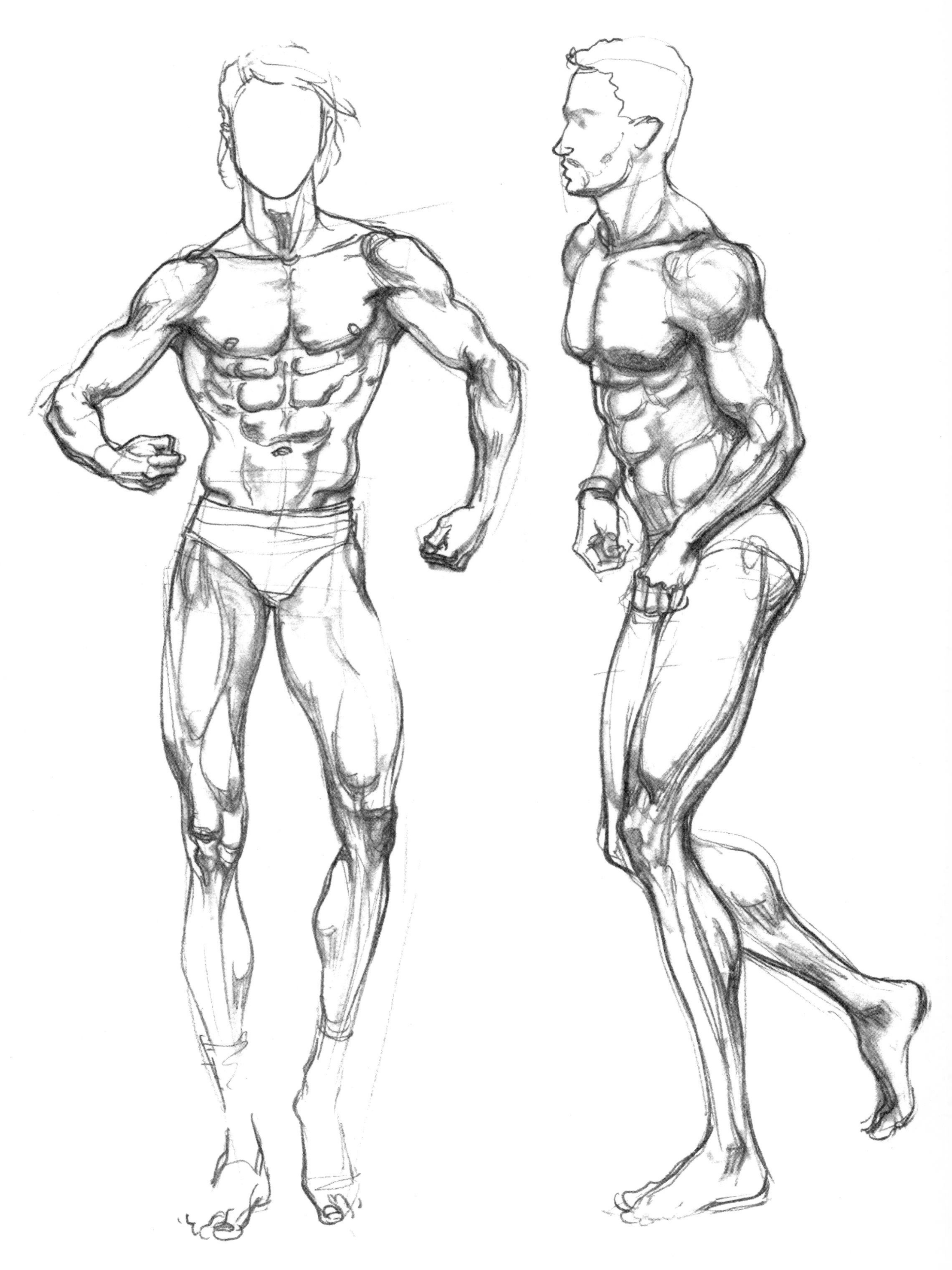

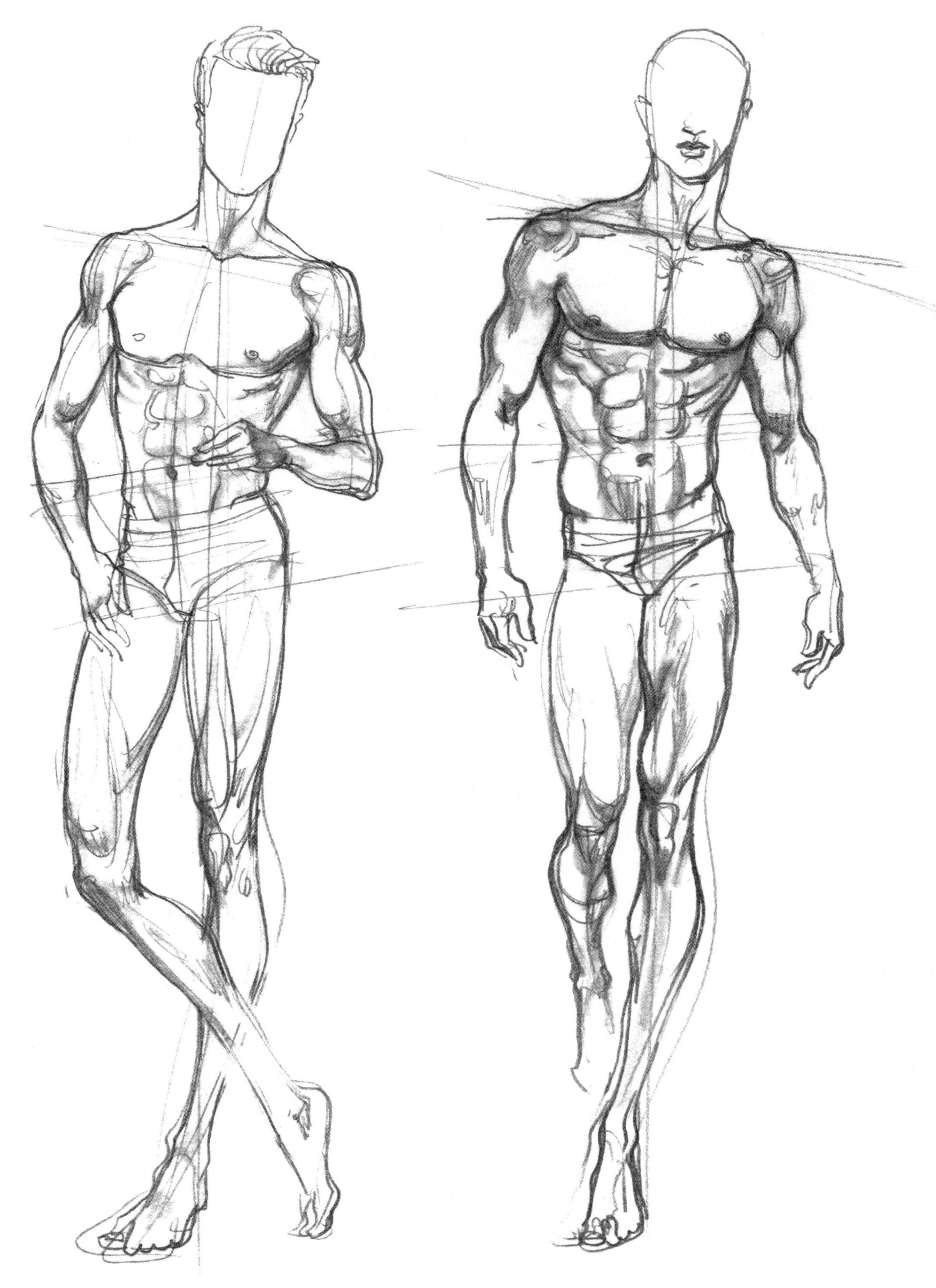

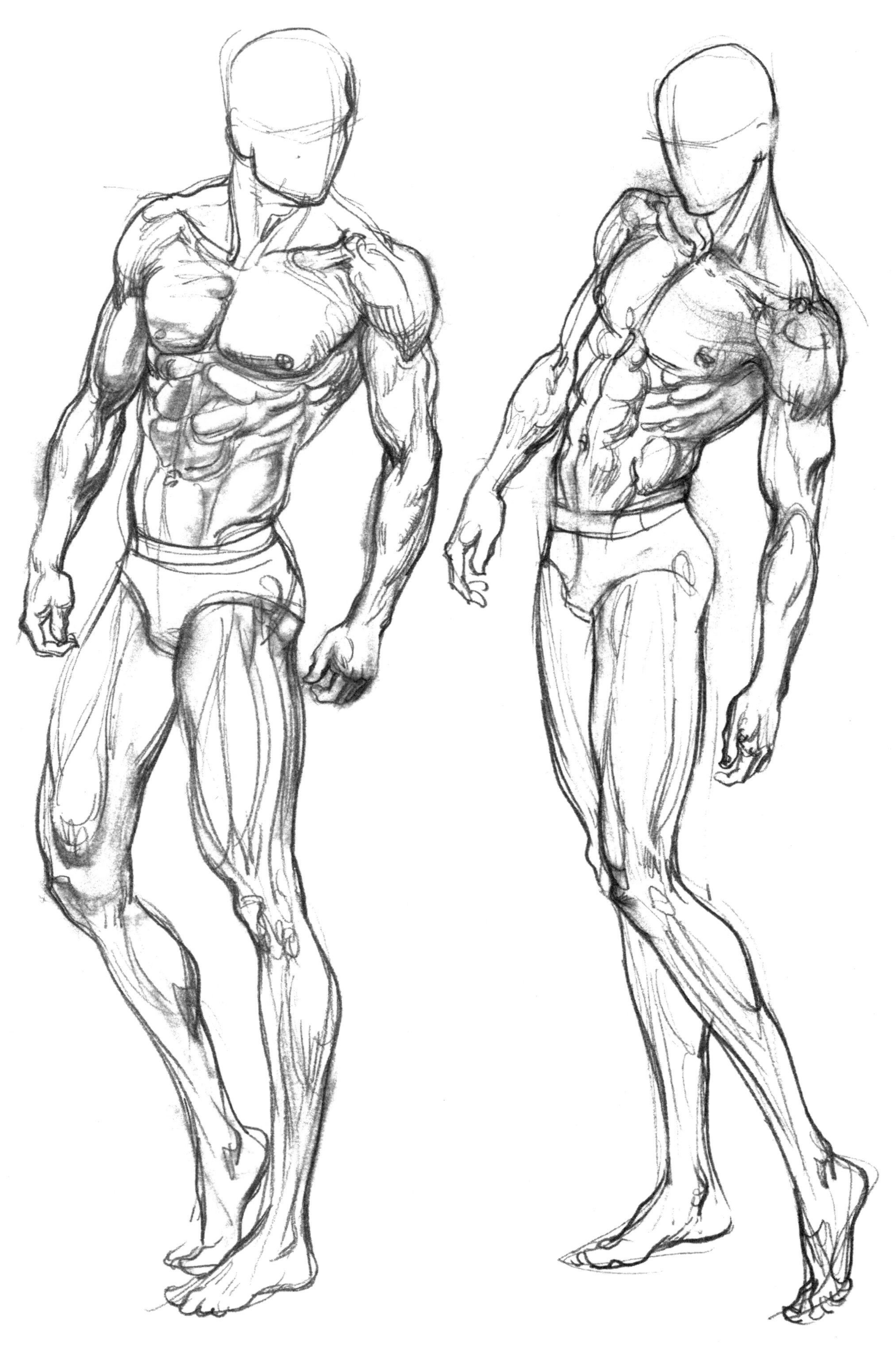

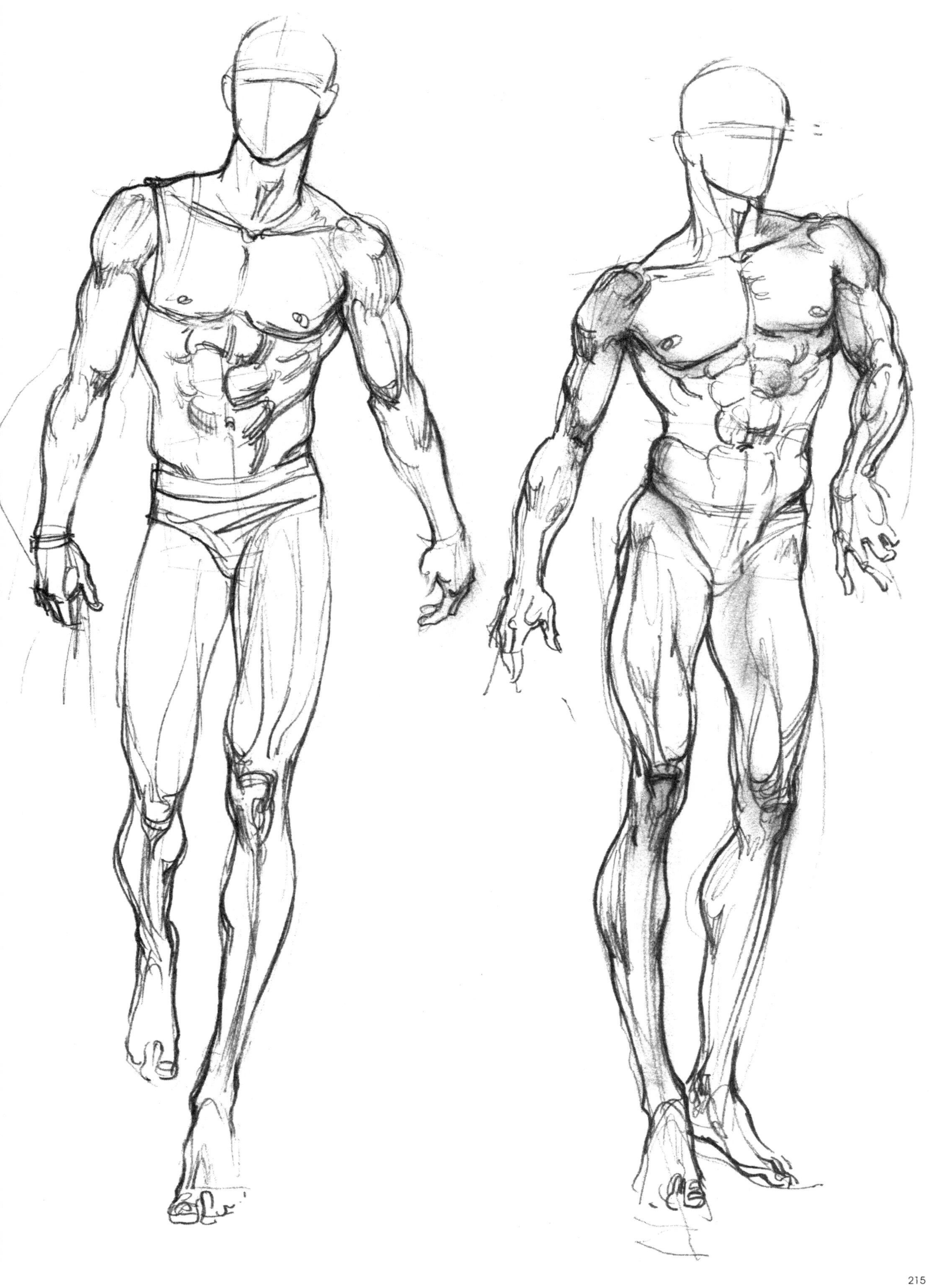

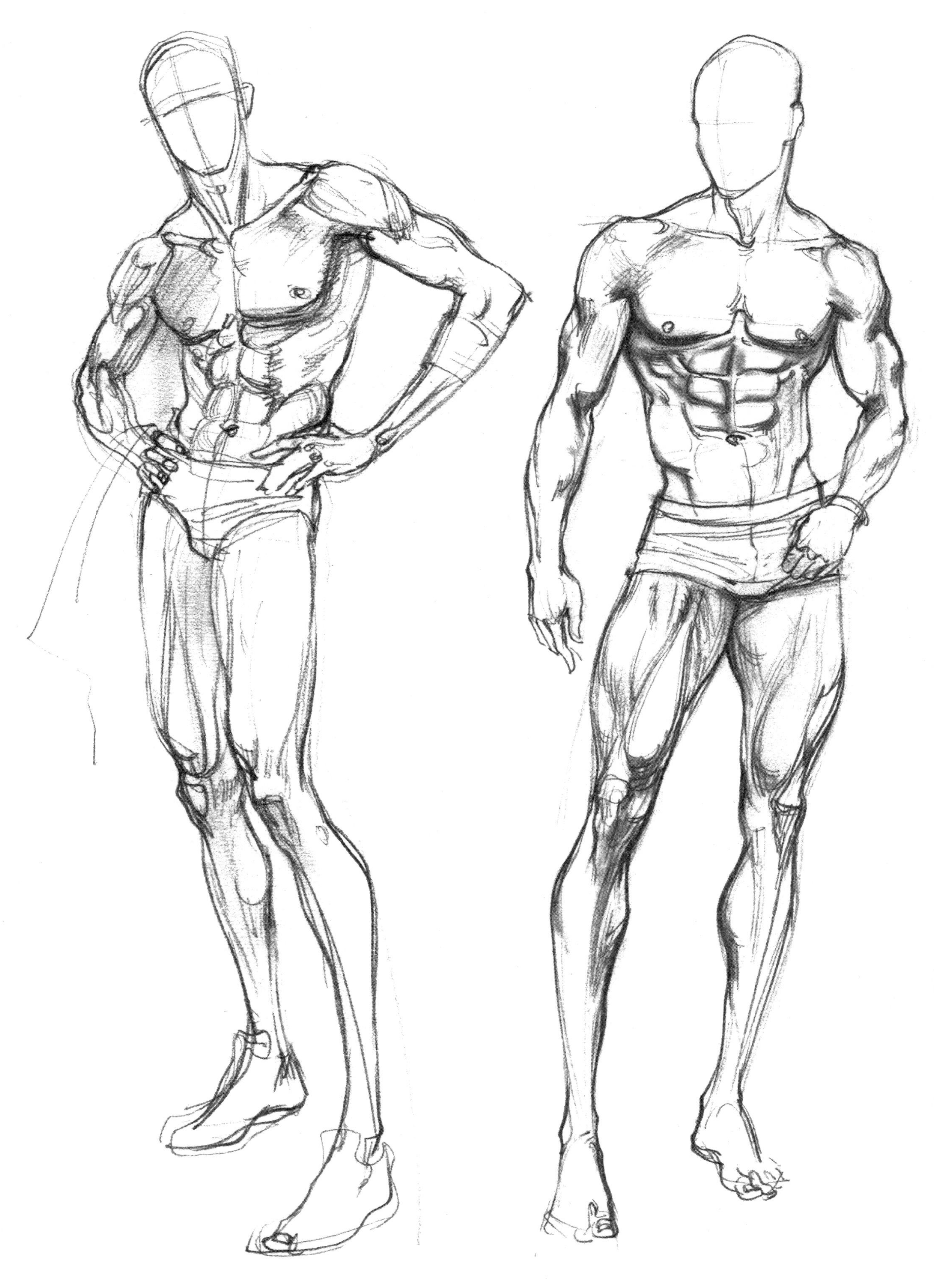

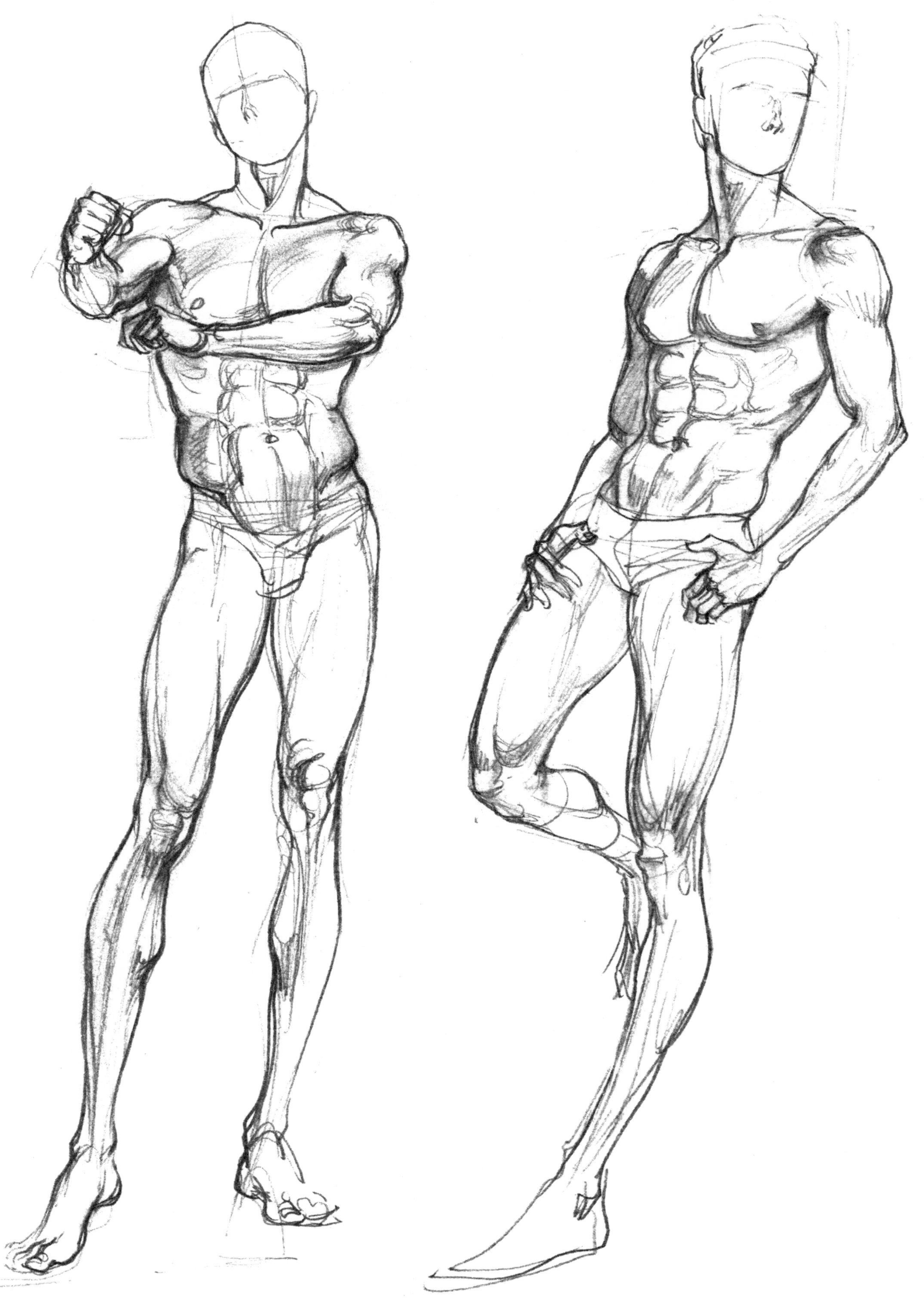

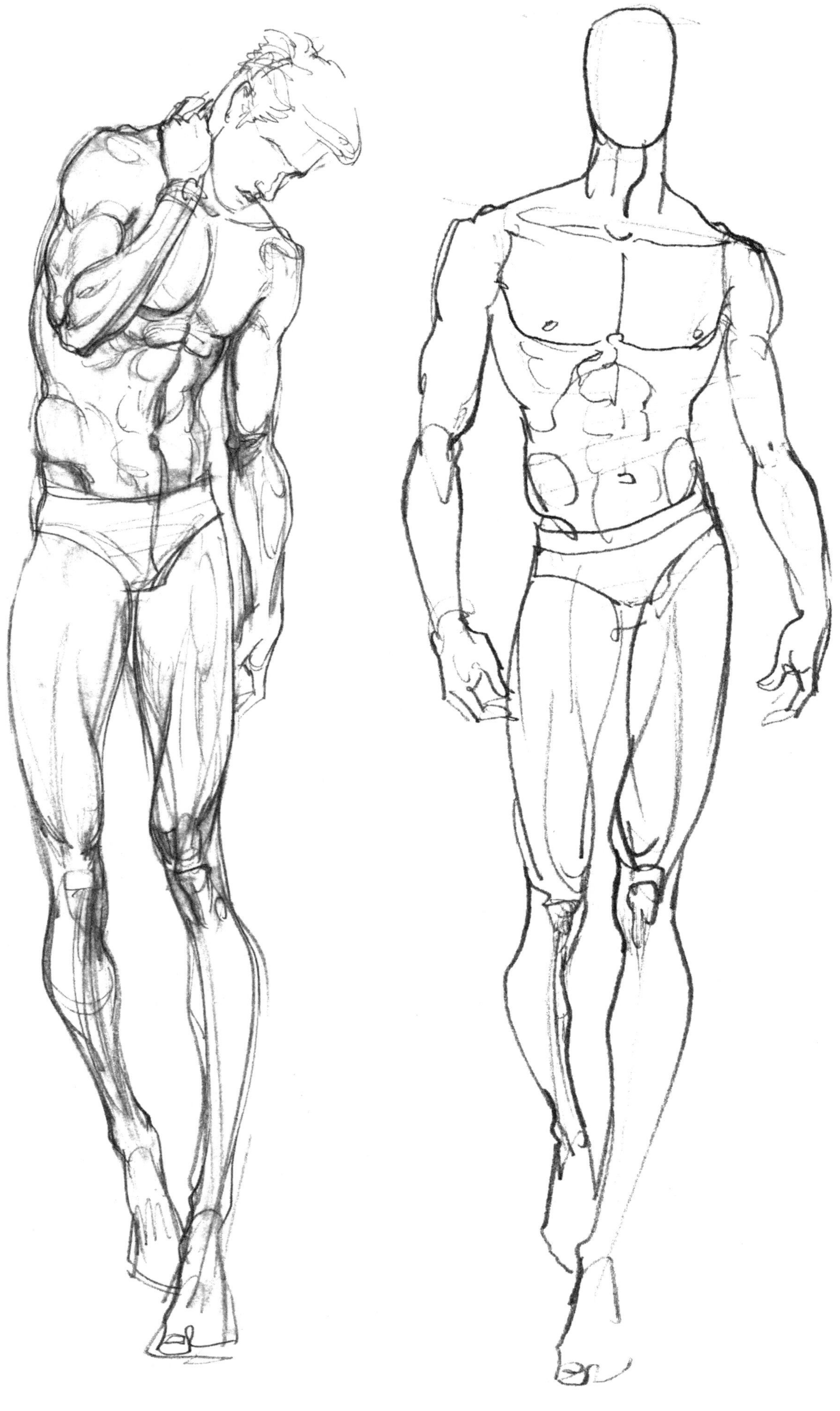

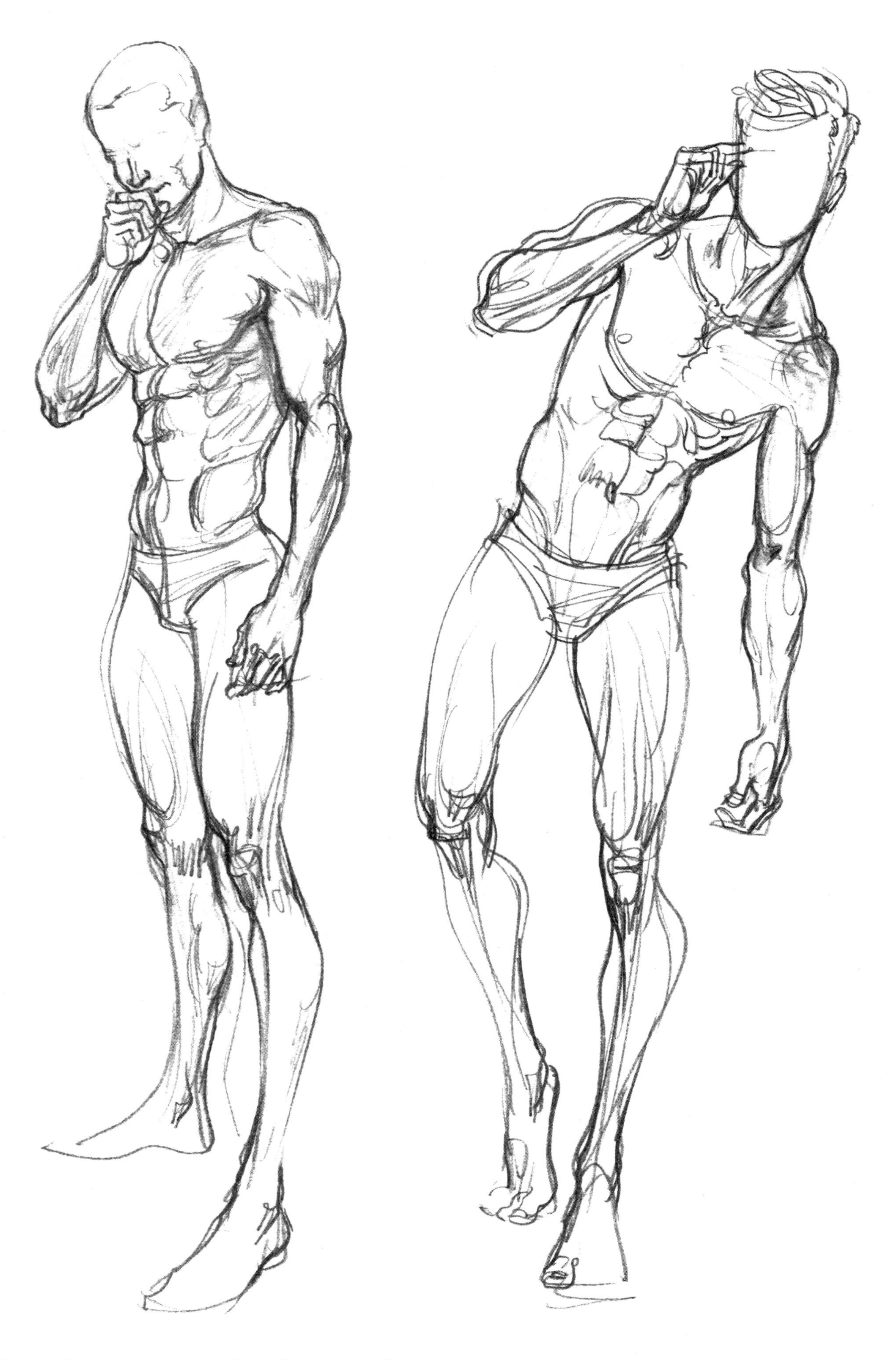

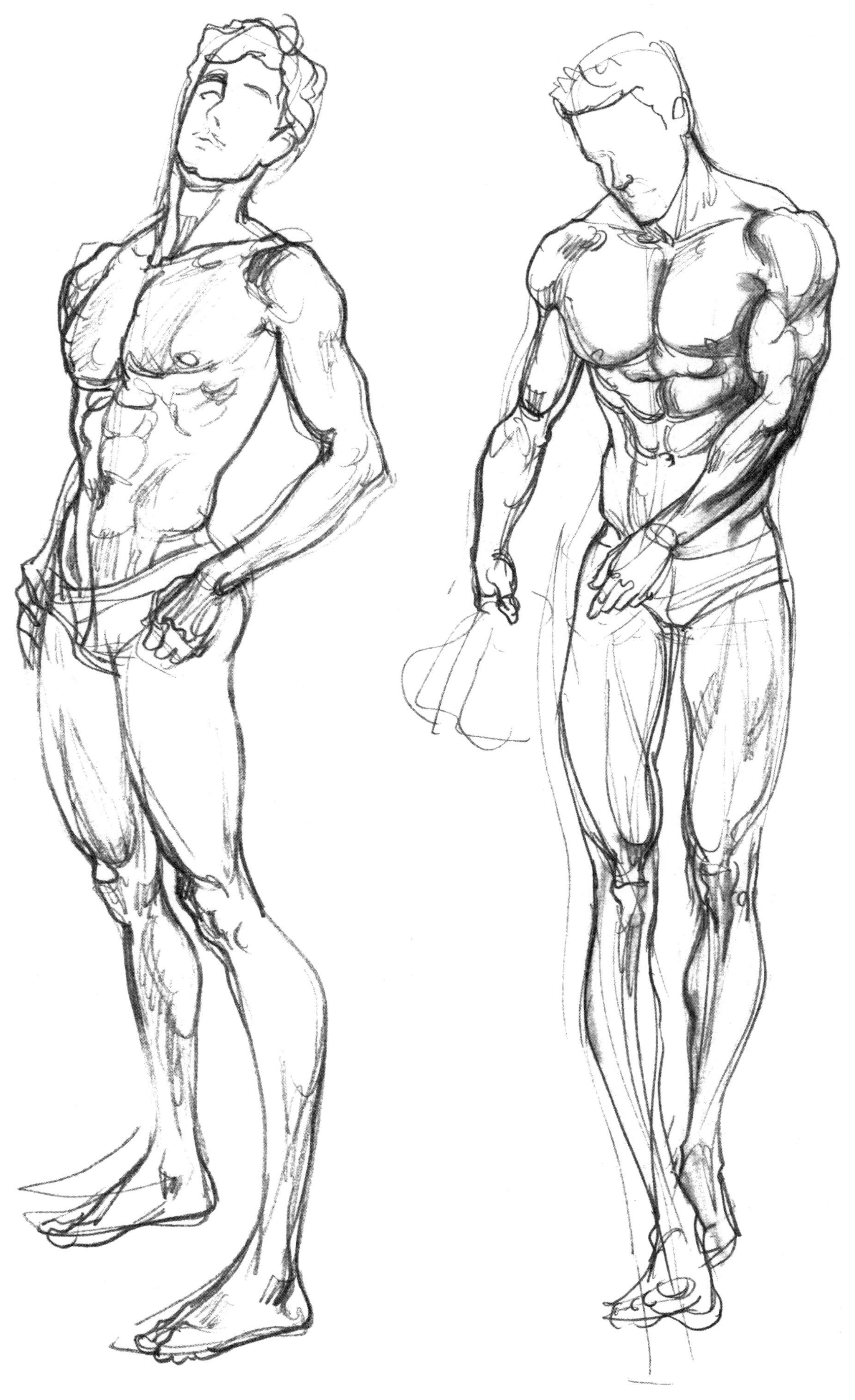

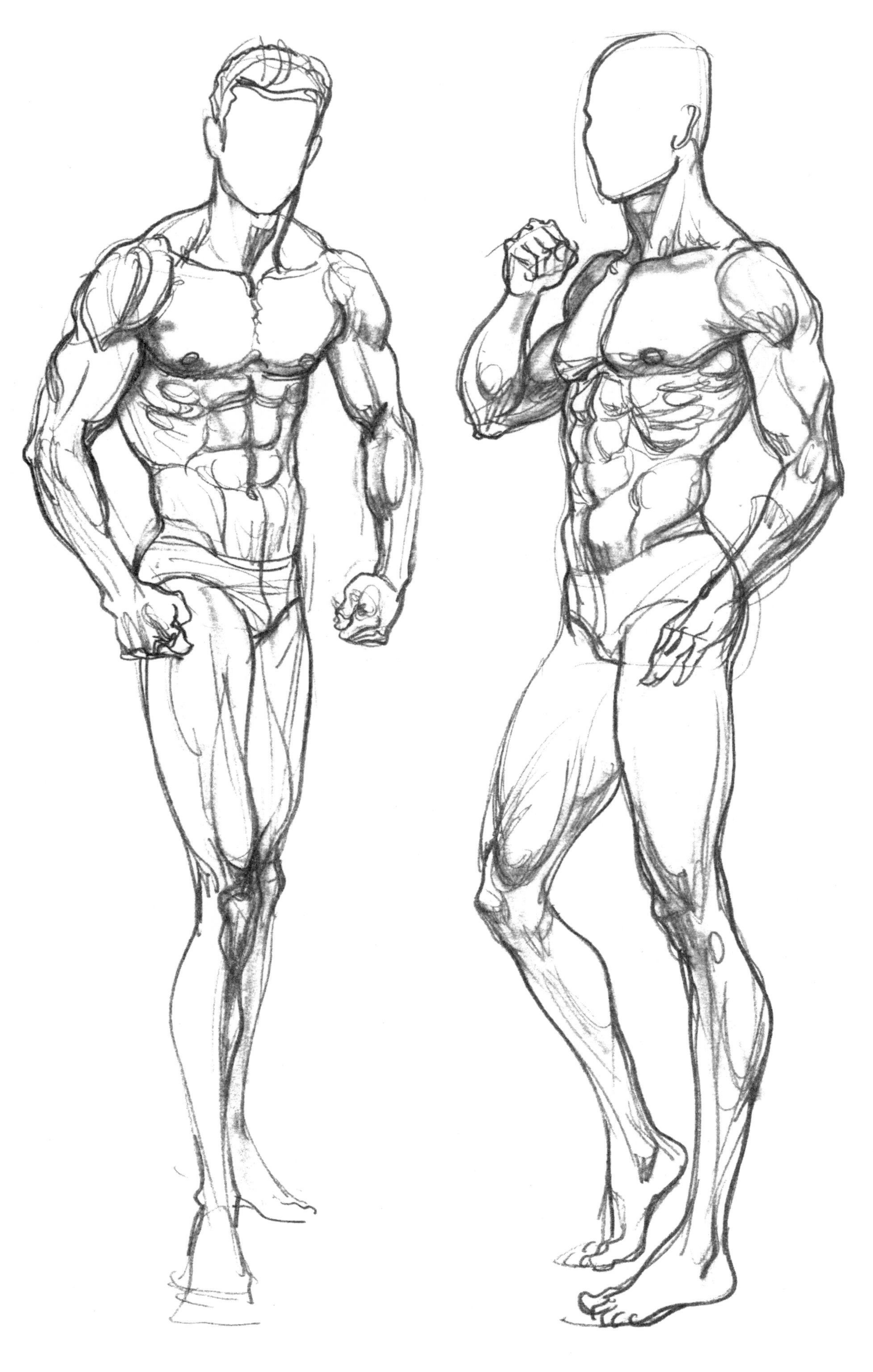

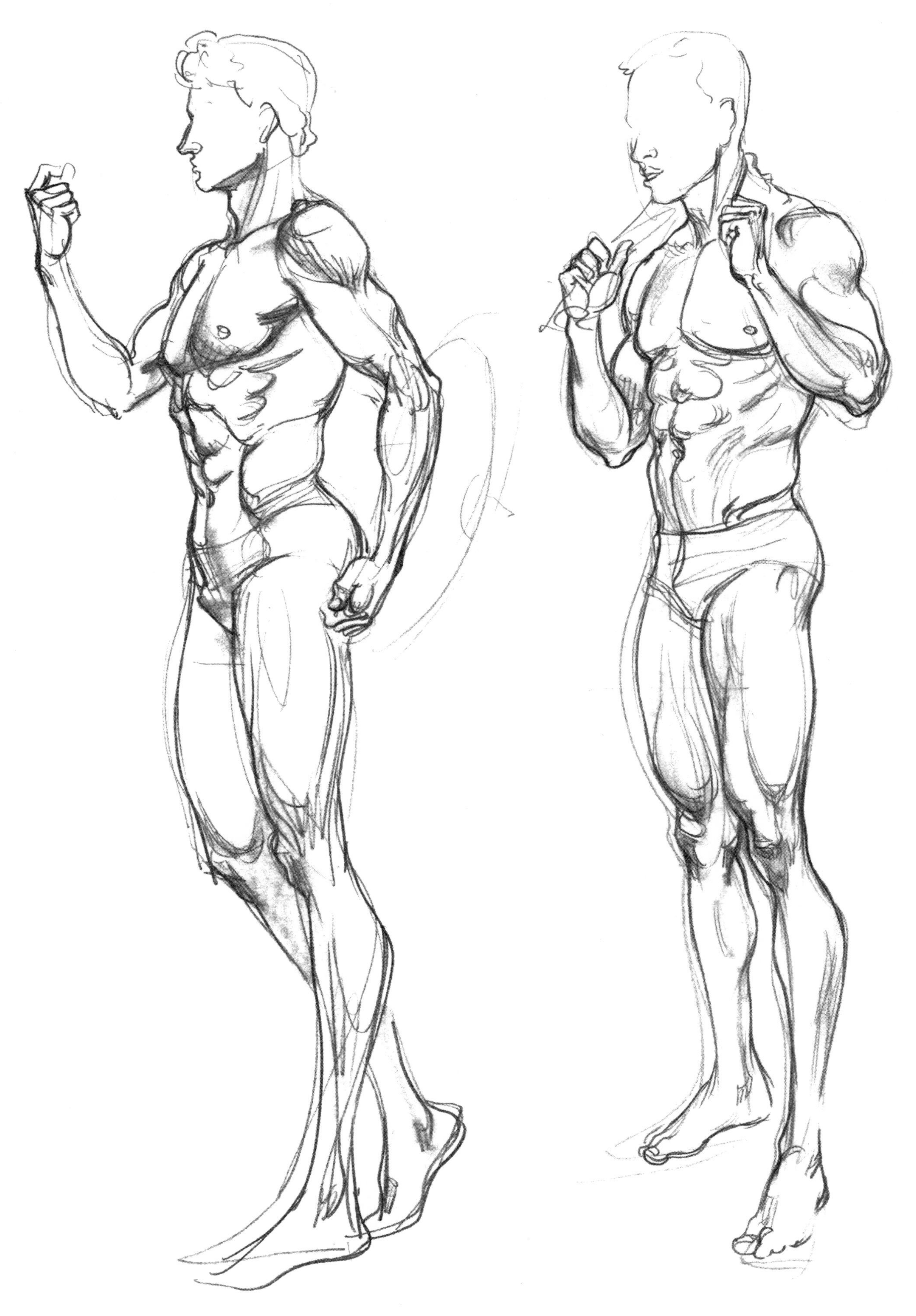

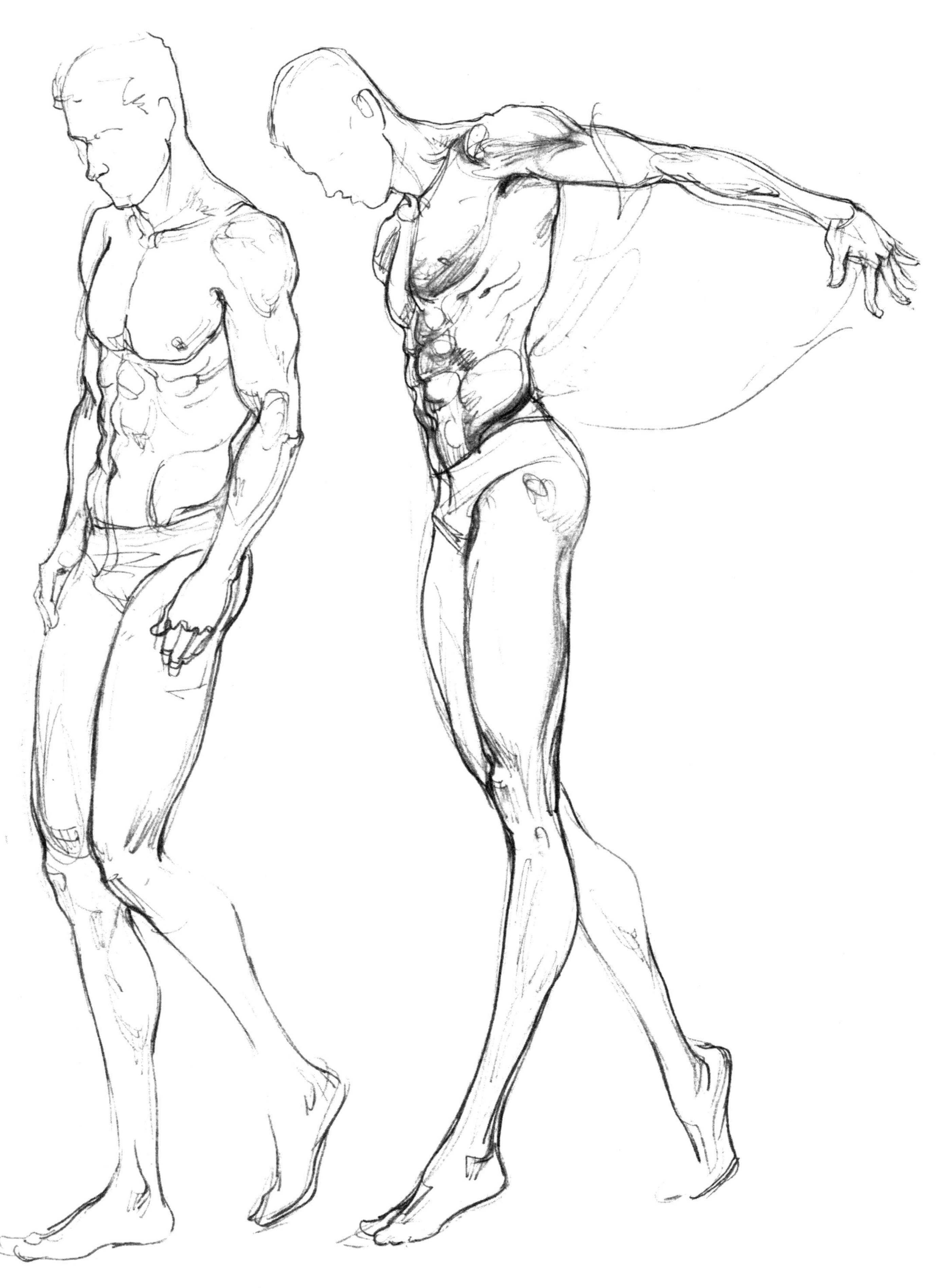

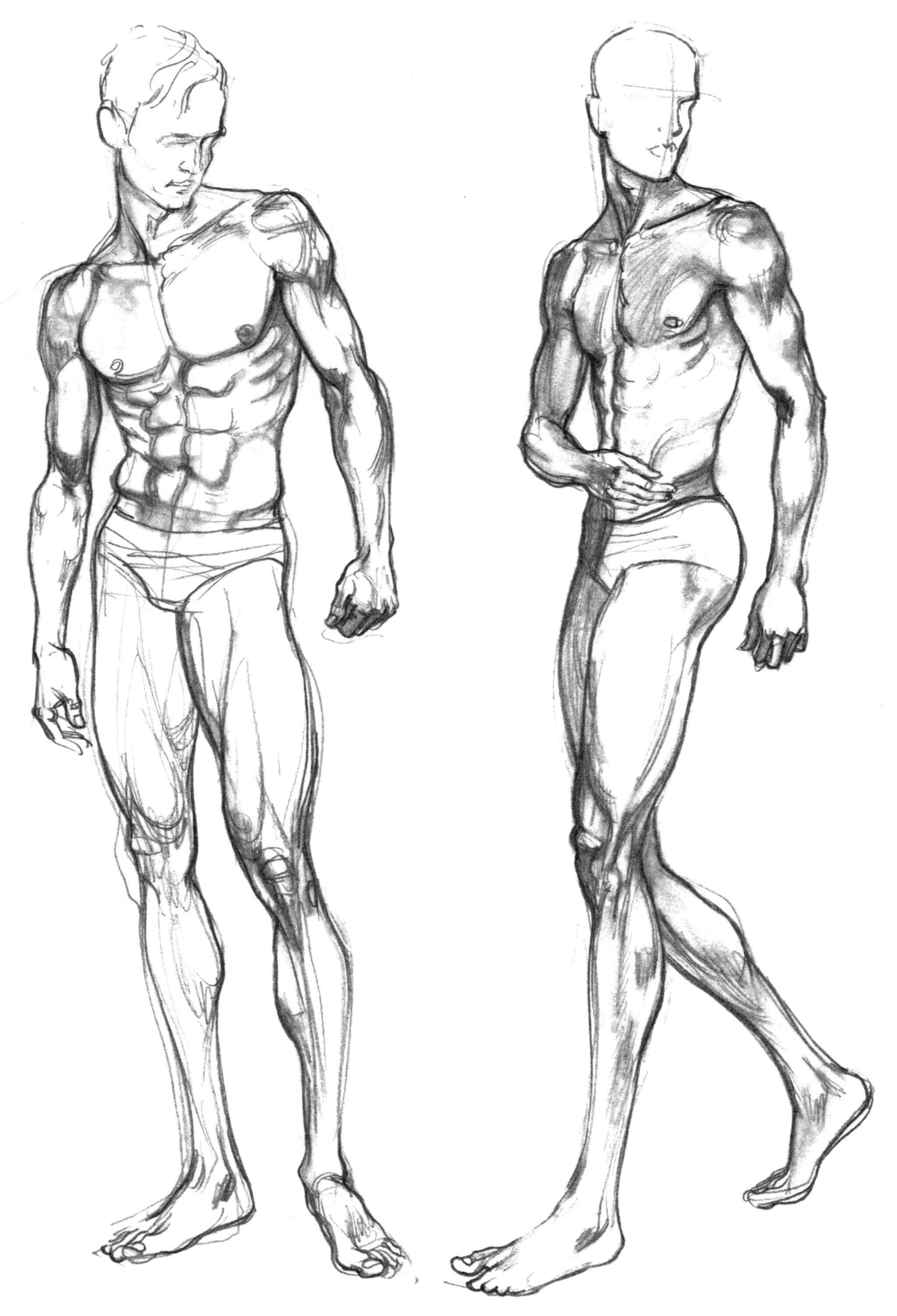

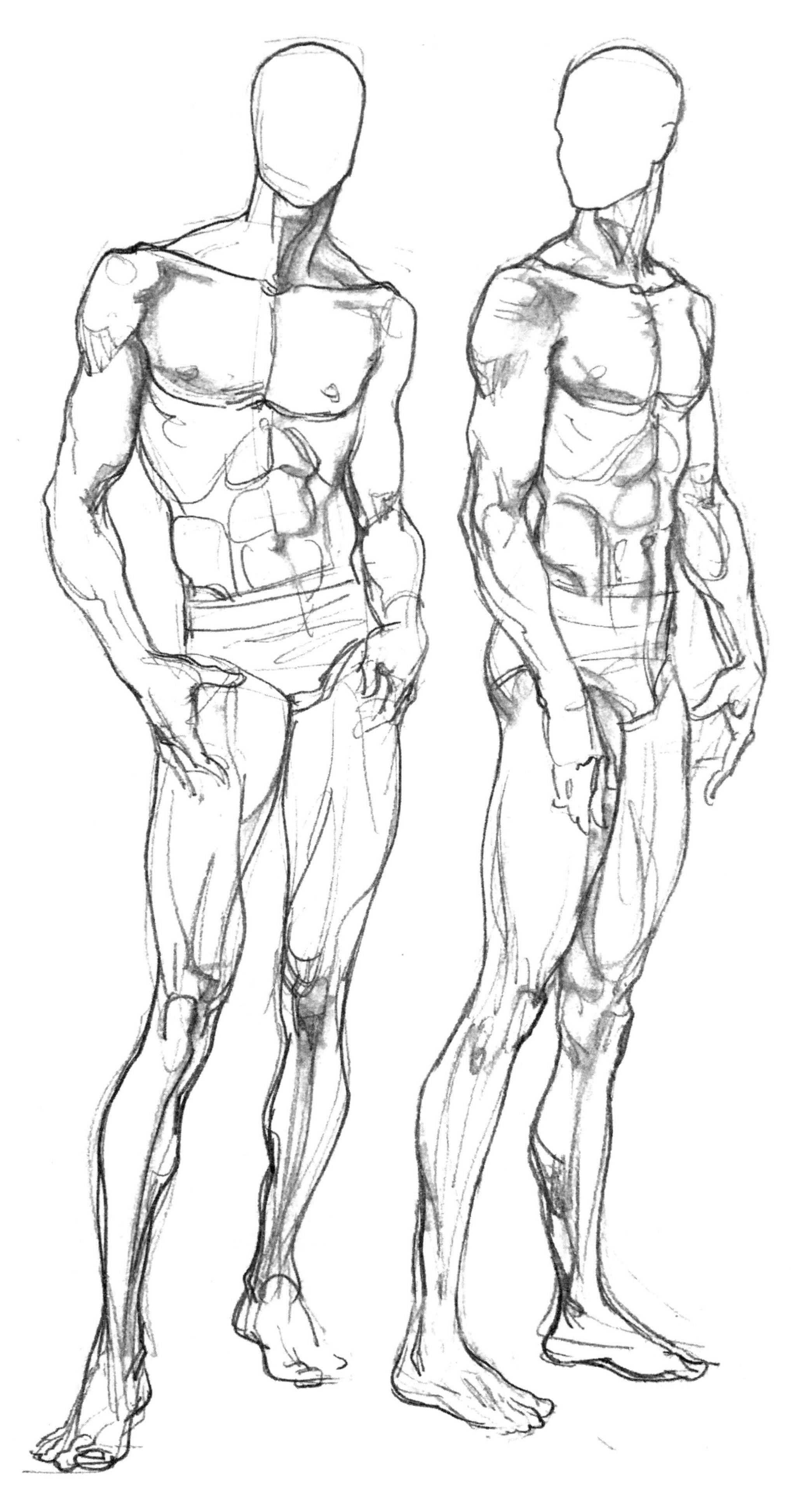

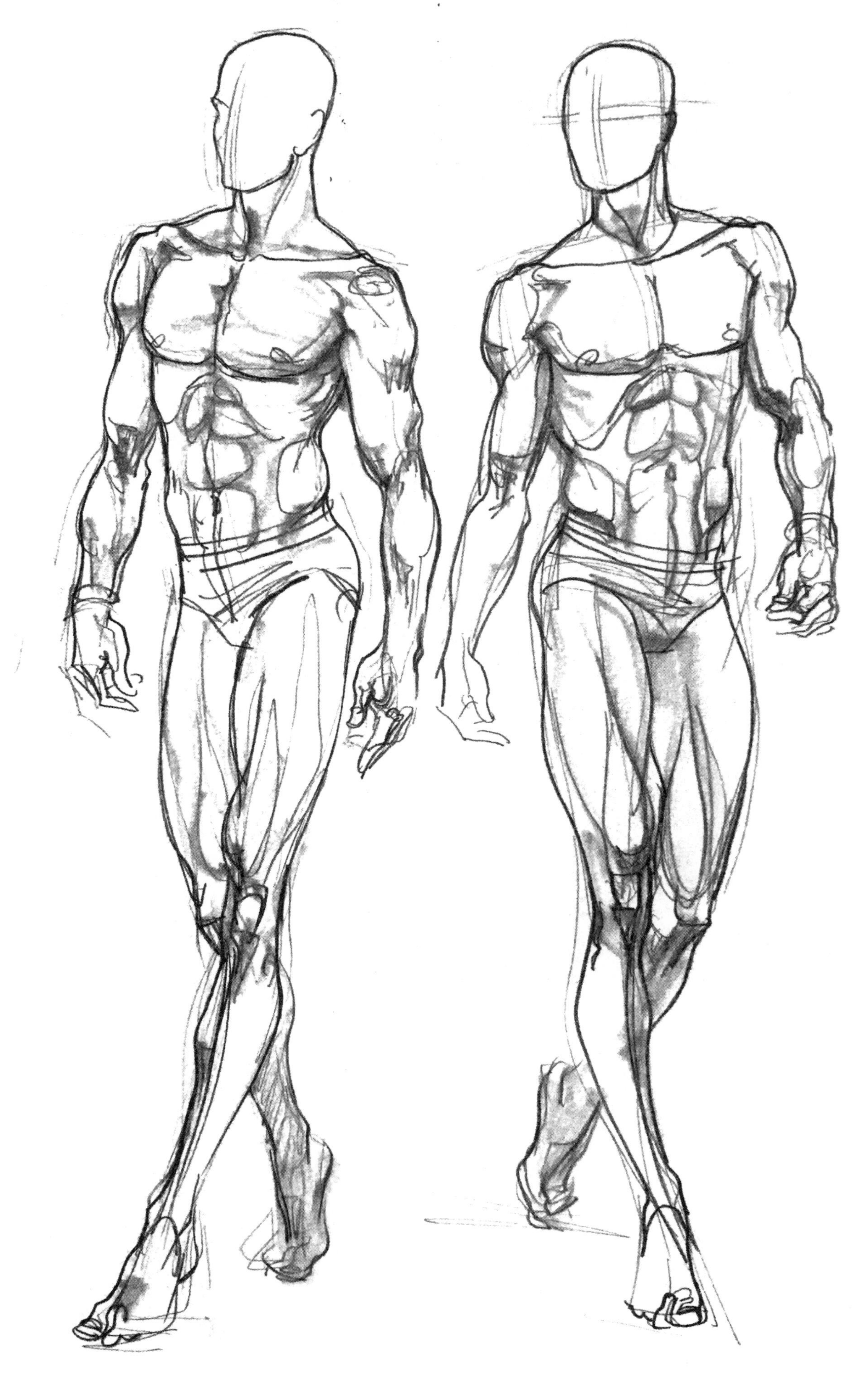

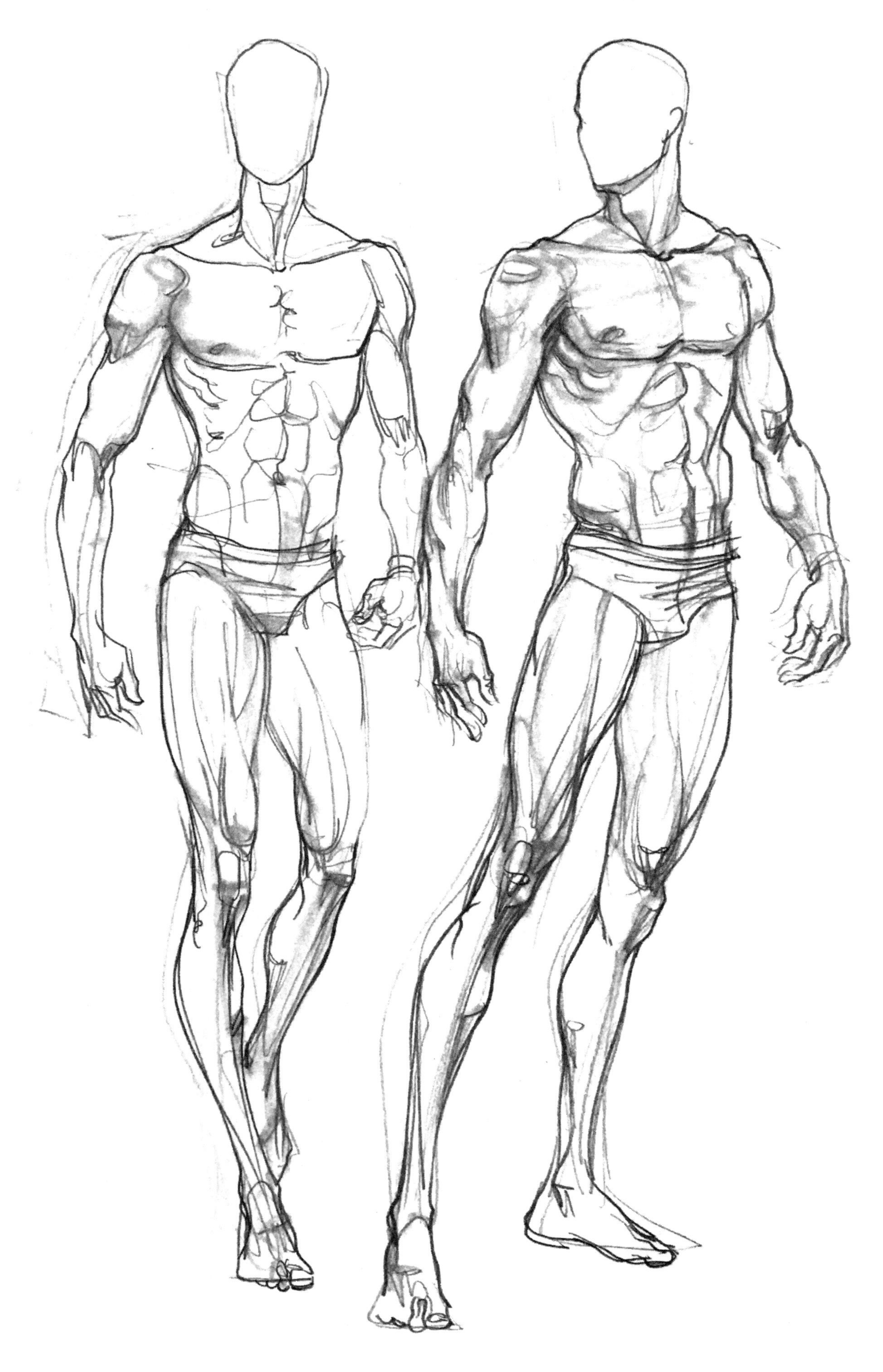

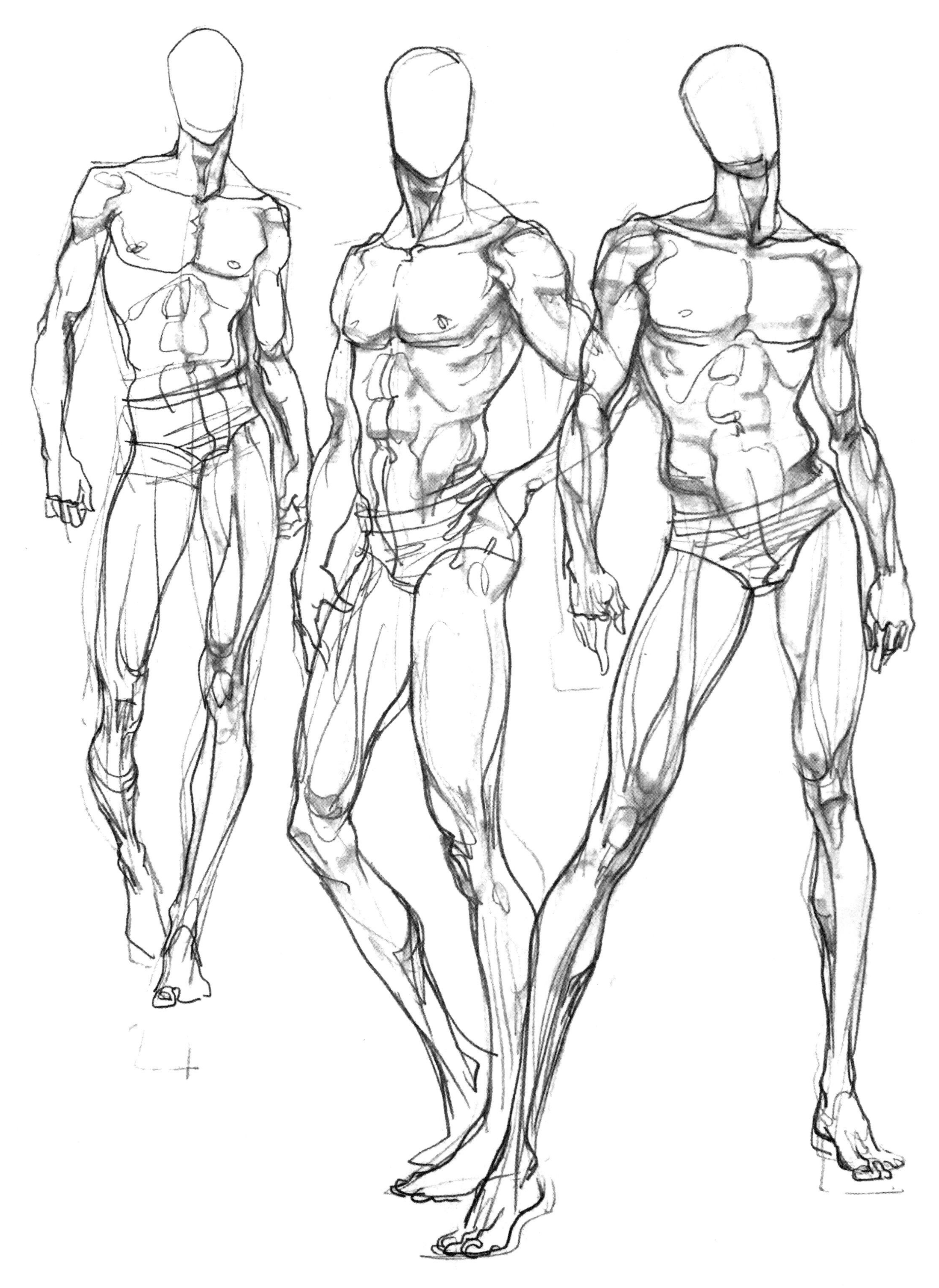

二、男性坐姿动态表现

1. 步骤解析

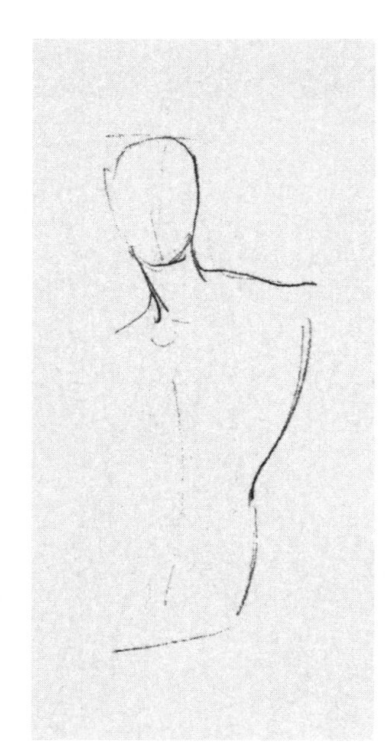

1. 根据坐姿的比例关系，确定头部大小，注意肩膀的倾斜变化。

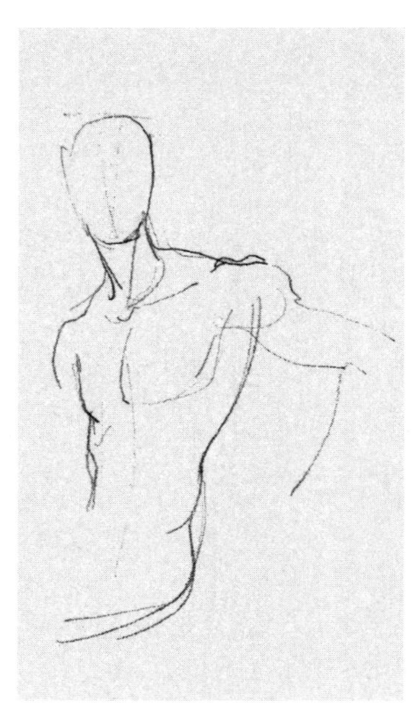

2. 根据人体中心线画腰身的动态曲线，确定躯干的宽窄和上臂的动态。

3. 画大腿的动态，注意其结构和线条的虚实变化。

4. 画小腿和脚部的动态，注意大腿和小腿的转折关系。

5. 画另一条腿和脚的动态。

6. 画手臂的结构关系。

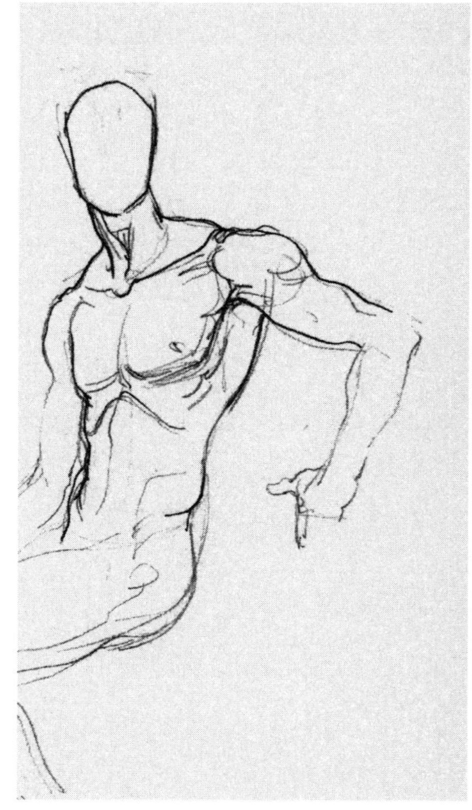

7. 强调肩颈和手臂的结构关系。

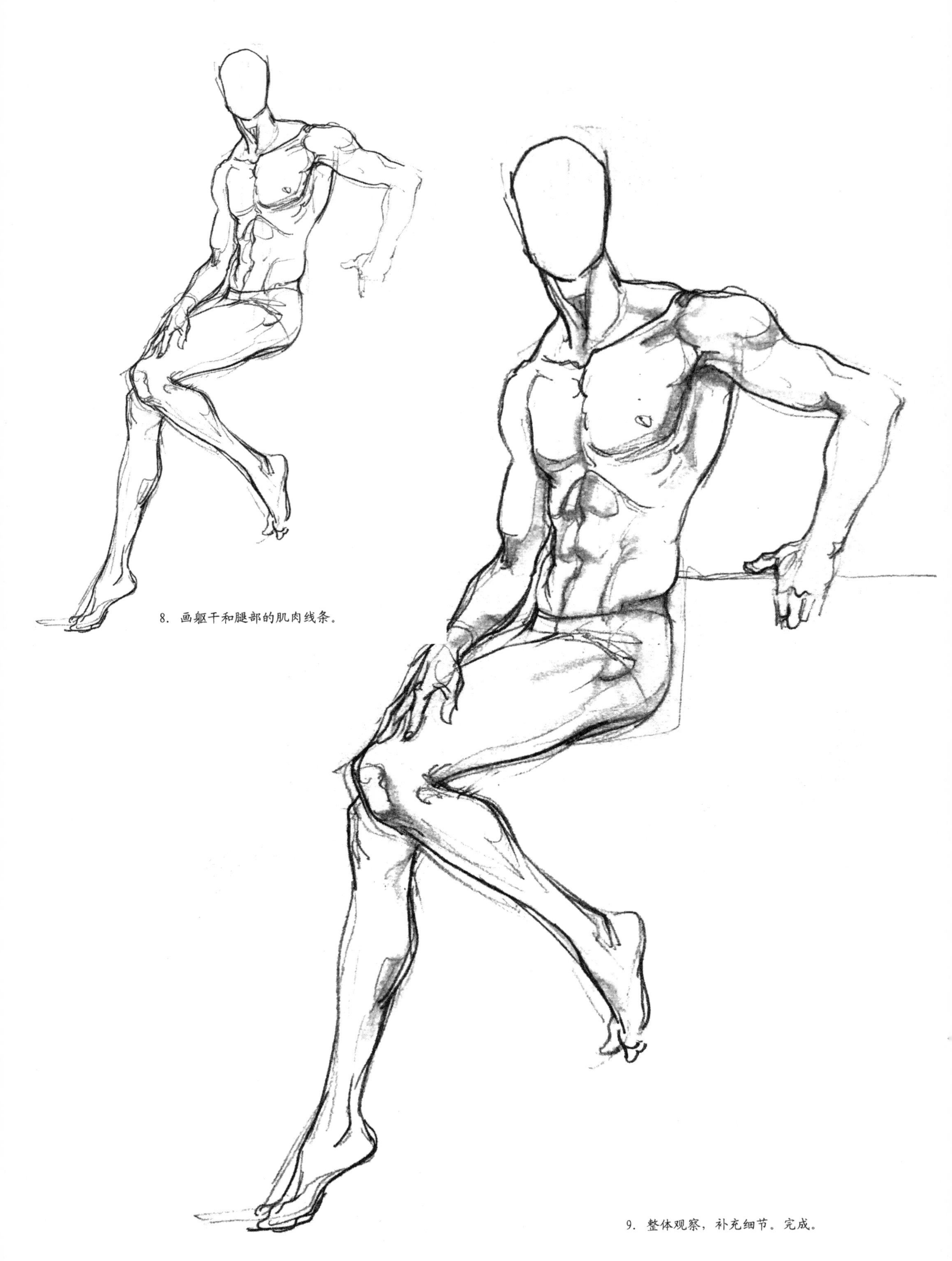

8. 画躯干和腿部的肌肉线条。

9. 整体观察，补充细节。完成。

2. 绘制表现

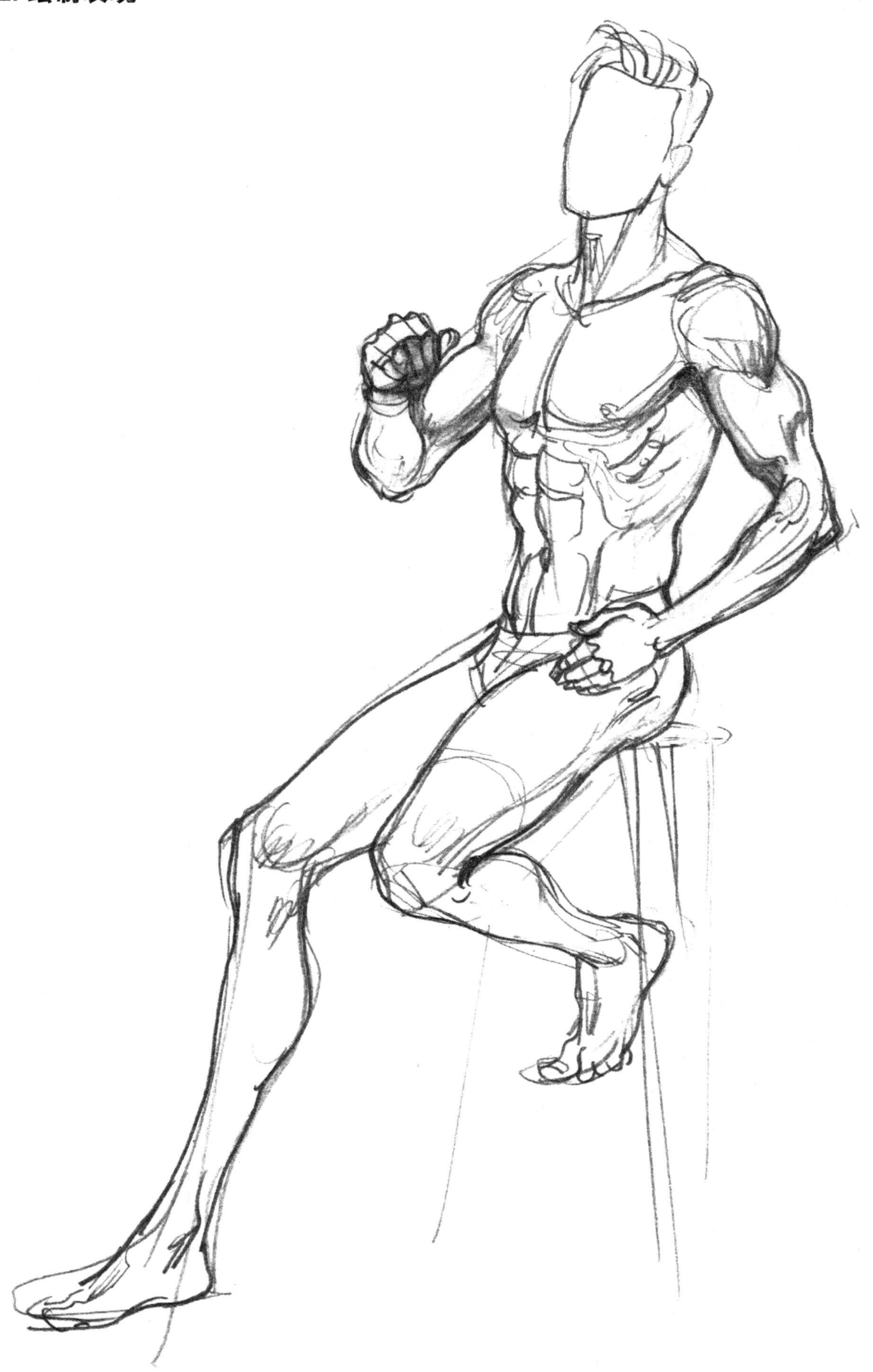

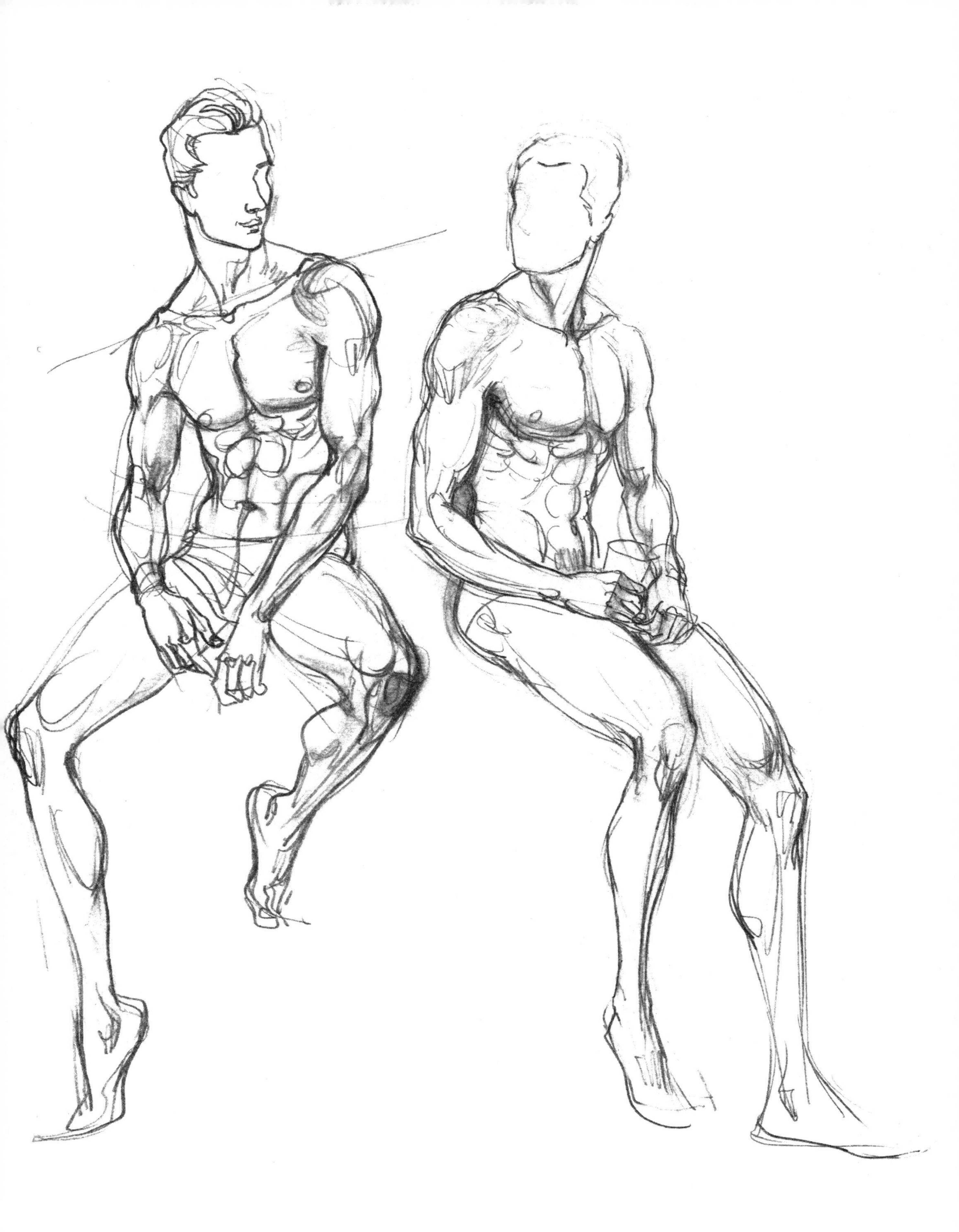

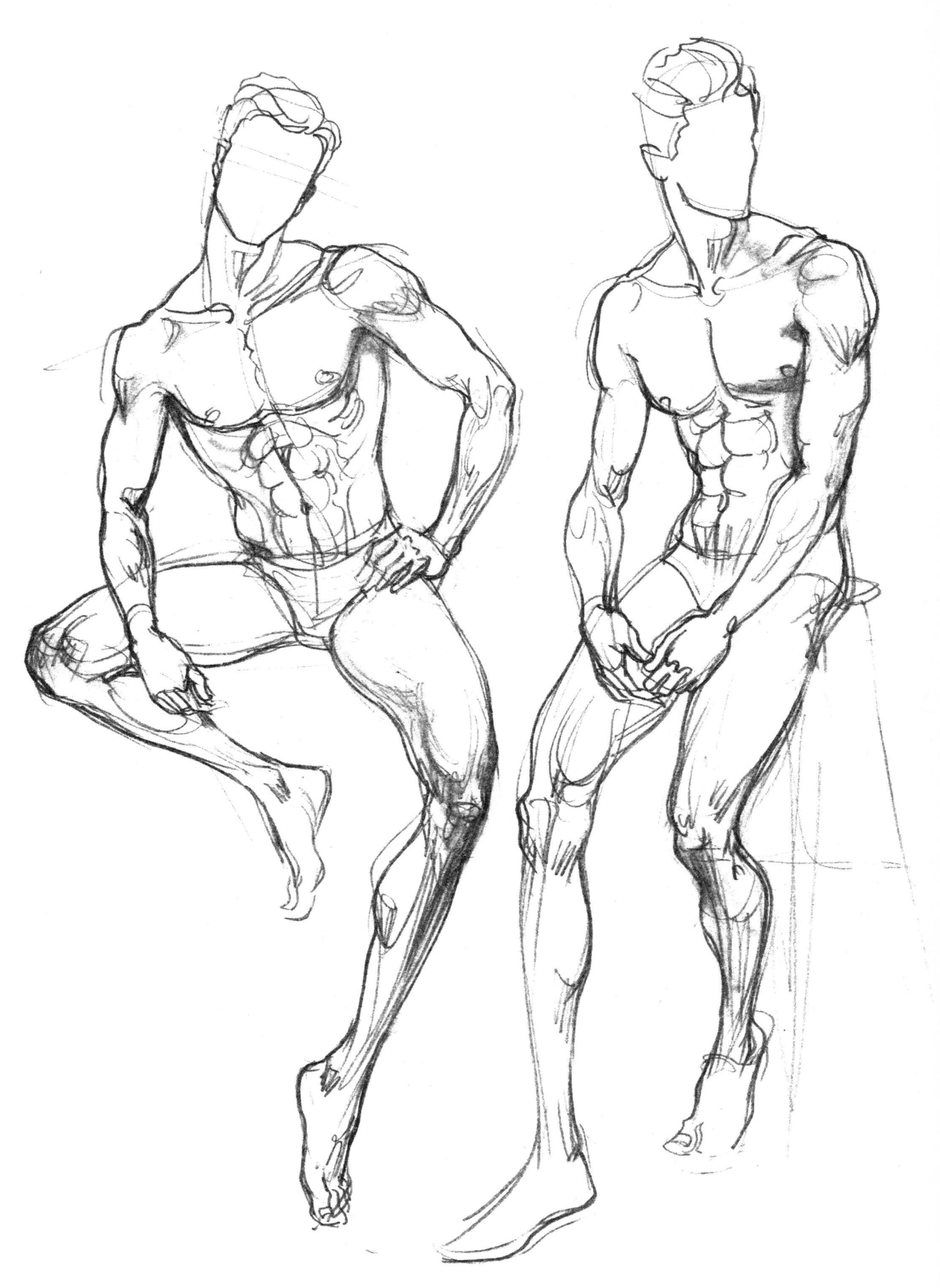

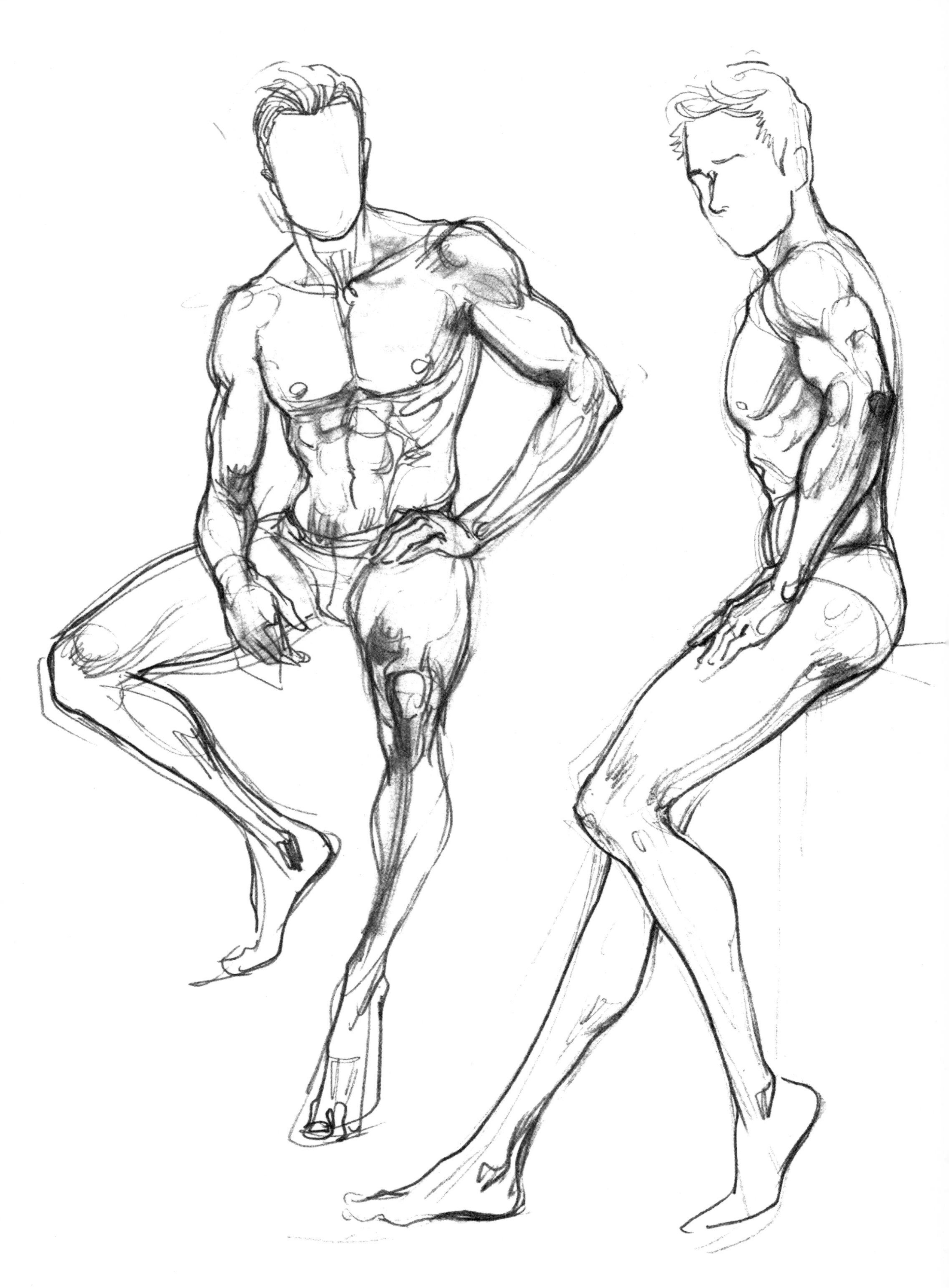

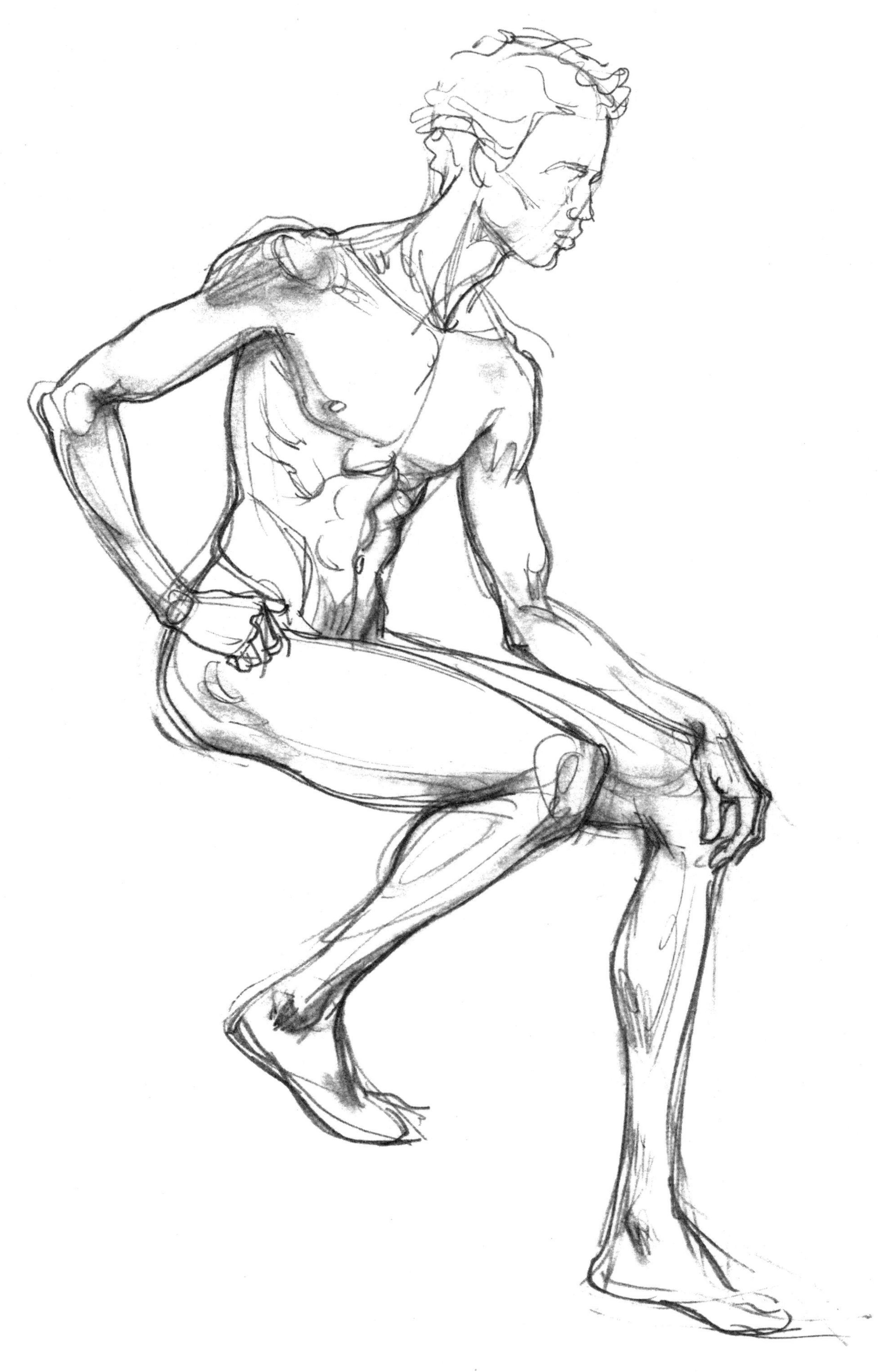

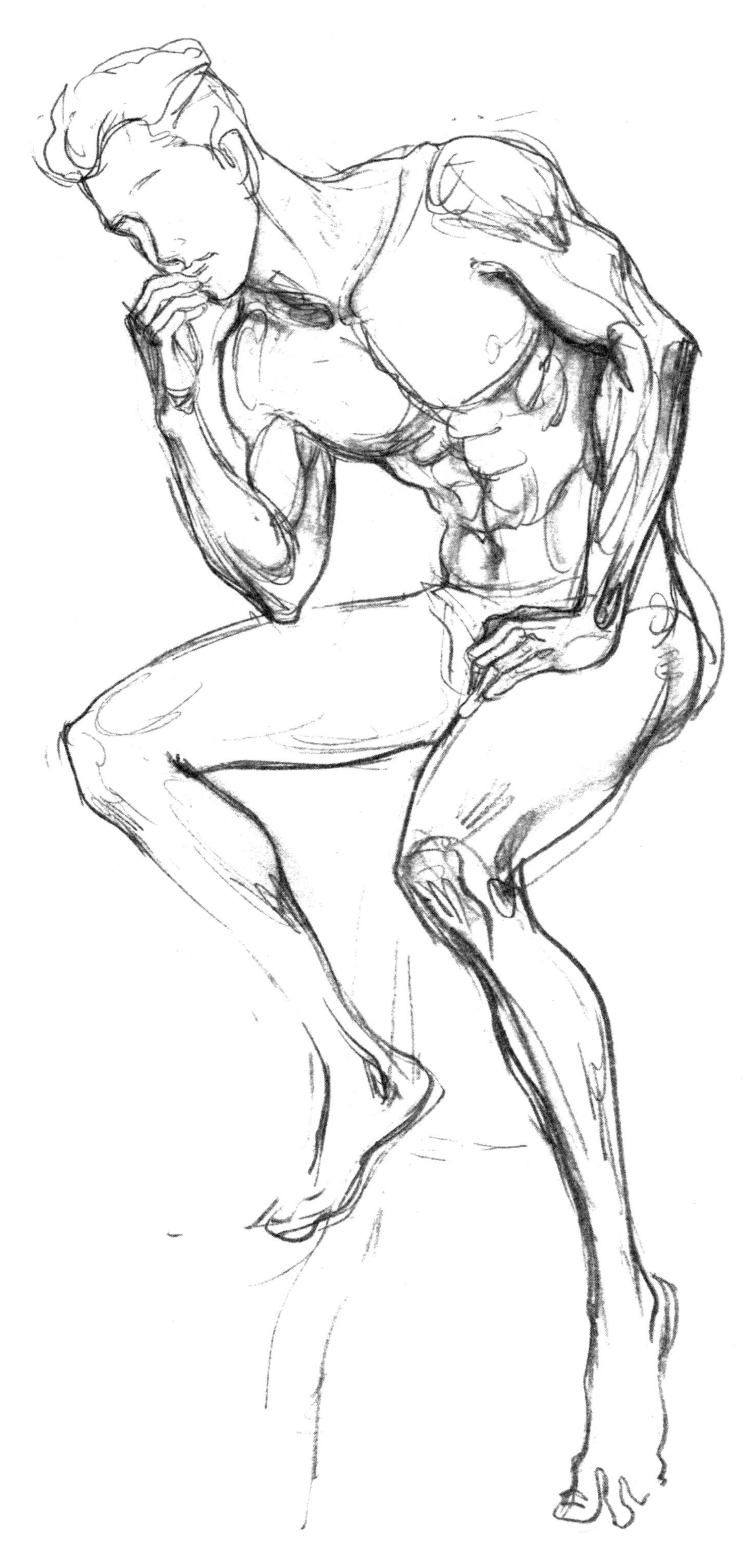

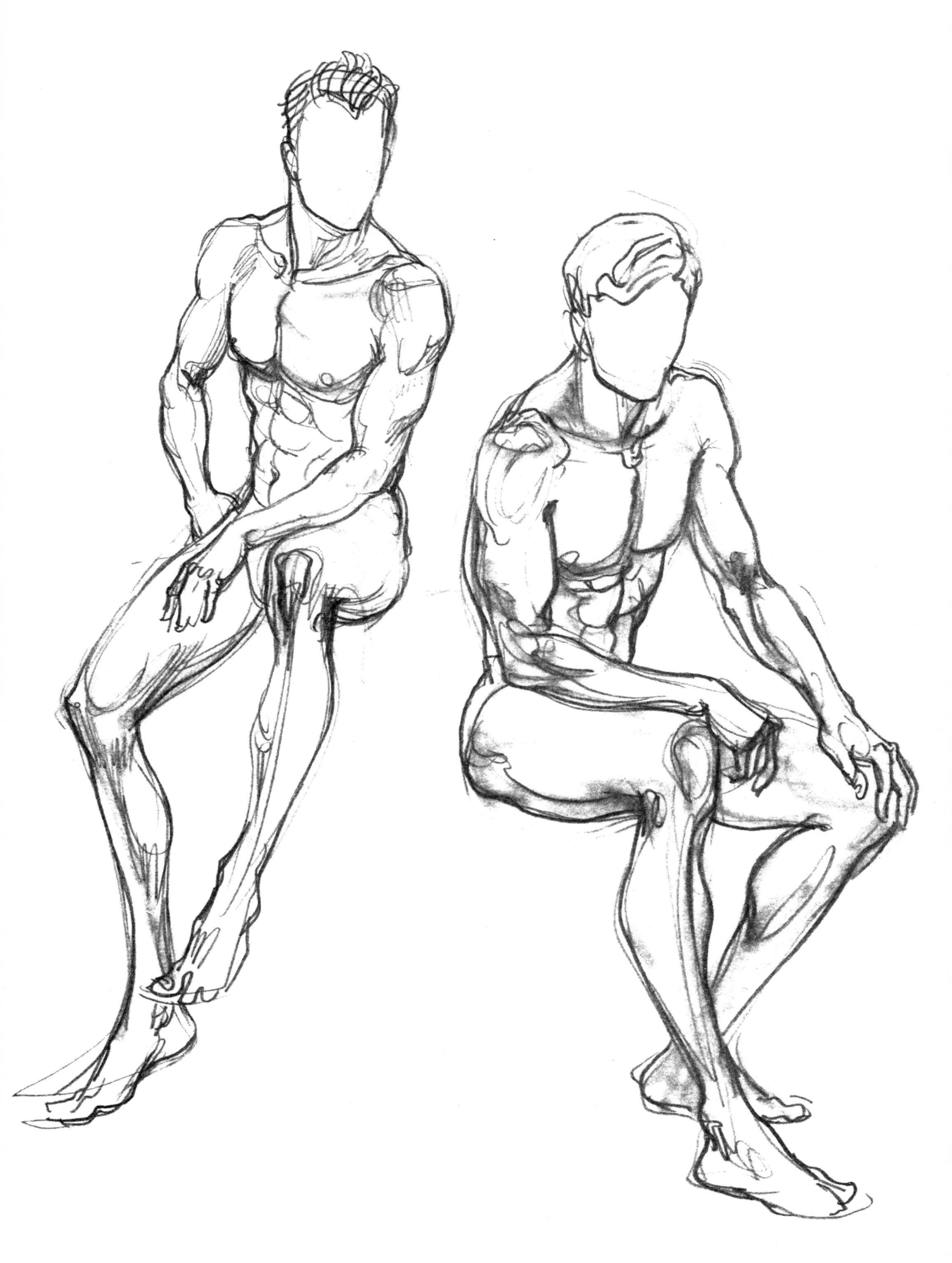

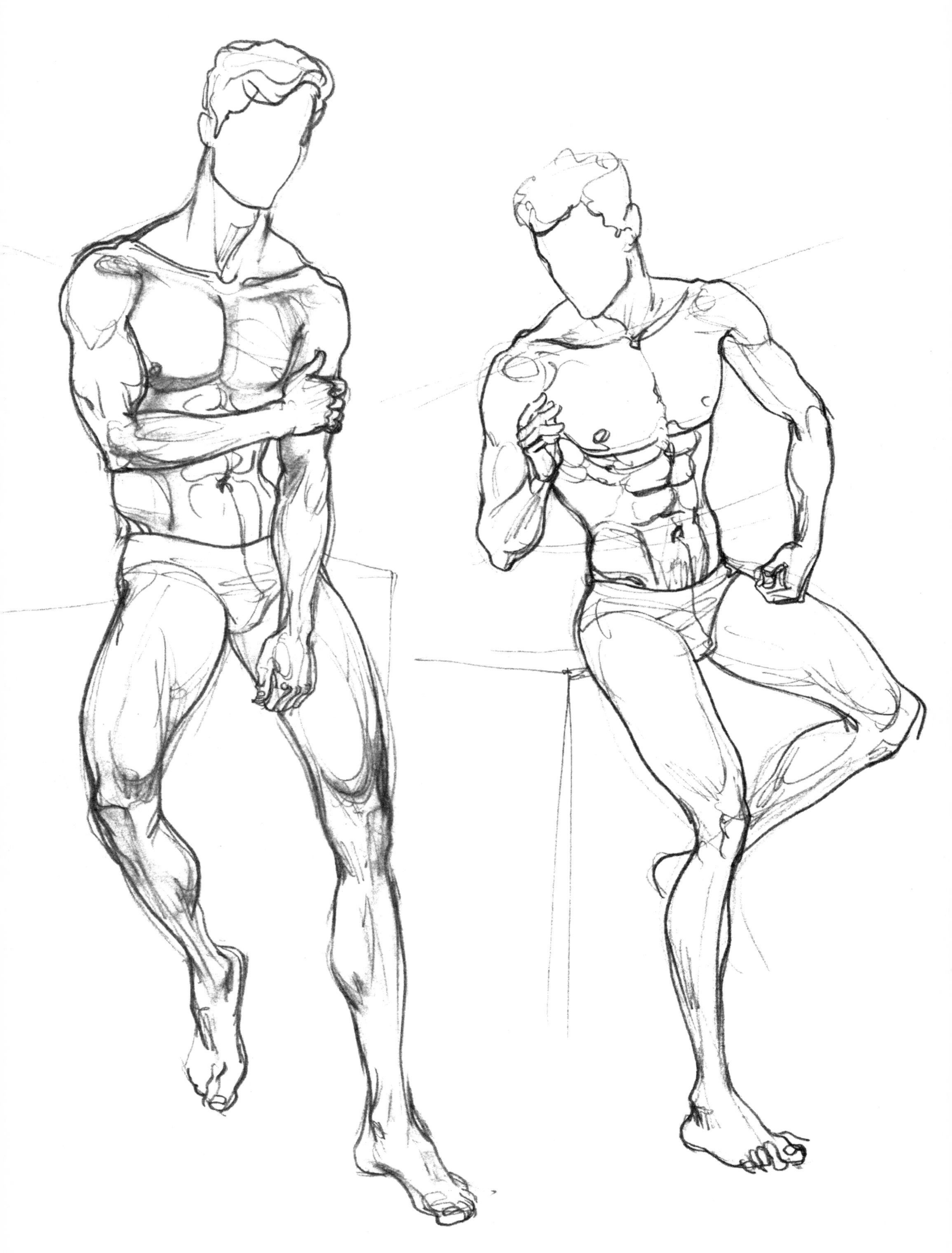

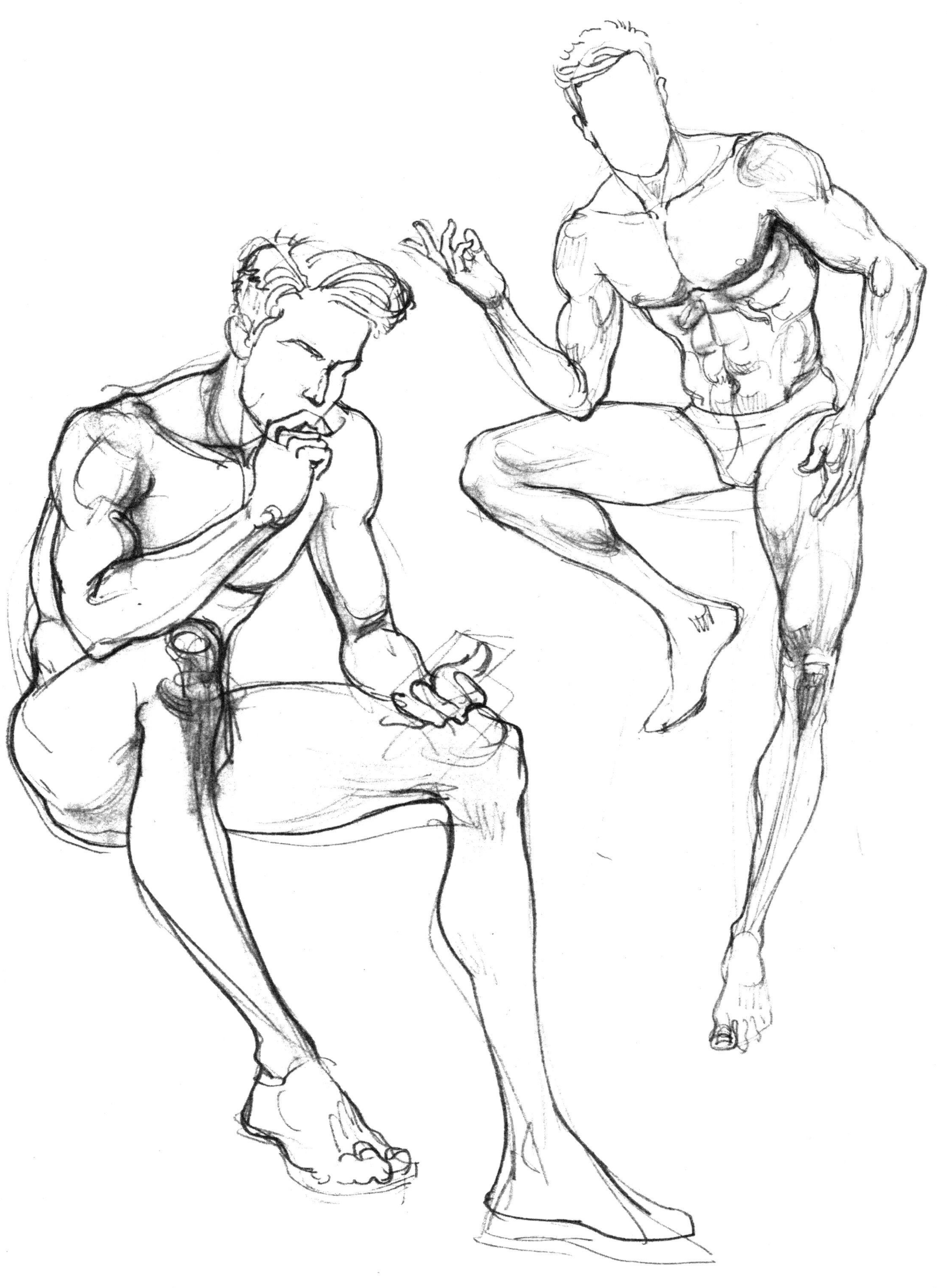

第四章
儿童人体动态表现

画儿童人体动态要注意控制头部与身体的比例。从婴儿到十几岁的青少年，头部与身体的比例会发生很大的变化。不同年龄段的身长为：婴儿期 3—4 个头长，幼儿期 5—6 个头长，少儿期 6—7 个头长，青少年期 7—7.5 个头长。

一、儿童站姿动态表现

1. 步骤解析

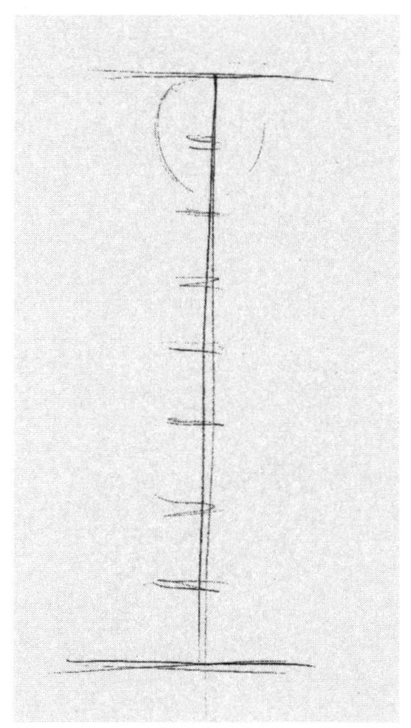

1．画3—5岁幼童的重心线，将其平分为8等份。

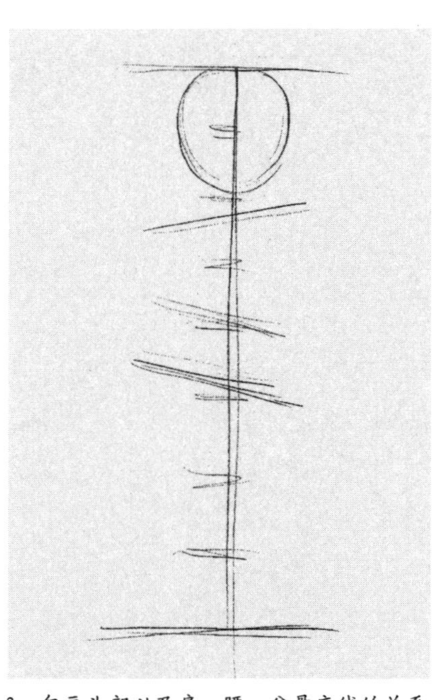

2．勾画头部以及肩、腰、盆骨底线的关系，注意头部约占两等份，身体约为4个半头。

3．以动态线为中心线确定躯干宽窄。

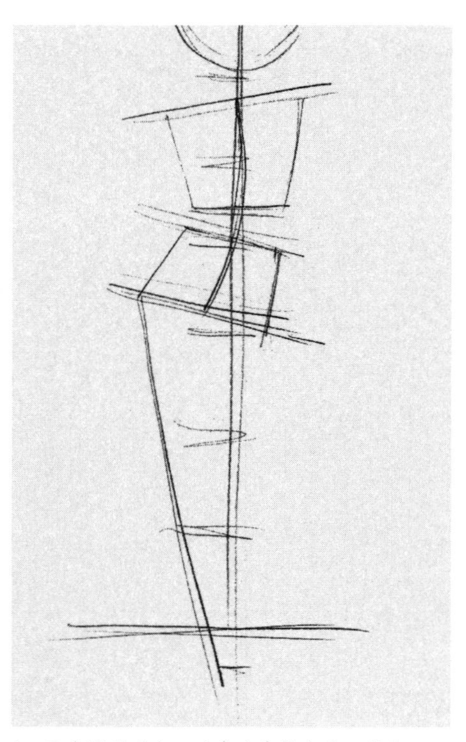

4．画左腿的动态，注意左脚落在重心线上。

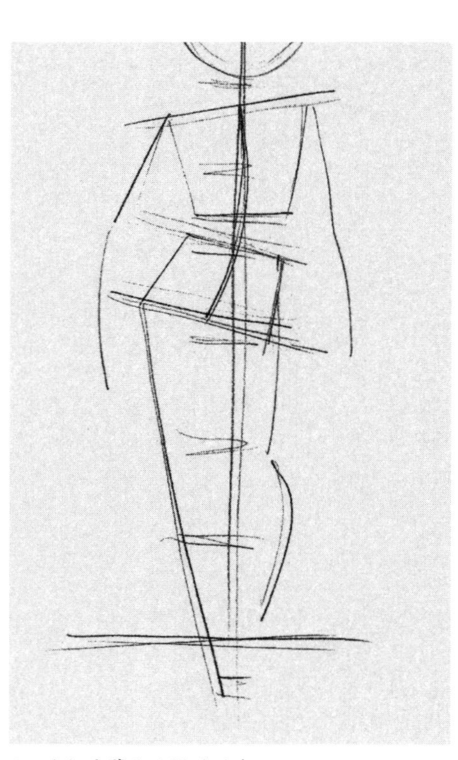

5．确定手臂和右腿的动态。

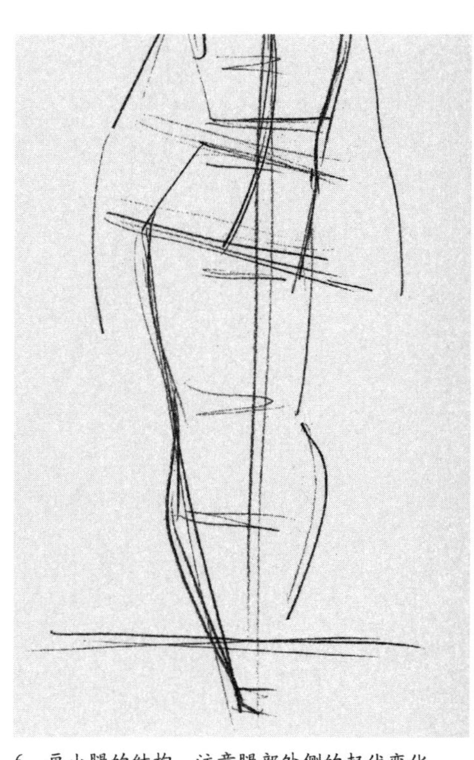

6．画小腿的结构，注意腿部外侧的起伏变化。

7. 画手臂的结构，注意轮廓线要柔和些。

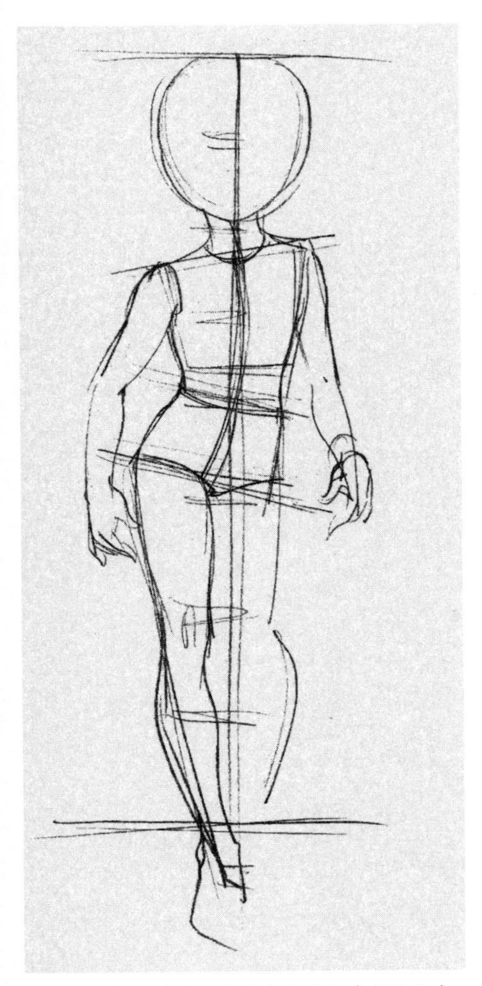

8. 在大腿1/2左右的位置勾画手和脚部的形态。

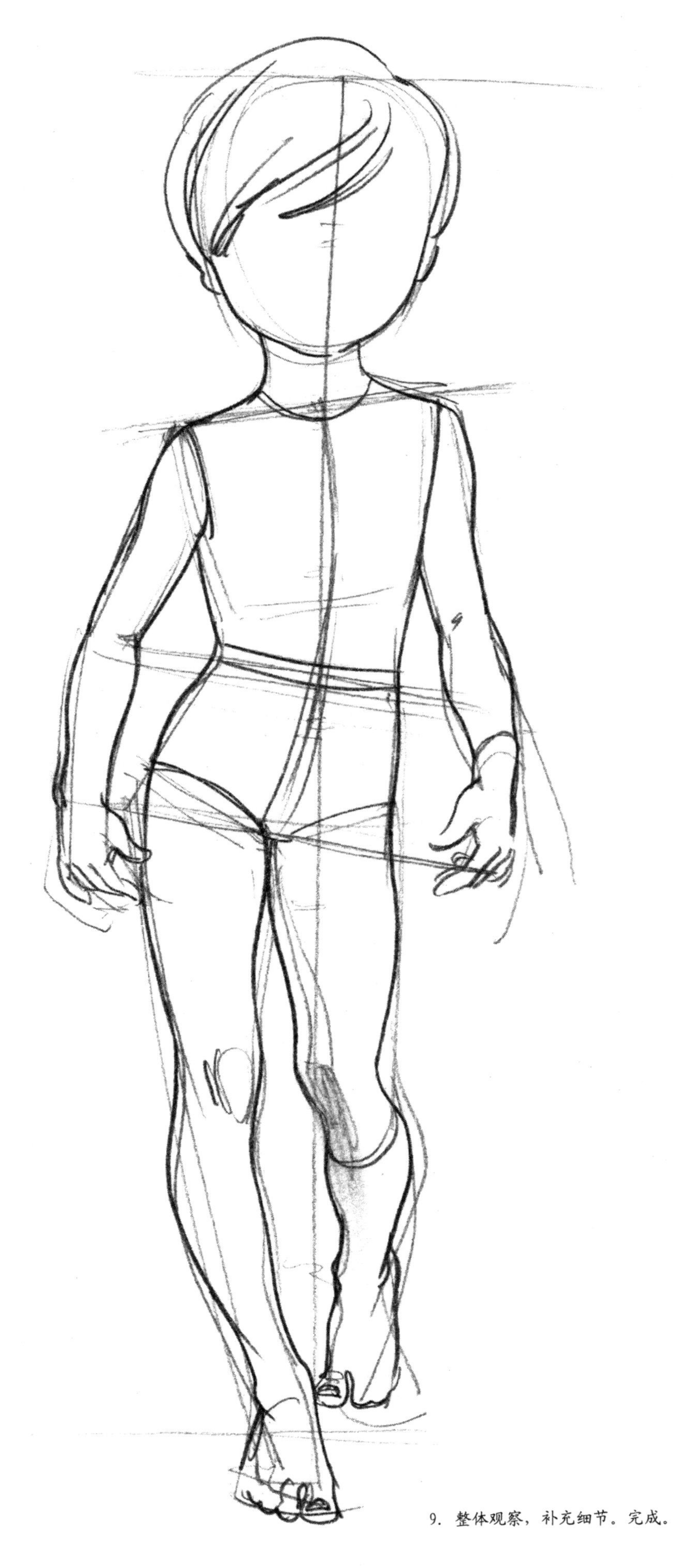

9. 整体观察，补充细节。完成。

2. 绘制表现

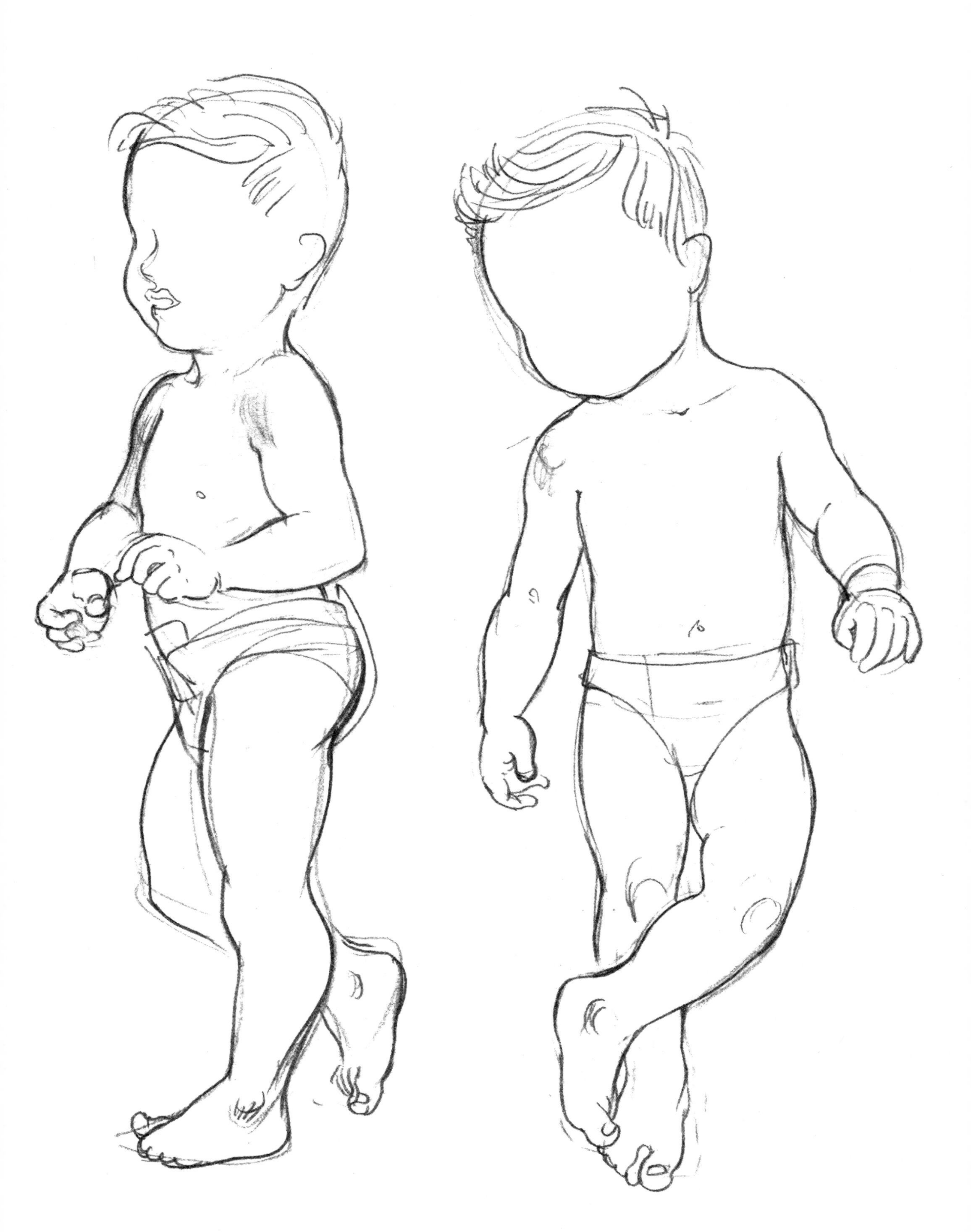

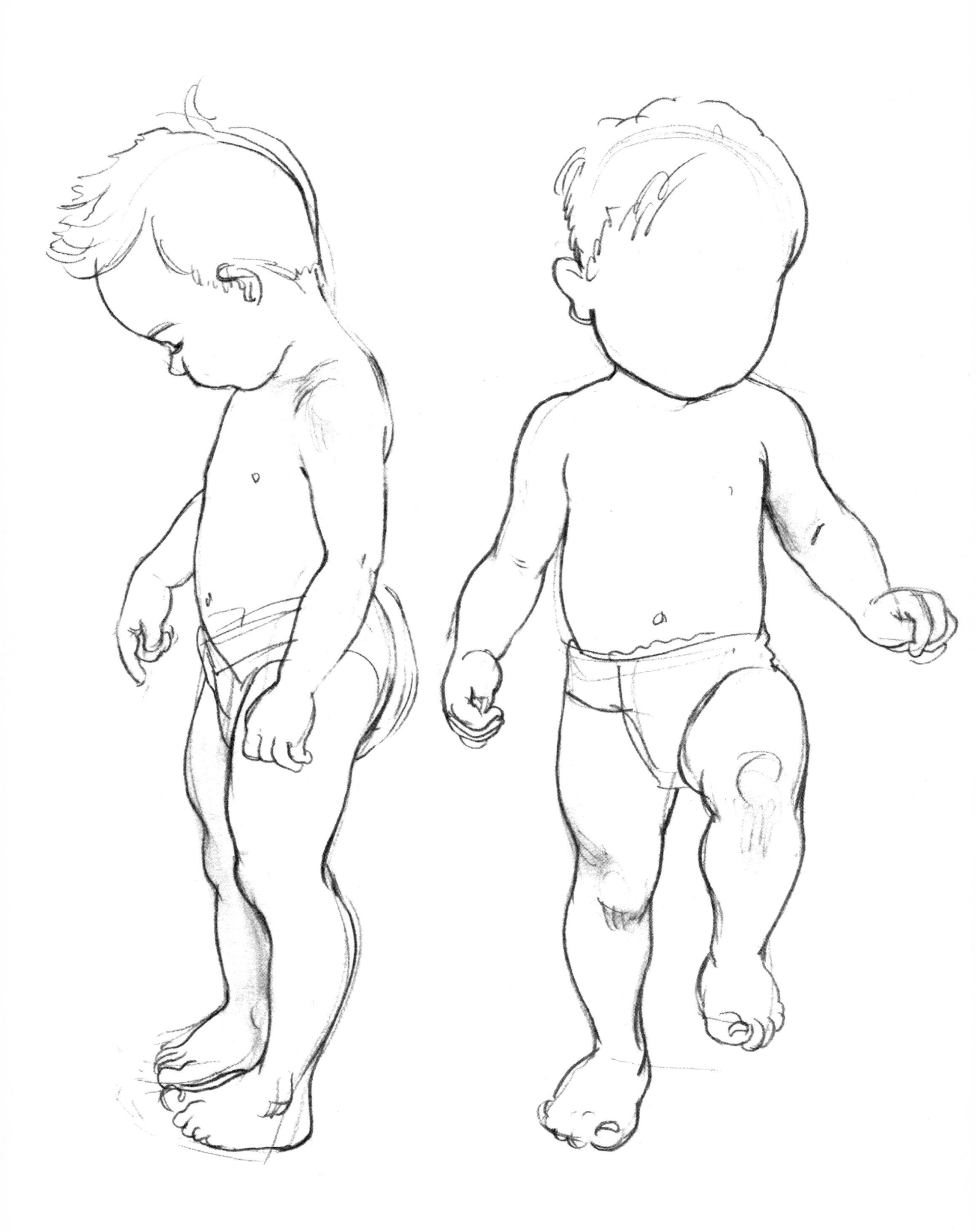

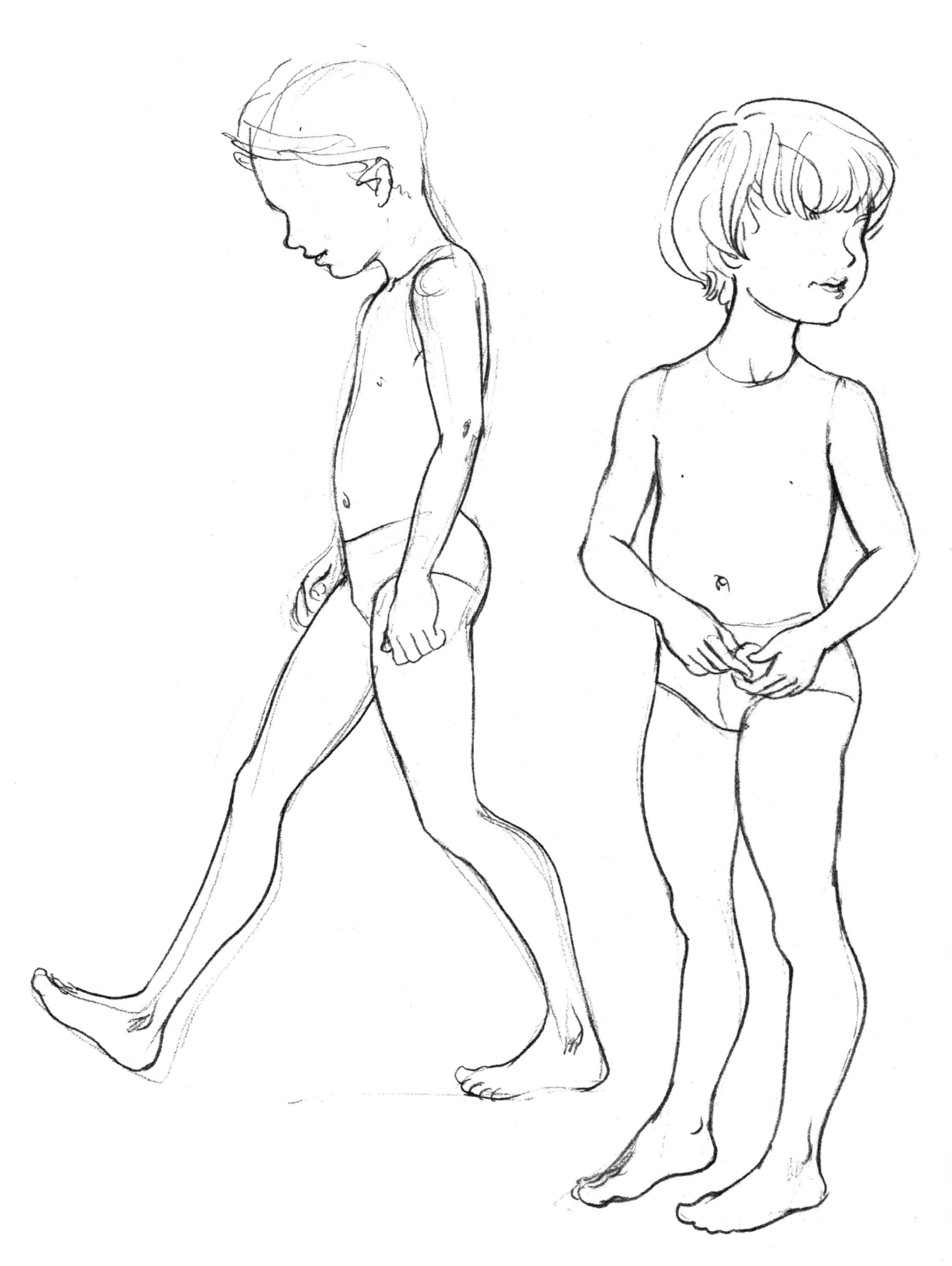

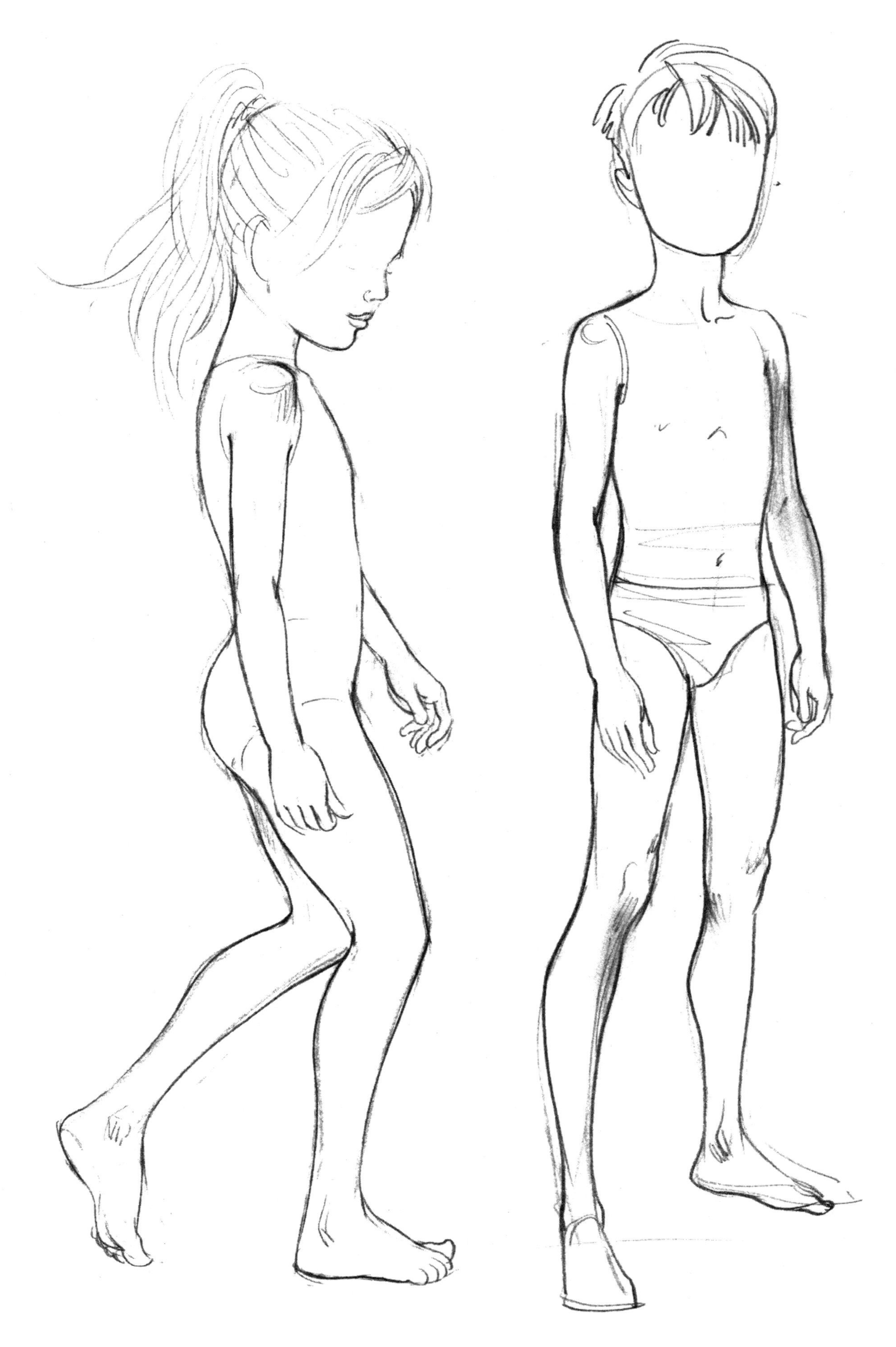

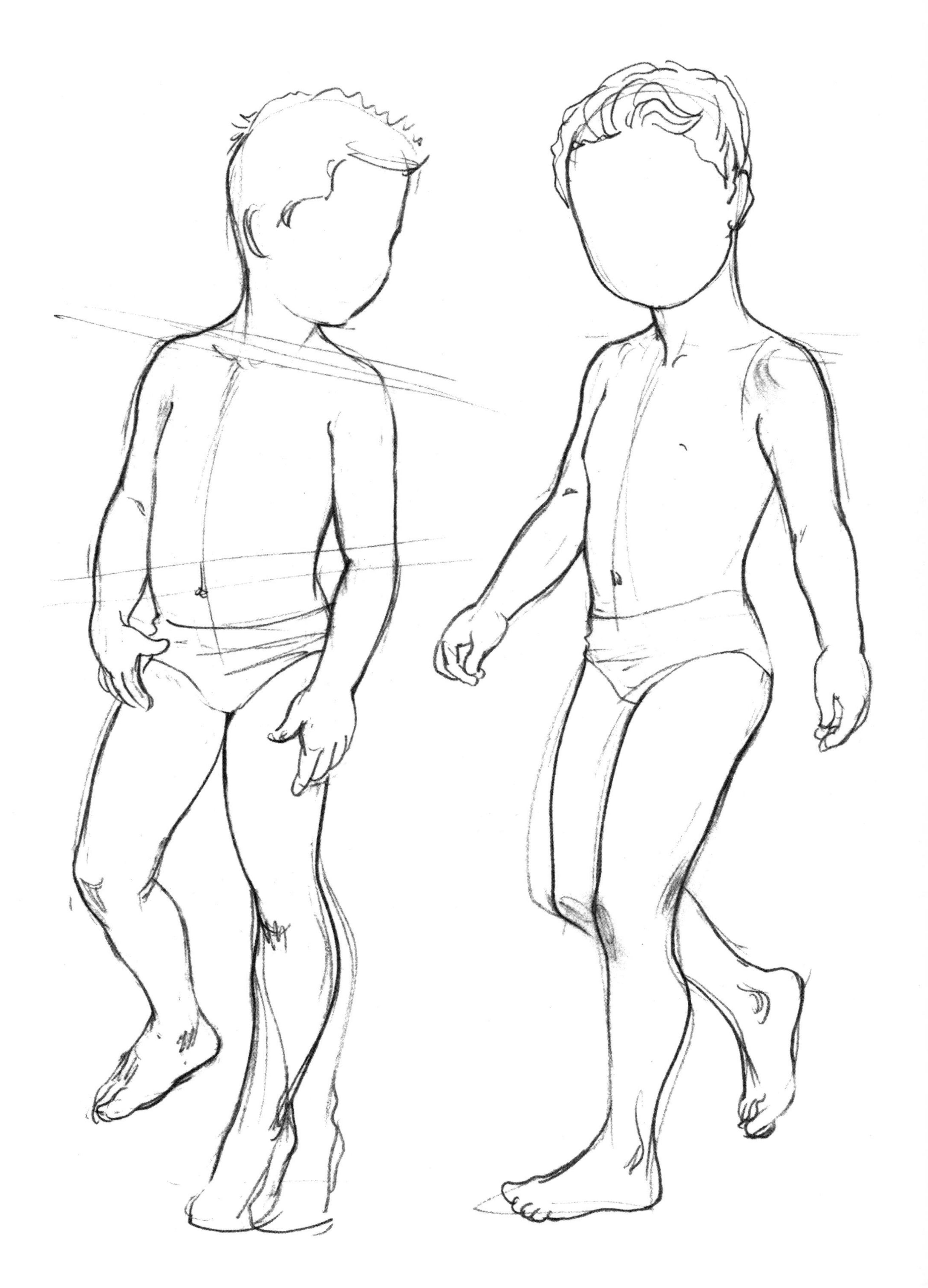

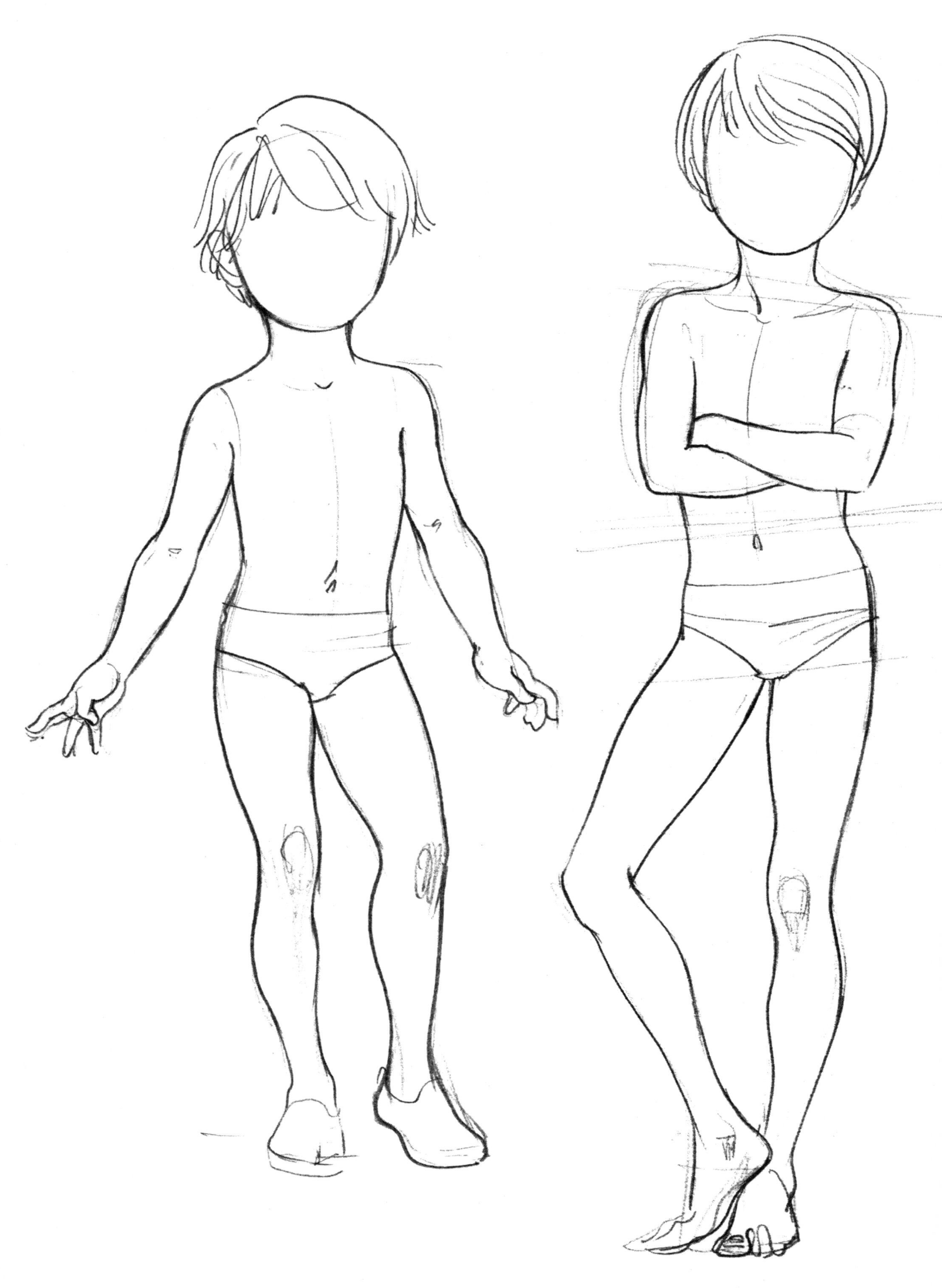

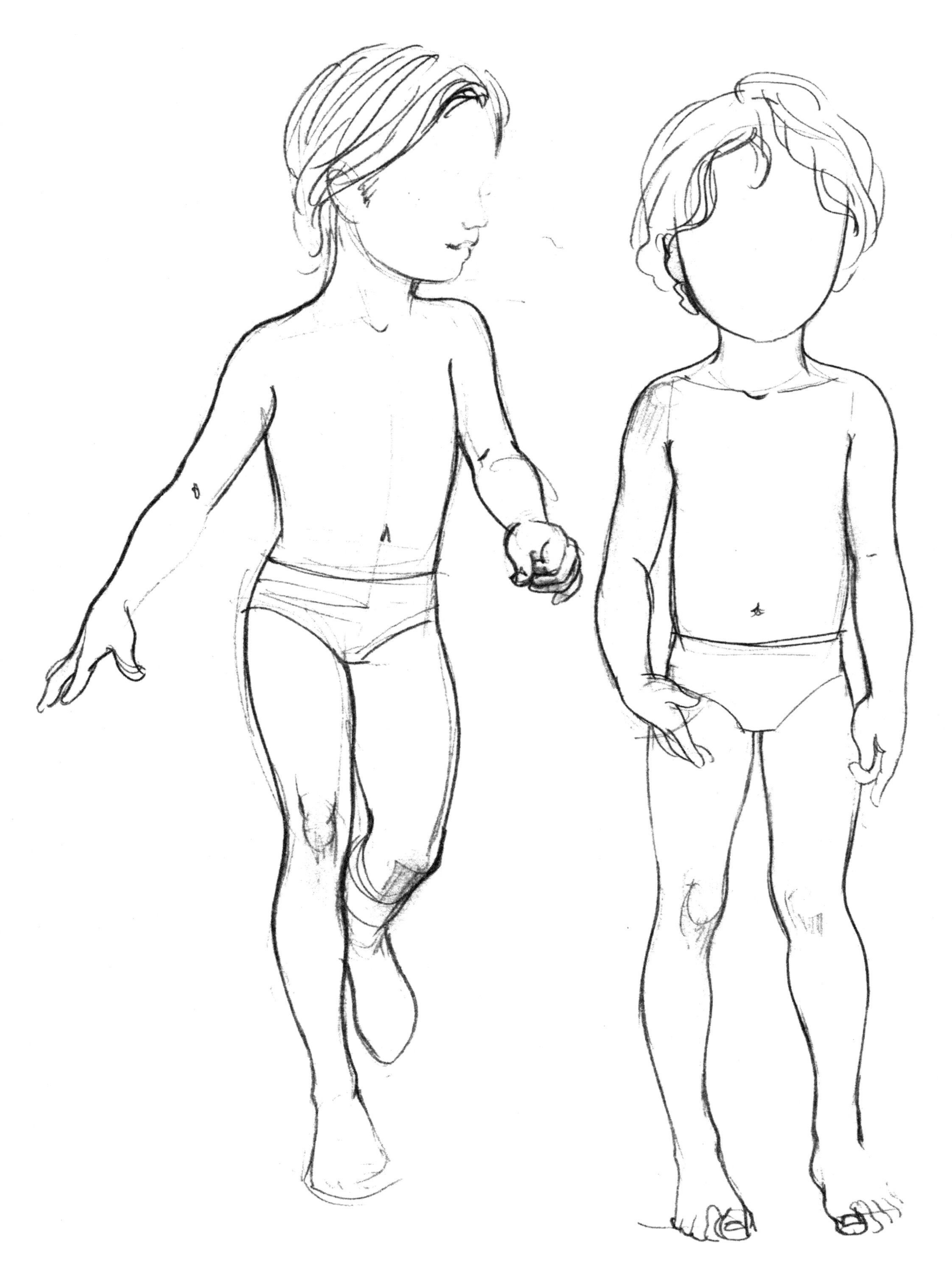

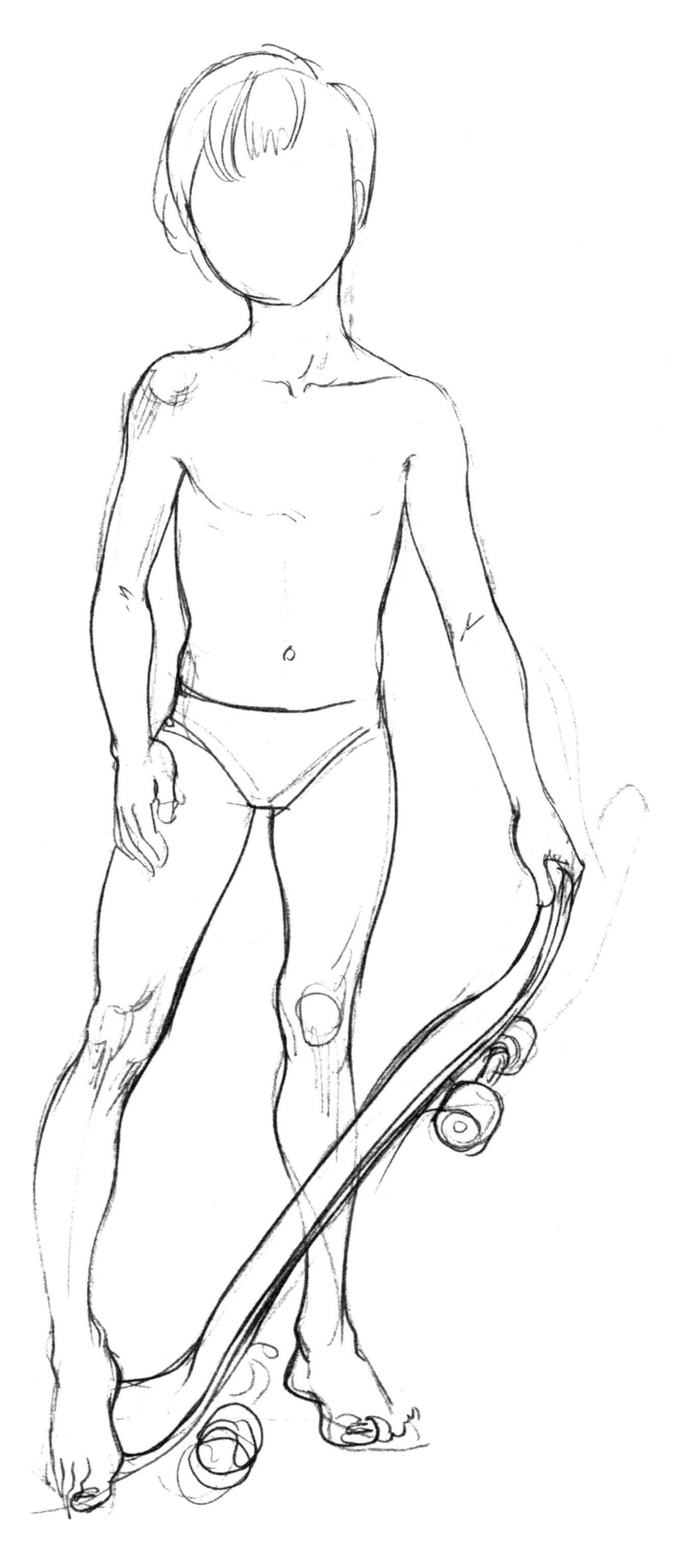

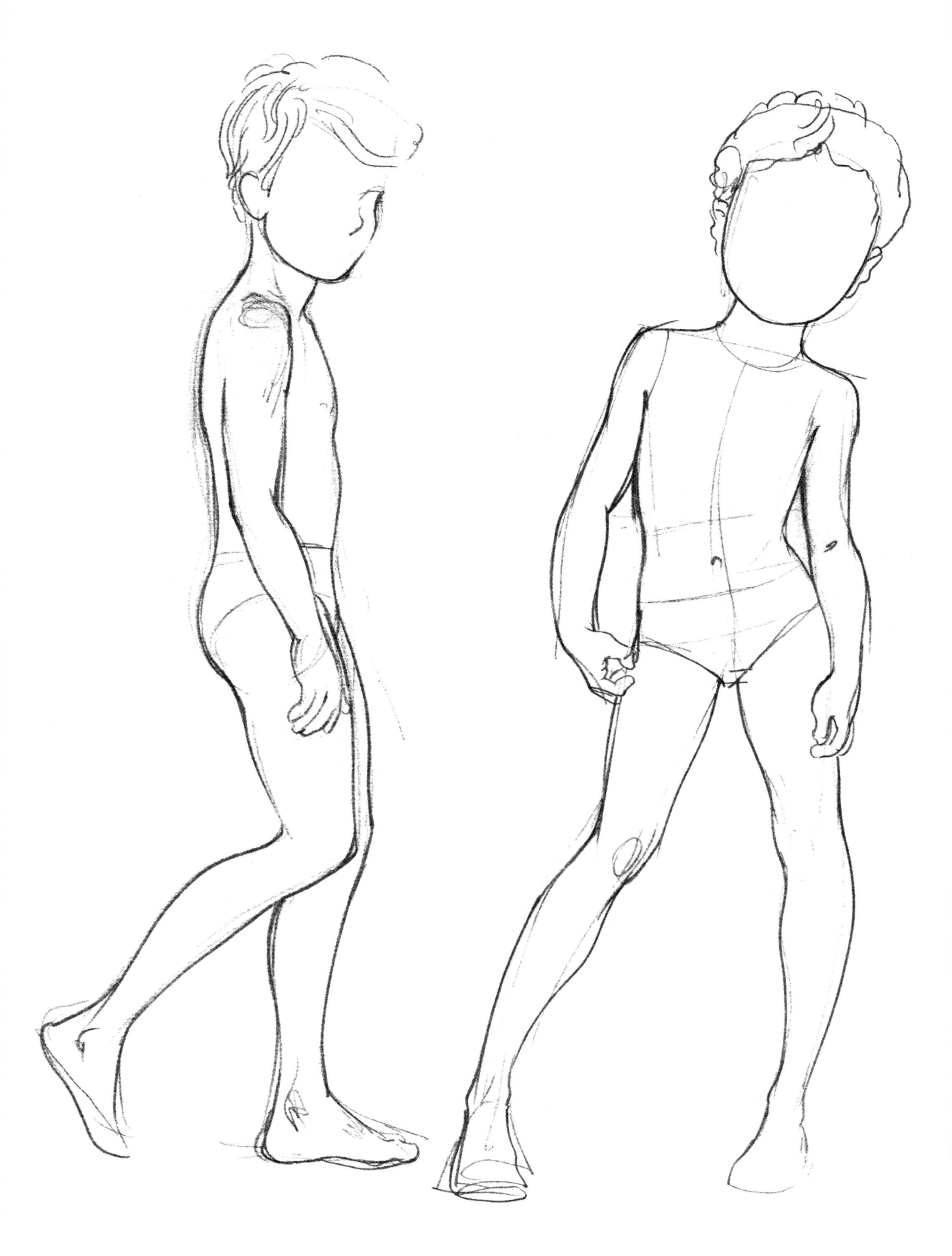

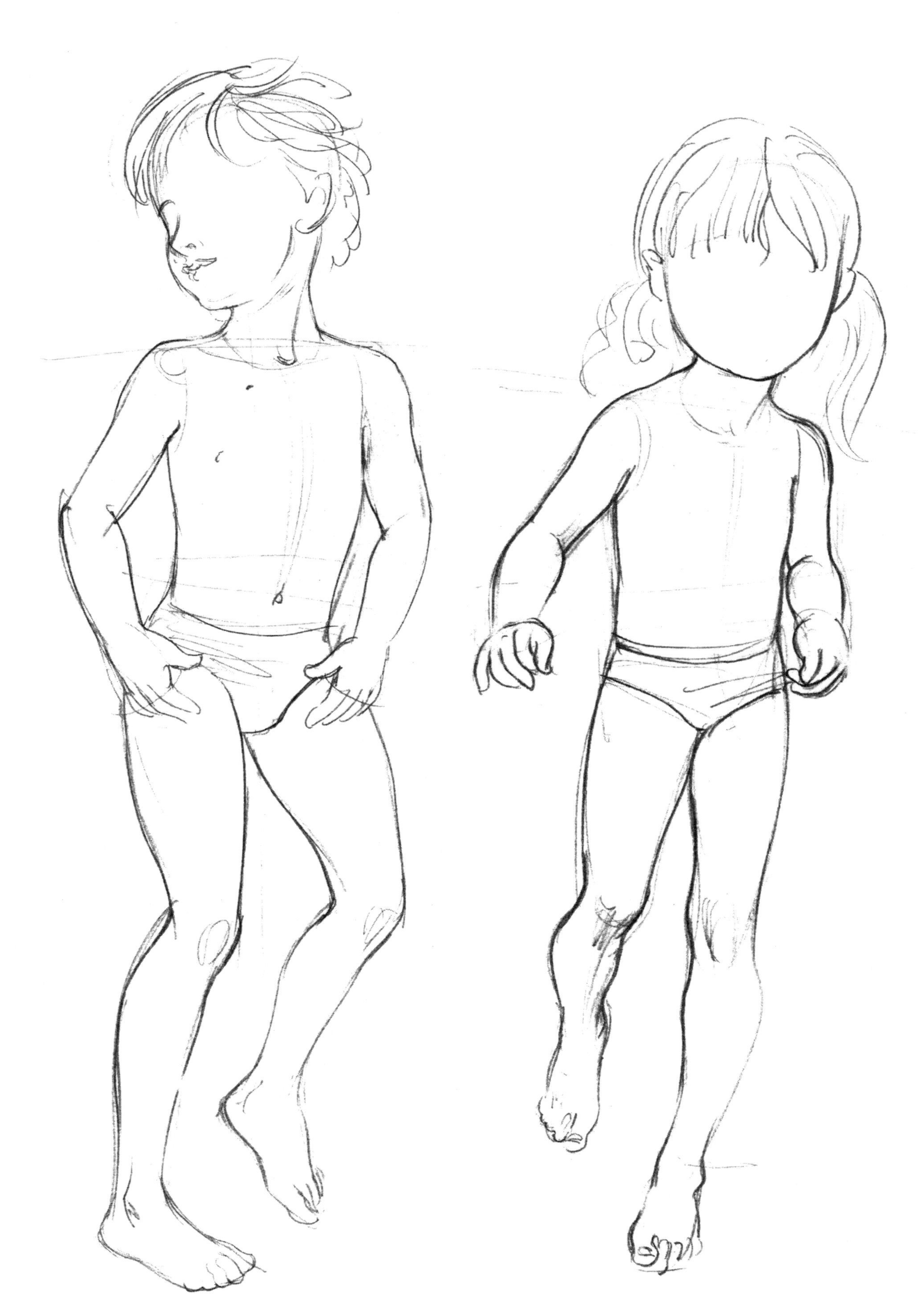

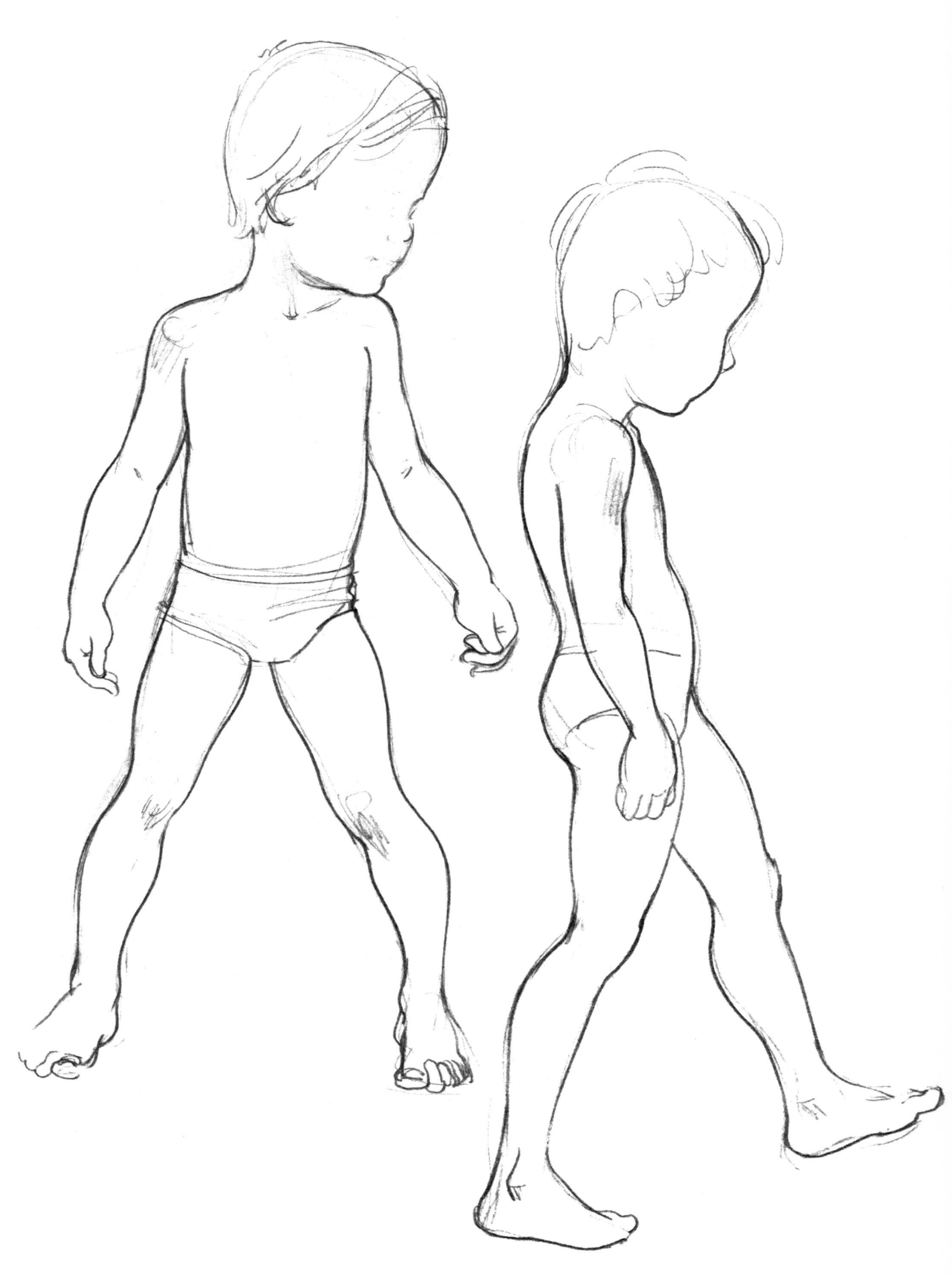

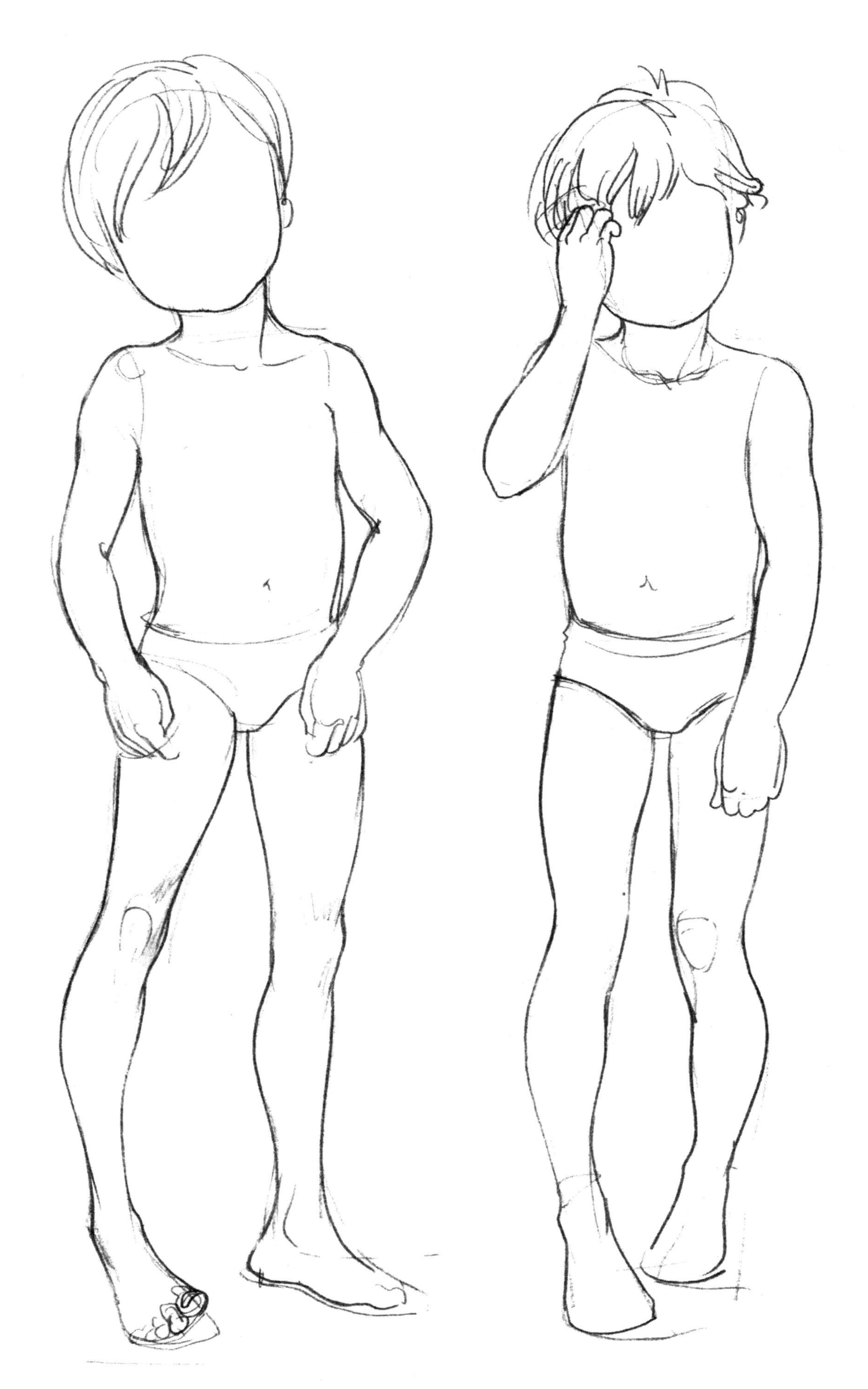

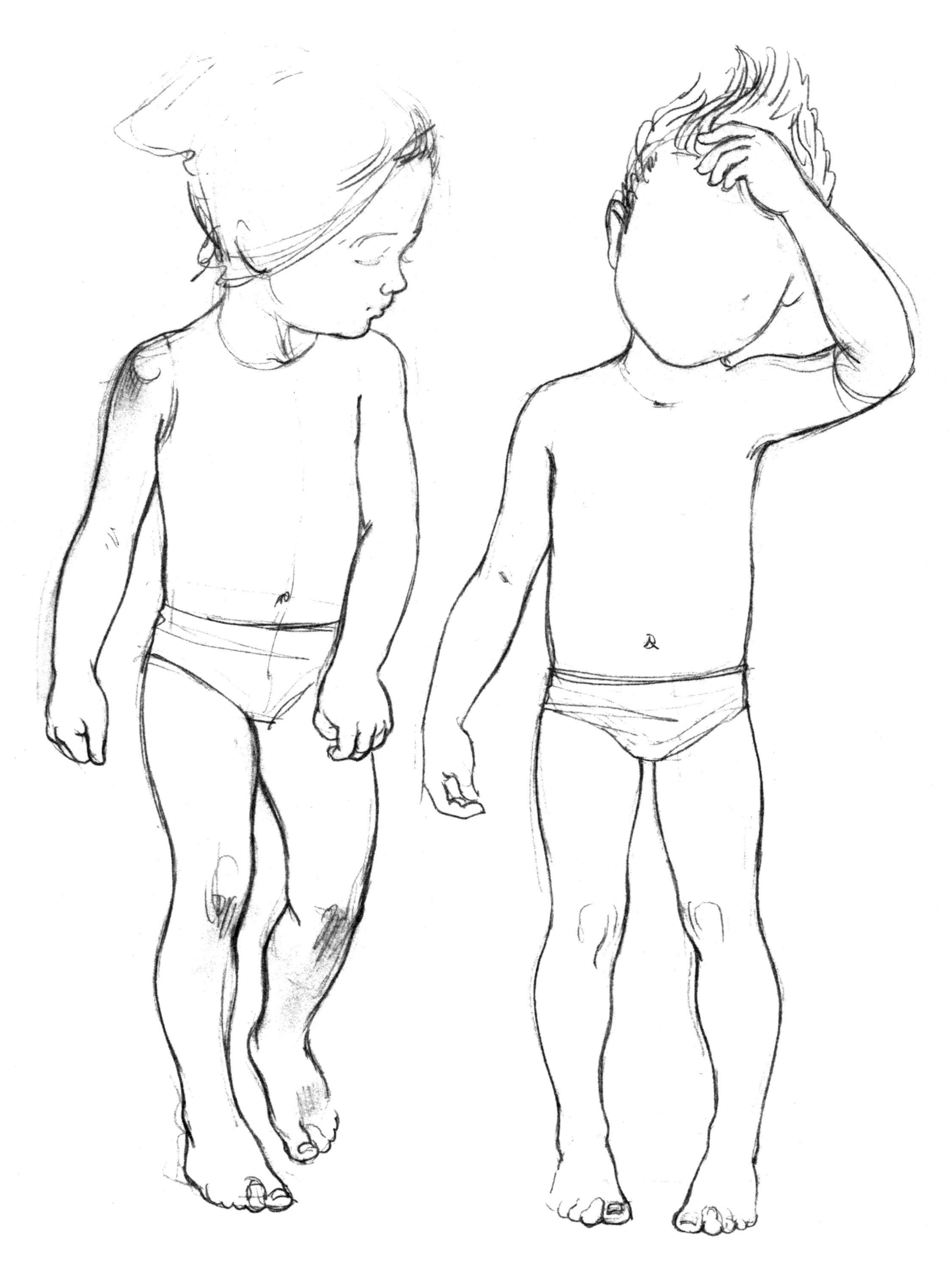

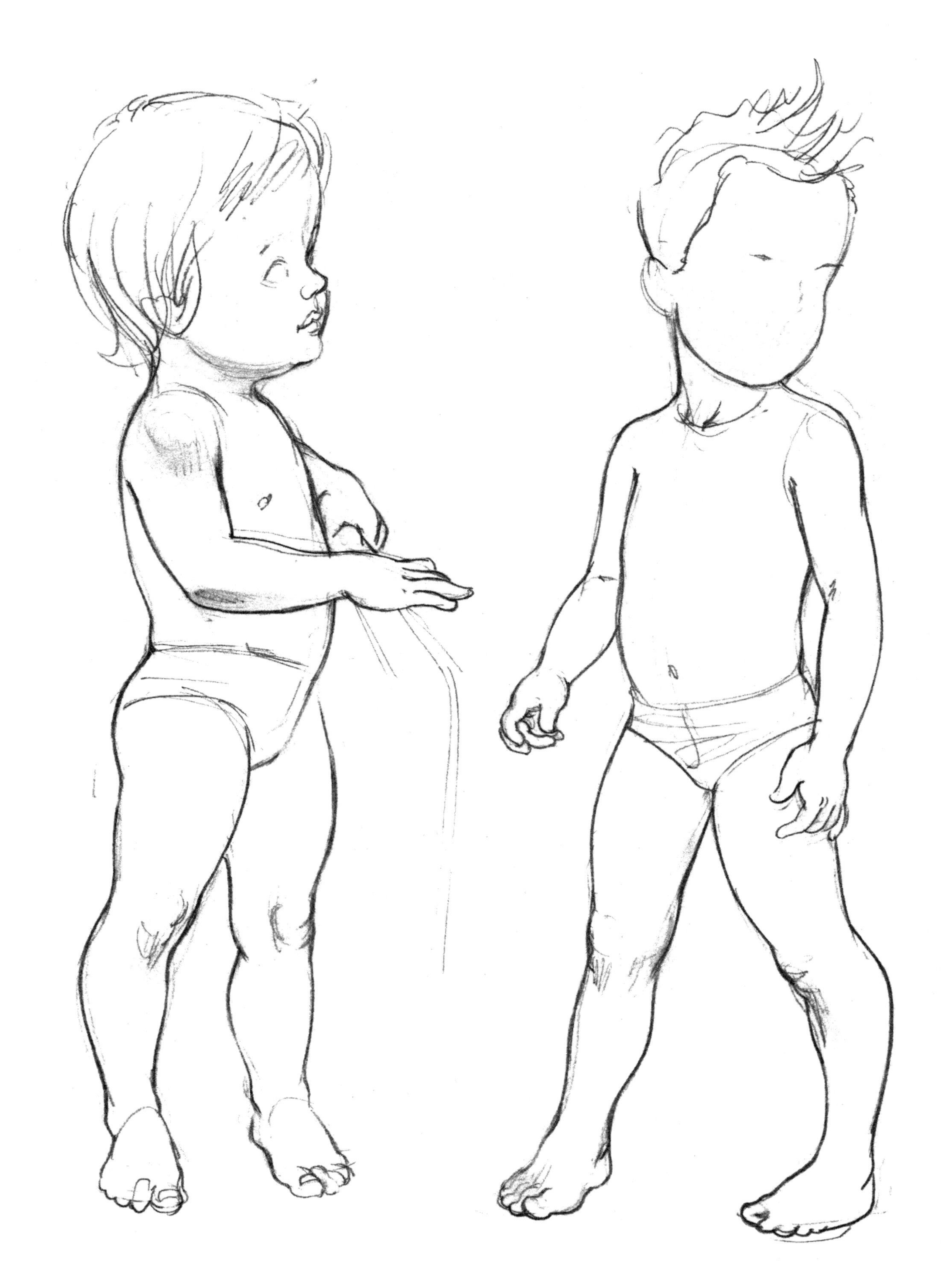

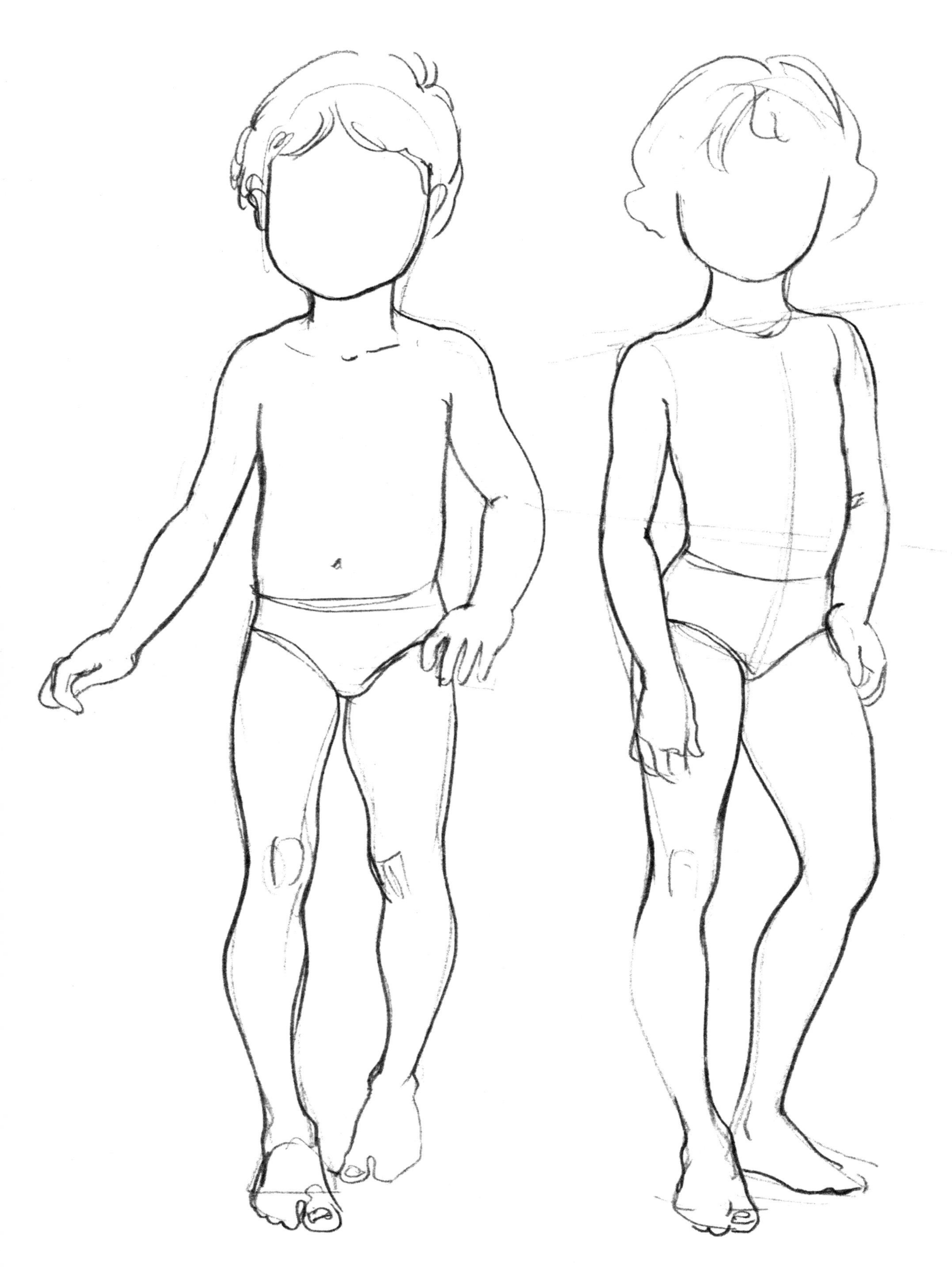

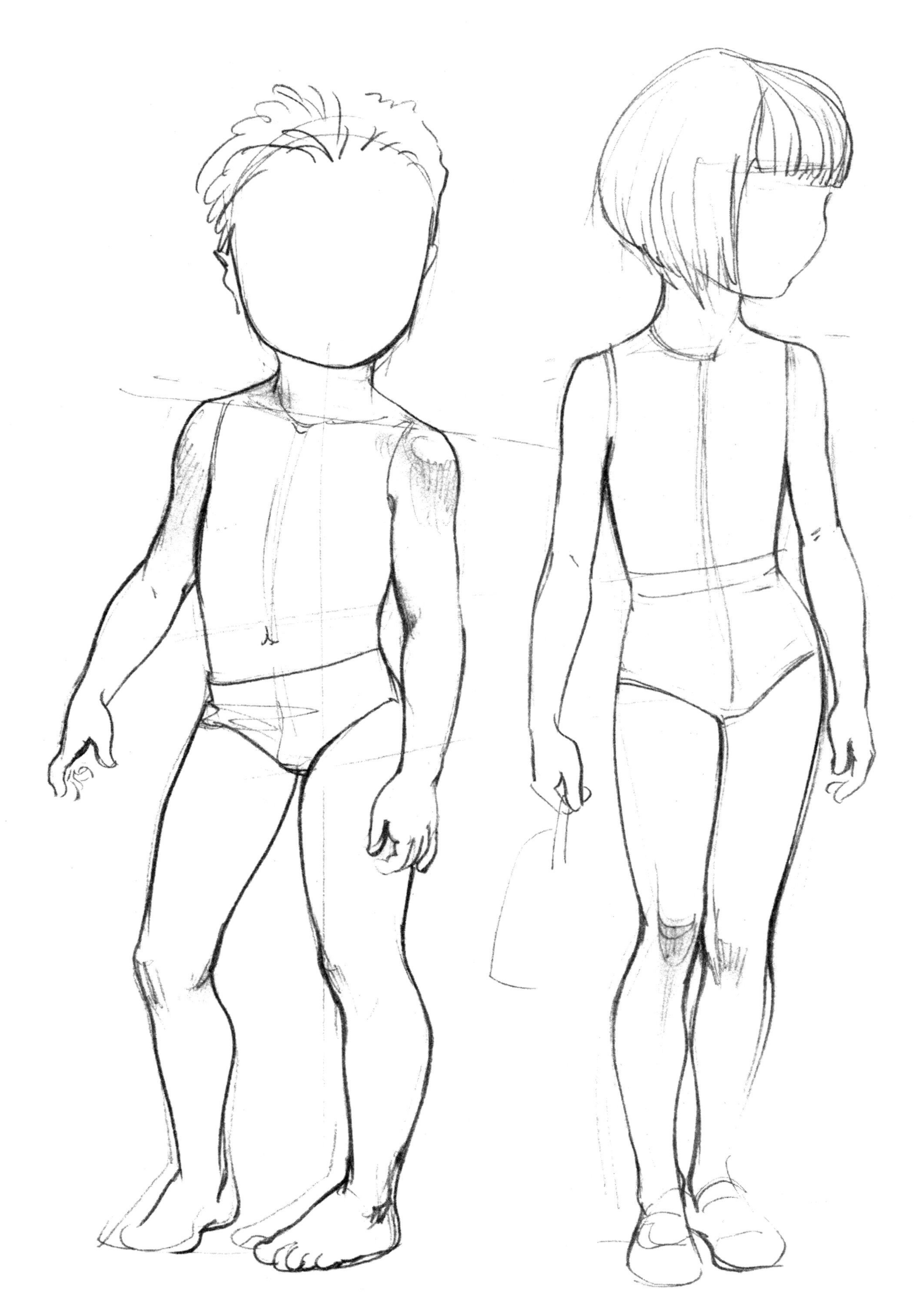

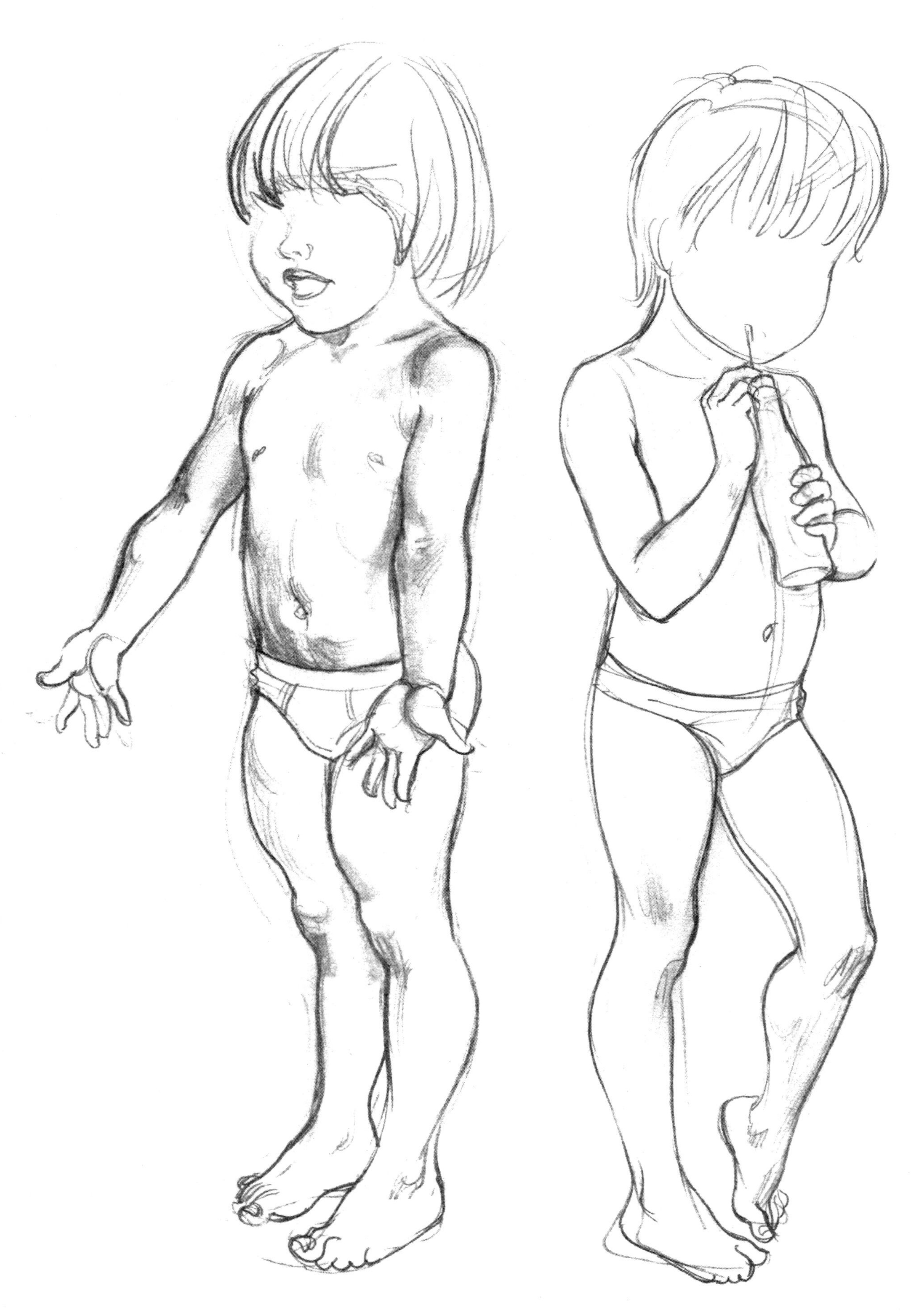

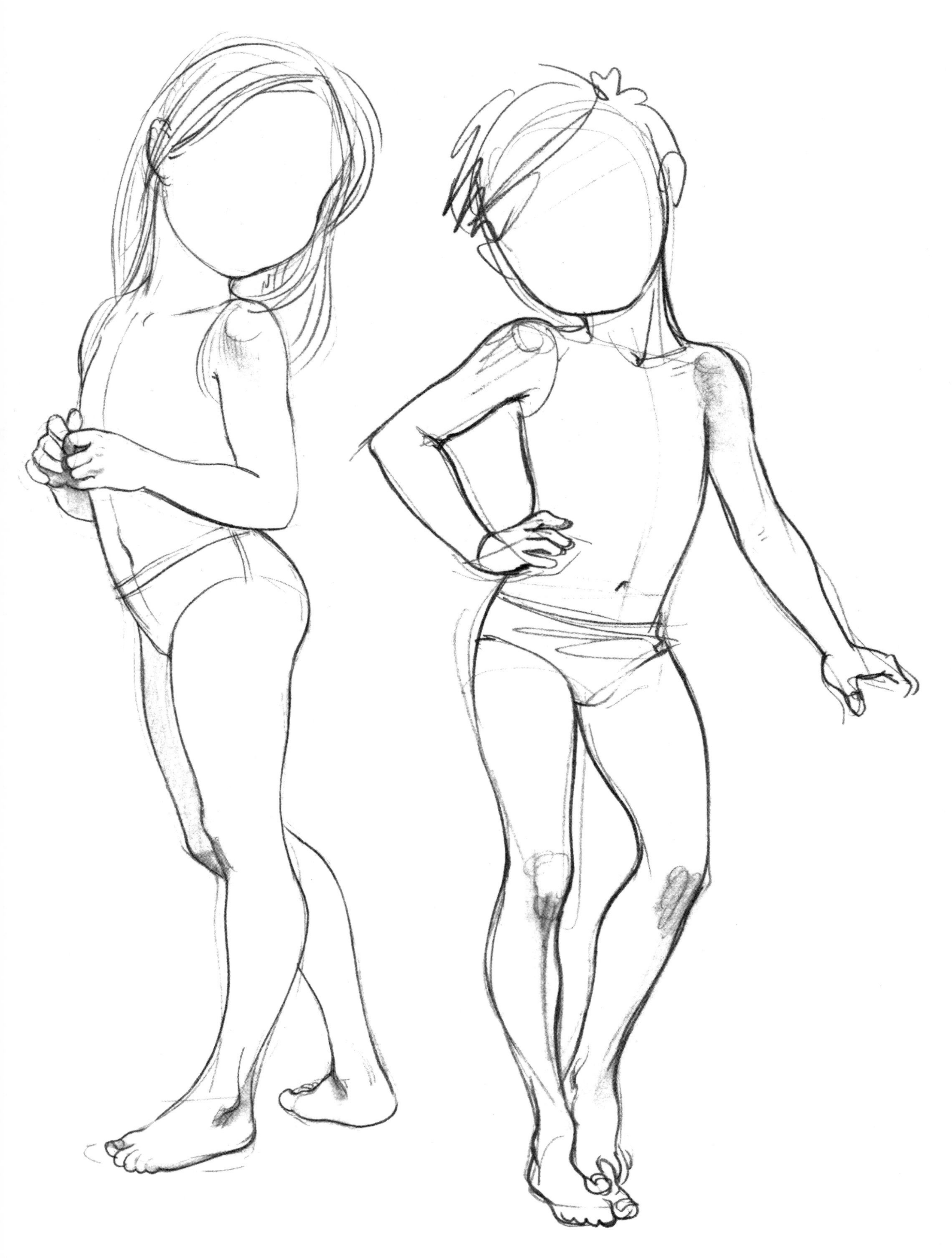

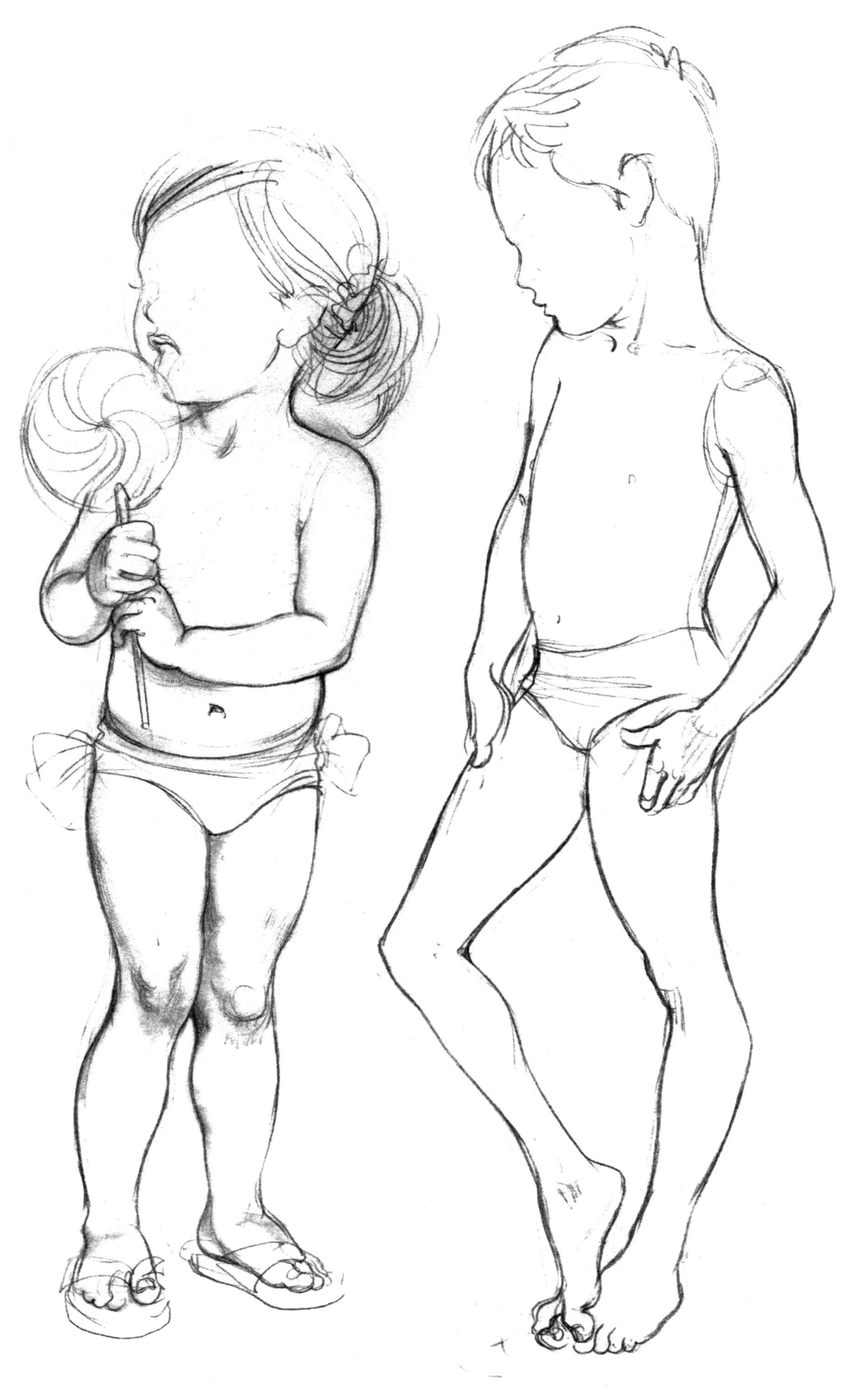

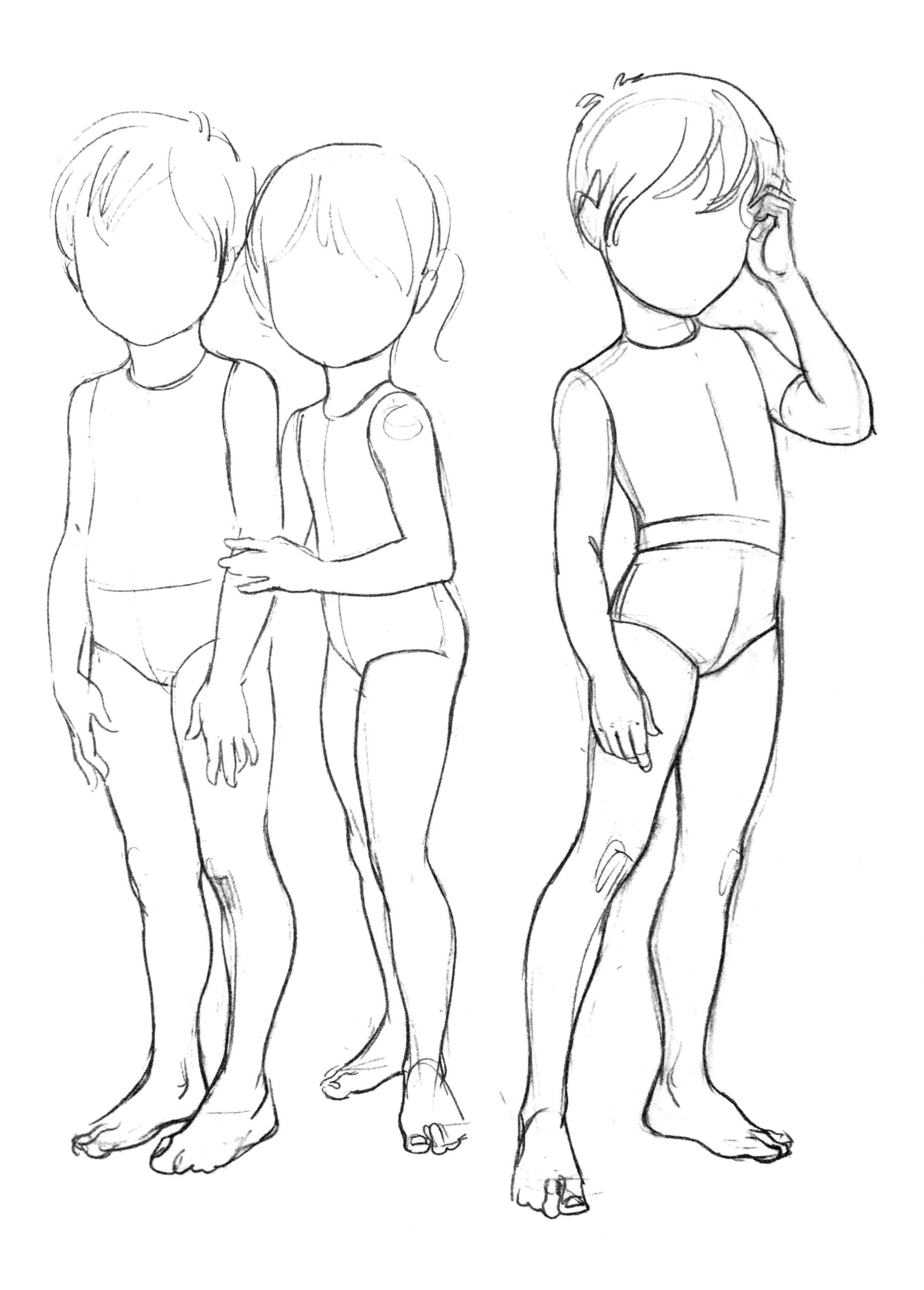

二、儿童坐姿动态表现

1. 步骤解析

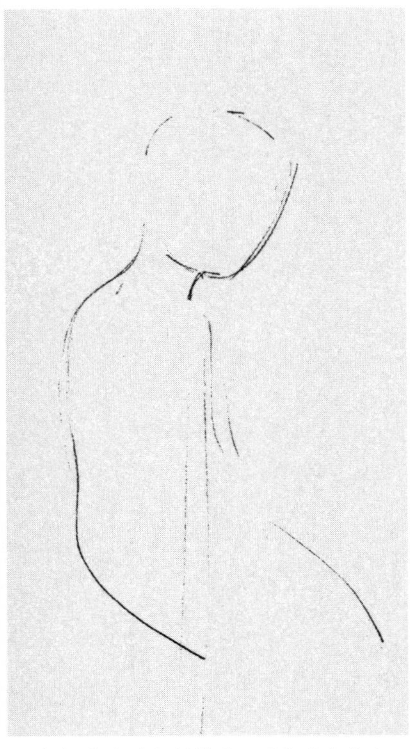

1. 根据坐姿的比例关系，确定头部大小；根据人体中心线画腰身的动态曲线。

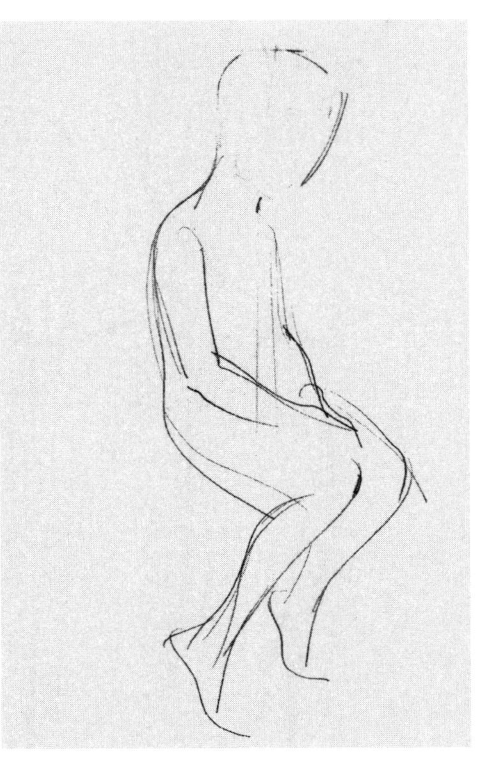

2. 画出躯干侧身的透视关系以及手臂、腿的动态。

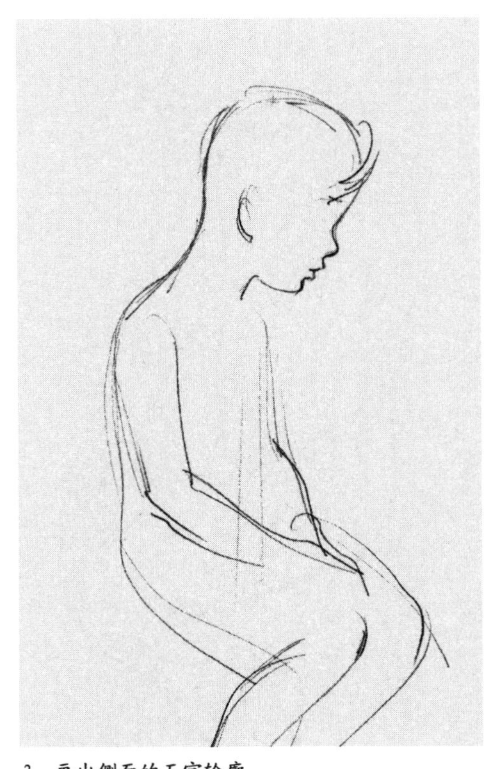

3. 画出侧面的五官轮廓。

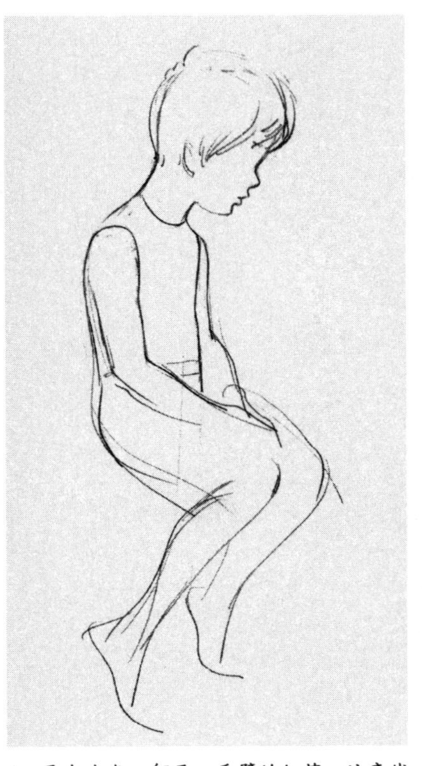

4. 画出头发、躯干、手臂的细节，注意线条的虚实变化。

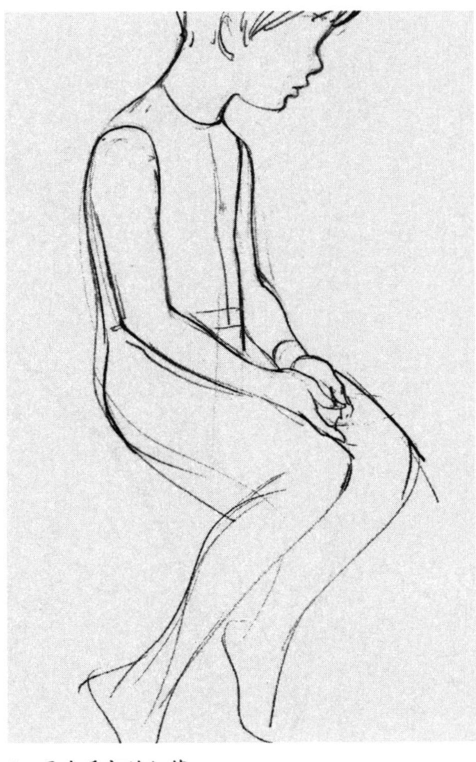

5. 画出手部的细节。

6. 强调腿和脚的结构转折关系。

7. 画脚部的细节。

8. 整体观察，补充细节。完成。

2. 绘制表现

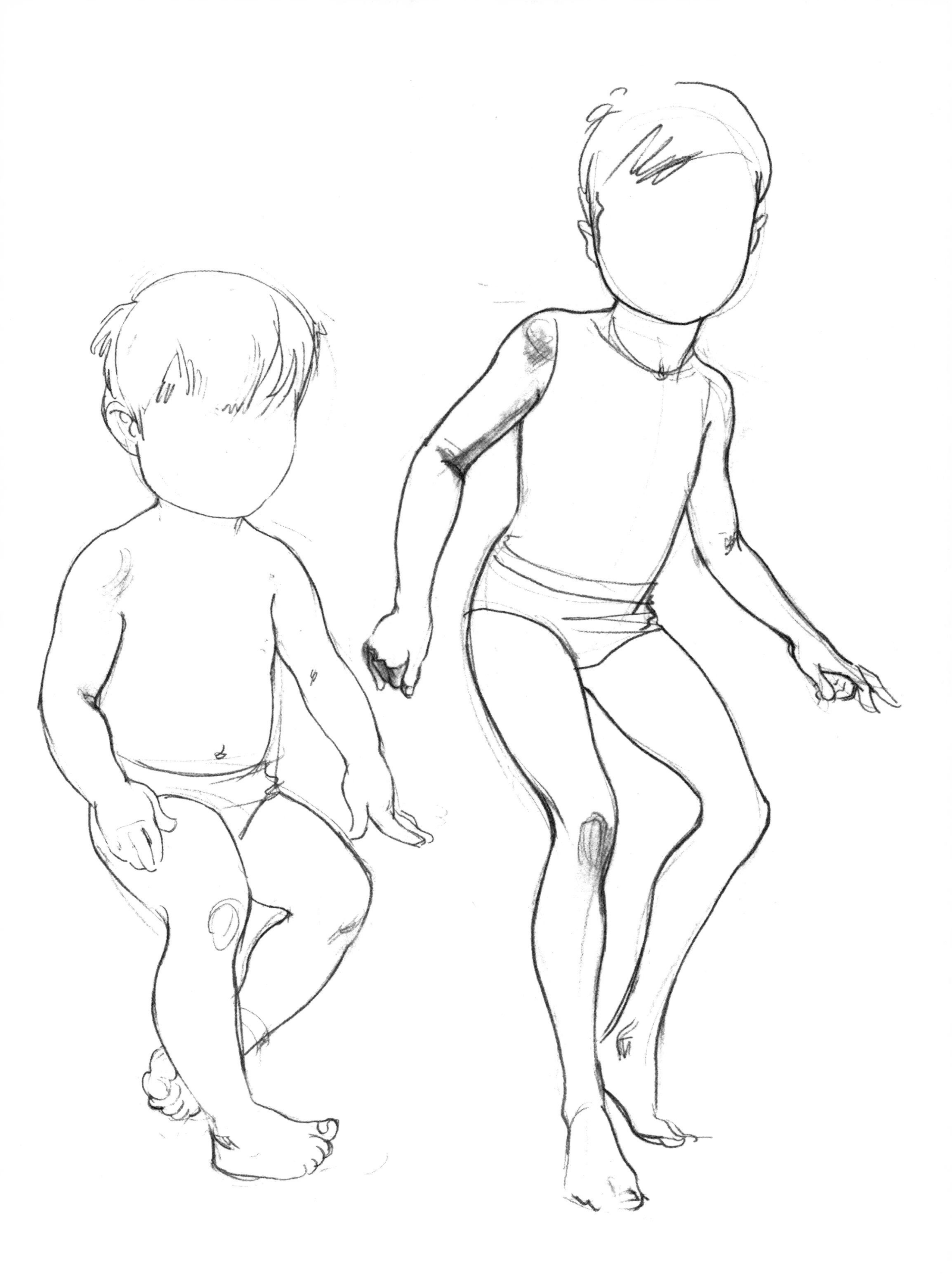

第五章 着装效果图欣赏